里と林の環境史年表

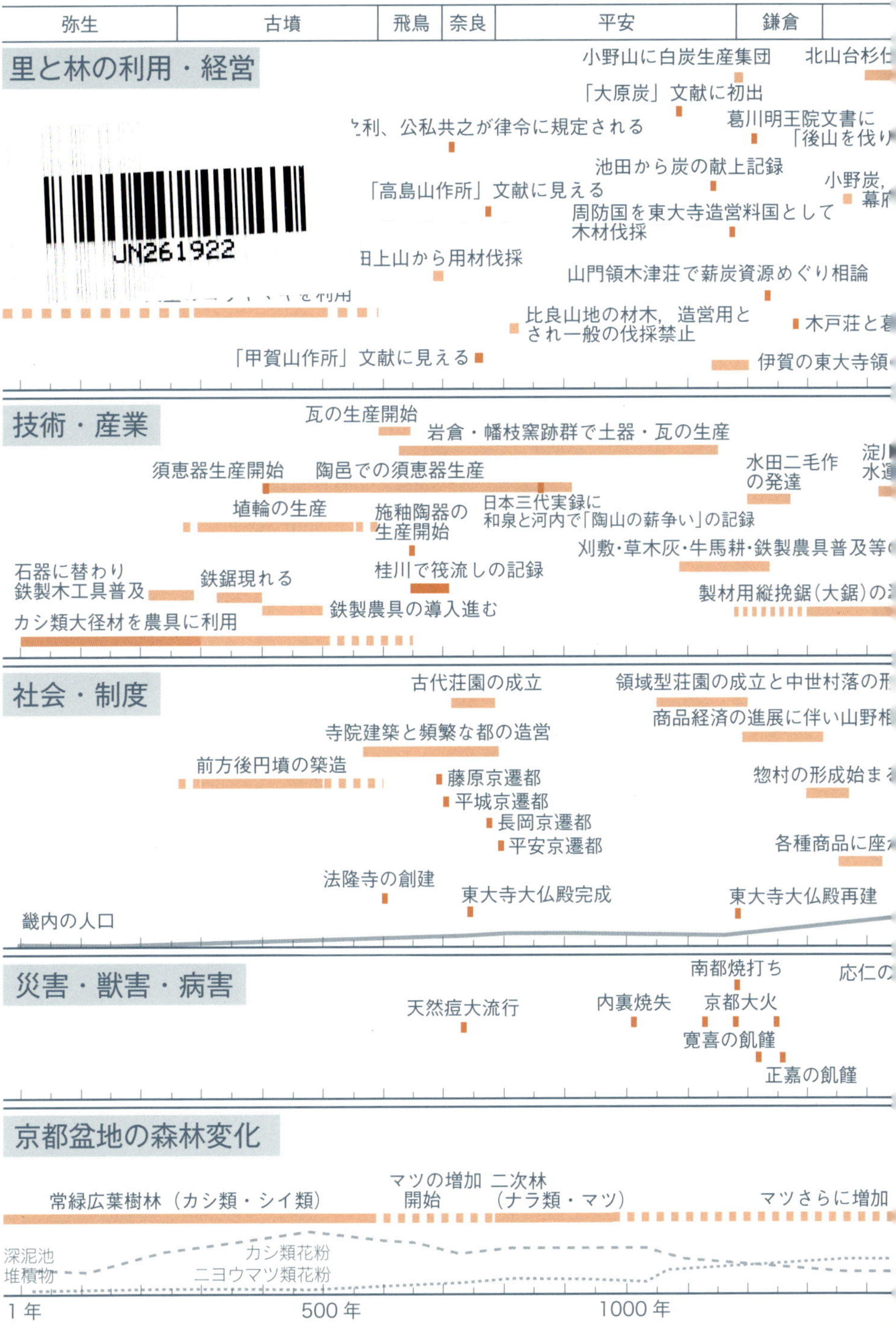

弥生
古墳
飛鳥
奈良
平安
鎌倉
里と林の利用・経営
小野山に白炭生産集団
北山台杉仕
「大原炭」文献に初出
葛川明王院文書に
「後山を伐り
利、公私共之が律令に規定される
池田から炭の献上記録
小野炭,
幕府
「高島山作所」文献に見える
周防国を東大寺造営料国として
木材伐採
田上山から用材伐採
山門領木津荘で薪炭資源めぐり相論
比良山地の材木，造営用と
され一般の伐採禁止
木戸荘と著
「甲賀山作所」文献に見える
伊賀の東大寺領
技術・産業
瓦の生産開始
岩倉・幡枝窯跡群で土器・瓦の生産
須恵器生産開始
陶邑での須恵器生産
水田二毛作
の発達
淀川
水運
埴輪の生産
施釉陶器の
生産開始
日本三代実録に
和泉と河内で「陶山の薪争い」の記録
刈敷・草木灰・牛馬耕・鉄製農具普及等
石器に替わり
鉄製木工具普及
鉄鋸現れる
桂川で筏流しの記録
製材用縦挽鋸（大鋸）の
鉄製農具の導入進む
カシ類大径材を農具に利用
社会・制度
古代荘園の成立
領域型荘園の成立と中世村落の形
商品経済の進展に伴い山野相
寺院建築と頻繁な都の造営
前方後円墳の築造
藤原京遷都
平城京遷都
長岡京遷都
平安京遷都
惣村の形成始ま
各種商品に座
法隆寺の創建
東大寺大仏殿完成
東大寺大仏殿再建
畿内の人口
災害・獣害・病害
南都焼打ち
応仁の
天然痘大流行
内裏焼失
京都大火
寛喜の飢饉
正嘉の飢饉
京都盆地の森林変化
常緑広葉樹林（カシ類・シイ類）
マツの増加
開始
二次林
（ナラ類・マツ）
マツさらに増加
深泥池
堆積物
カシ類花粉
ニヨウマツ類花粉
1 年
500 年
1000 年

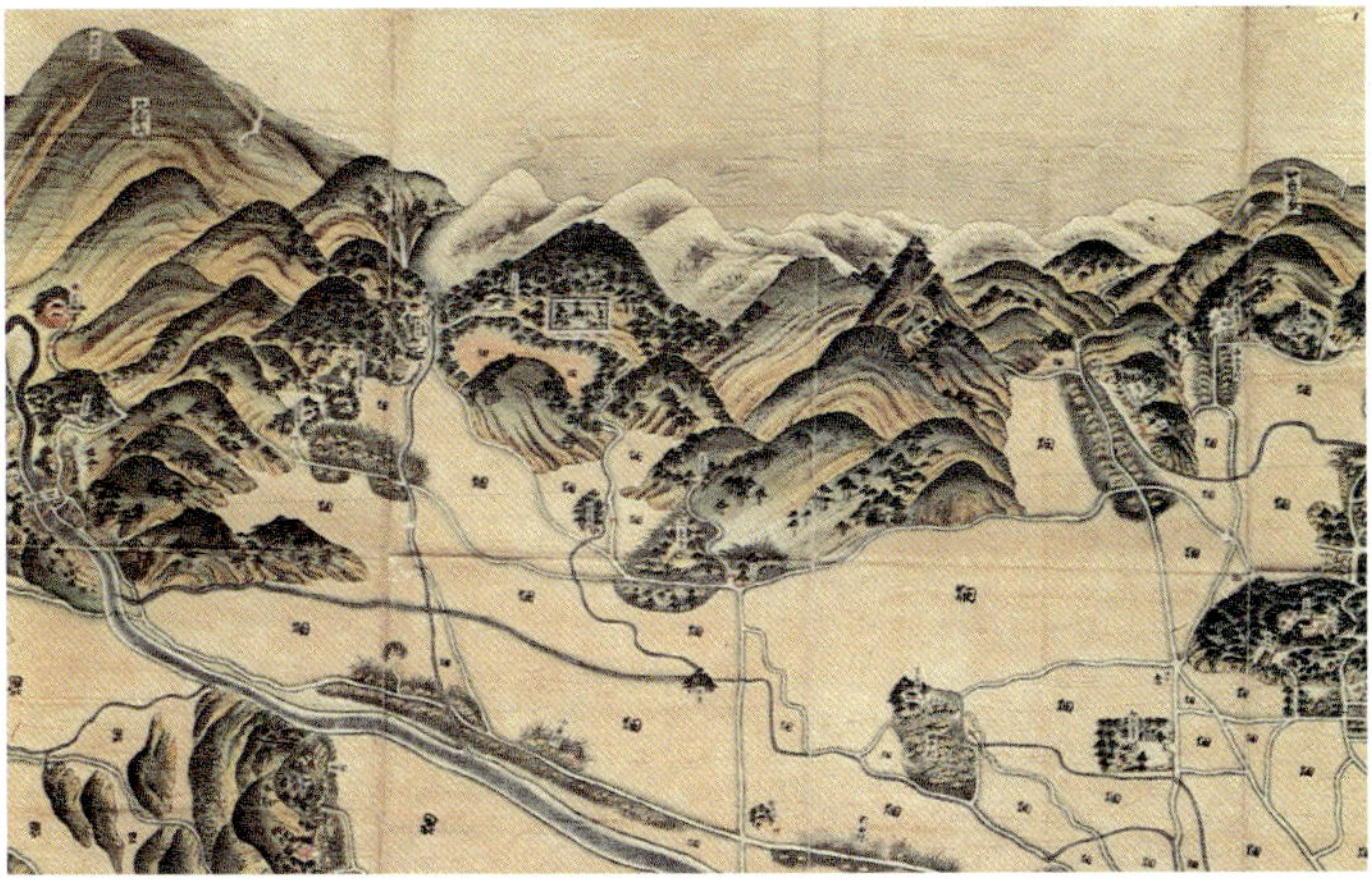

口絵１　洛中洛外大絵図（京都北東部）
詳細は第３章参照
（慶應義塾大学図書館蔵）

口絵２　京都明細大絵図（京都北東部）
詳細は第３章参照
（京都市歴史資料館蔵）

口絵３　洛中洛外絵図（京都北東部）
詳細は第３章参照
（京都大学附属図書館蔵）

口絵４　洛外図（岩倉南西部から上賀茂神社付近）　（個人蔵）

口絵５　洛中洛外大絵図（岩倉南西部から上賀茂神社付近）　（慶應義塾大学図書館蔵）

口絵６　京都明細大絵図（岩倉南西部から上賀茂神社付近）　（京都市歴史資料館蔵）

口絵７　洛中洛外絵図（岩倉南西部から上賀茂神社付近）　（京都大学附属図書館蔵）

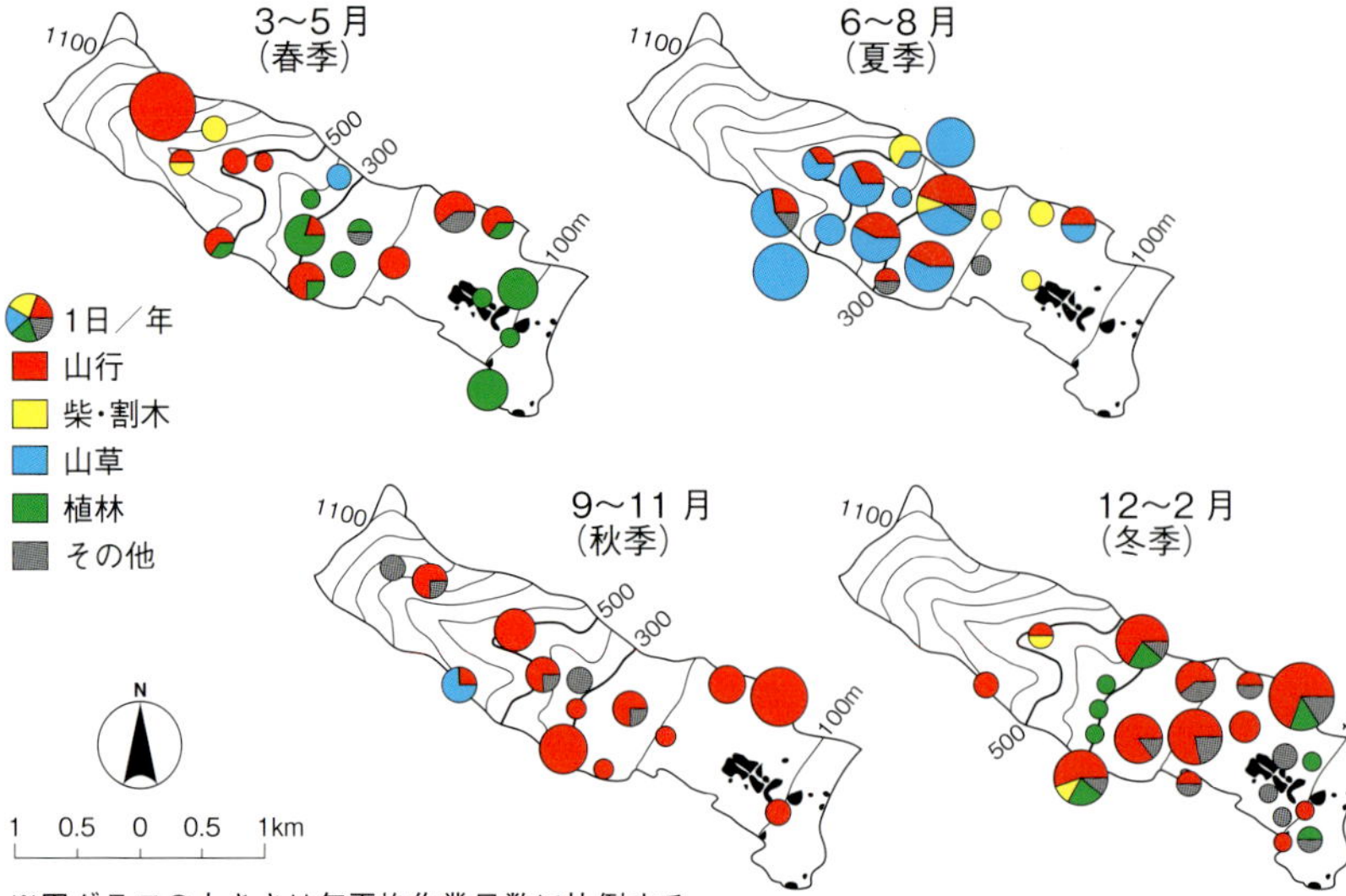

※円グラフの大きさは年平均作業日数に比例する

口絵 8　明治 34 ～ 39（1901 ～ 1906）年における山林資源利用の季節的なサイクルとパターン（詳細は第 6 章参照）

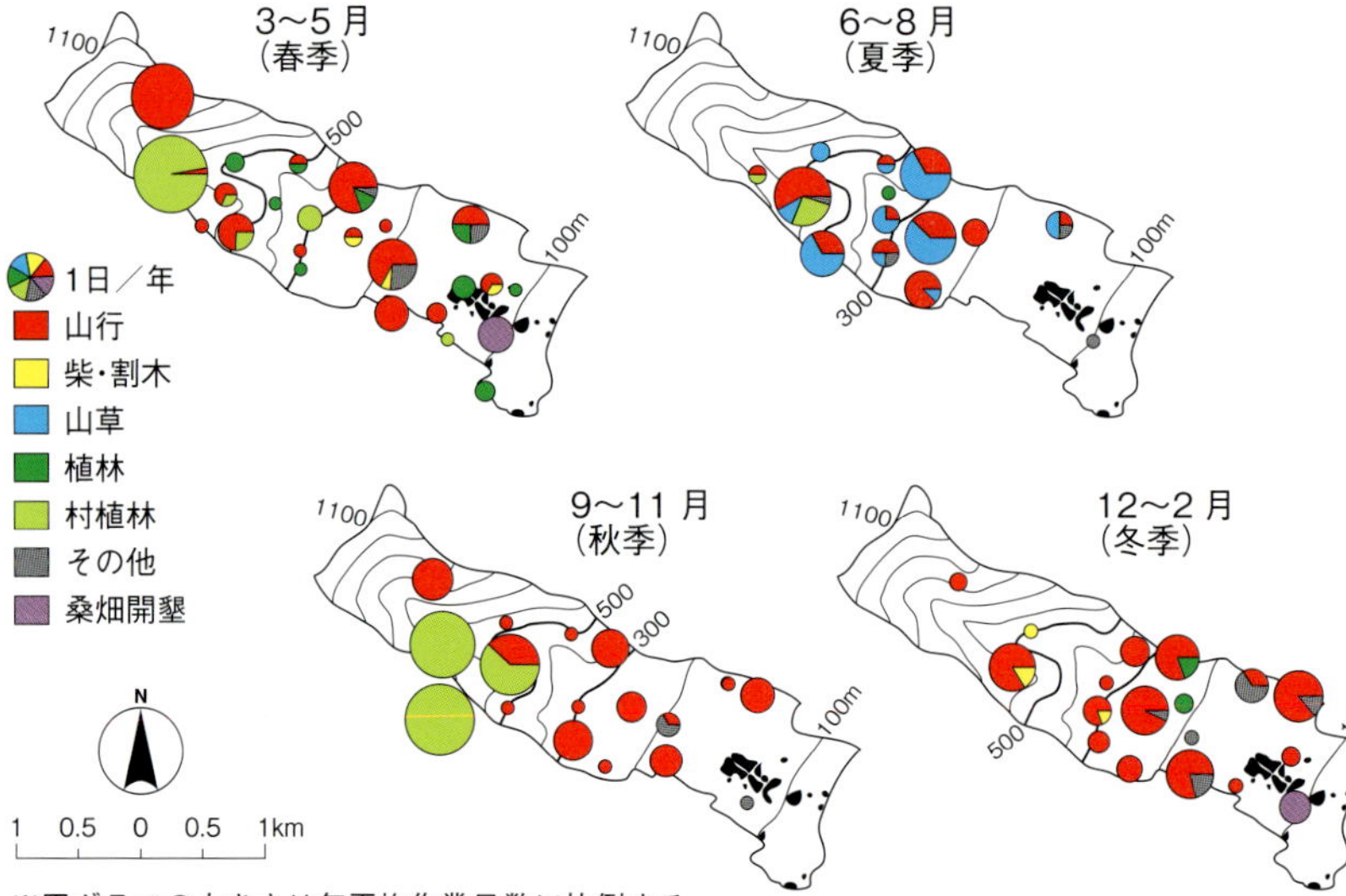

※円グラフの大きさは年平均作業日数に比例する

口絵 9　明治 40 ～大正 9（1907 ～ 1920）年における山林資源利用の季節的なサイクルとパターン（詳細は第 6 章参照）

シリーズ 日本列島の三万五千年——人と自然の環境史 3

里と林の環境史

編 湯本貴和 責任編集 大住克博・湯本貴和

文一総合出版

シリーズ 日本列島の三万五千年——人と自然の環境史 3

里と林の環境史

編 湯本貴和 責任編集 大住克博・湯本貴和

文一総合出版

はじめに

湯本貴和

里山の成立と維持、そして消失

この第三巻は、里山の歴史を、それを維持してきた人間の営みと知恵、持続的利用と収奪的利用を分かつ条件について示し、将来の方向を探るものである。

日本列島は、東の落葉広葉樹林と西の常緑広葉樹林に特徴づけられる「森の列島」である。しかしながら、平野部から山間部にかけての広い地域で、人間活動の刻印がはっきりときざまれている。自然の改変は、古くは狩猟採集が主な生業であった縄文時代にさかのぼり、自然には存在しないクリ林が北東北の縄文遺跡のまわりに成立していた。

自然の改変は、農耕の発展にしたがって、大規模かつ徹底的なものになった。水田や畑地の開発だけではなく、材木や薪炭、緑肥の供給のために、あるいは木工や竹工などの材料を得るために、人々は自然を飼いならしてきた。それが里山である。

この里山こそが、かつての人々の日常的な生活の場であり、自然とつきあう知識と技術を磨く場でもあった。里山にある林、すなわち里山林は農業用水を育み、肥料を供給するかたちで伝統社会の農業と密接なつながりをもってきた。その意味で、里山林は人間が管理した人工林であり、商品としての建材や薪炭材を供給する経済林であると同時に、農家が日常的に必要な物資を調達する農用林であった。また、それに接する中山間地の水田やため池、用水路、茅場なども、広義には里山という人間が創りだした景観に含められるだろう。

里山林の多くは入会地として、村の共同管理が行われてきた。人々は薪や緑肥に使う資材を入会地で調達するかわりに、共同で管理する責務を負った。そして厳しいルールと相互監視によって、過度の利用が避けられてきた。しかし、木材需要あるいは薪炭需要の高まりに応じて、過去に資源を使い尽くし、禿山をつくってきた歴史もあった。

今日、石油文明による燃料革命と材料革命、ならびに経済のグローバル化によって、里山が供給する資材の商品としての価値が低下した。それにともなって里山林では、これまでのような管理が行われなくなって森林としての遷移が進み、かつて里山で育まれてきた知識と技術、さらには里山の共同管理が求心力のひとつとなってきた共同体の紐帯が急速に失われようとしている。

本シリーズは、総合地球環境学研究所のプロジェクトとして予備的な研究を三年、本研究を五年かけて行った「日本列島における人間――自然相互関係の歴史的・文化的検討」の総括として、共同研究者の成果をまとめたものである。本プロジェクトでは、日本列島の人間自然関係史について分野横断的に取り組むため、サハリン、北海道、東北、中部、近畿、九州、奄美・沖縄の七つの地域班をたてて、地理学、考古学、文献史学、民俗学などを中心として、それぞれの地域での人間―自然関係史の構築を目指し、とりわけ生物資源の利用における持続性と破綻についての例を集めて、それぞれの地域的特異性と一般性について考察を重ねた。サハリンはもちろん日本列島ではないが、最終氷期には北海道と陸続きであり、旧石器時代の人間と自然のかかわりを考えるためには不可欠であることから、旧石器時代に焦点を絞って一つの班として構成した。これらの地域班に加えて日本列島を横断的に扱うチームとして、DNAを用いた分子系統地理学で遺伝変異のマップを作成する植物地理班、花粉や植物遺体で古環境を復元する古生態班、安定同位体などを用いて過去に日本列島に住んでいた人々の食性を調べる古人骨班の三つの手法班をたてた。その他にも、草原という特殊環境に関連するマルハナバチ研究グループ、日本列島における情報の行き来をトレースする方言研究グループ、人間が持ち込んで地域の生物文化の形成に大きく寄与した栽培植物研究グループがある。

これらの多種多様な学問的な集積の中から、総括班が「日本列島はなぜ生物多様性が高いのか」、「生物資源の利用で持続性と破綻を分ける社会経済的な条件は何か」、「人間と自然との関係はこれからいかにあるべきなのか」というような一般的な問いに答えようとした。

それぞれの巻には、実にたくさんの学問分野から多様な話題が盛り込まれているが、一貫したテーマは「人間はどのように自然とつきあってきたか」「人間はどのように自然を改変してきたのか」「そのなかで『賢明な利用』とはいったい何なのか」「自然をめぐる人間と人間との葛藤はどのようなものだったのか」という自然に対峙し、利用し、生かされてきた人間の普遍的なあり方を問うものとなっていることがわかっていただけると思う。実のところ、人間と自然との関係という抽象的なものはなく、具体的な生き物と生かし、生かされてきた人間の関係であり、生き物をめぐる人間と人間との関係史なのである。

そのなかで、もう一つの大きなキーワードとして、「誰の、誰による、誰のための『賢明な利用』なのか」という環境ガバナンスの問題が見えてくる。自然から財を取り出して利益を得る人たちと、その結果として資源枯渇や災害などのしっぺ返しを受ける人たちは必ずしも同一ではなく、むしろ受益者と負担者が乖離することが大きな問題である。この受益者と負担者の乖離は、小さな地域環境の問題から地球スケールの環境問題まで、いつでもどこにでも存在し、その具体的な対処方法の確立こそが問題を解決に向かわせる大きな鍵となる。そのために、このシリーズで語られる多種多様な話題から得られる歴史的な教訓が、今後の人間と自然との関係を考える礎となることを期待したい。

湯本貴和

シリーズ 日本列島の三万五千年——人と自然の環境史 3

里と林の環境史

目次

序章　森から林、そして里

湯本貴和
大住克博

仁徳天皇の御世に、兎寸河《とのきかわ》のほとりに一本の巨樹があった。大阪府の泉北丘陵付近に立っていたと思われるその樹の落す影は、日の出には淡路島に及び、日の入りには奈良県境の高安山を越えた。この樹は伐られて海を渡る速船《はやふね》に造られた。やがて船が破れると、人々はその材木を燃やして塩を焼いた。さらに残った材より琴を作ったところ、その音色はことのほか素晴らしく、人々は歌に読んでそれを讃えた。これは『古事記』（下巻仁徳天皇の段）が伝える巨樹伝説である。

天然の巨木が造船材料として伐り出され、その再生林は製塩の燃料として利用され、最後は琴の音という記憶の世界にのみ永らえる存在となる。あくまで現代人の視点からの感傷的解釈ではあるが、日本列島での人と森林のかかわりの歴史を思うときに、これはみごとな暗喩となっている。ちなみに、この船の名を「枯野《からの》」という。

以上の時代背景はおよそ四世紀ごろに比定されるが、往古、この巨樹には比べるべくもないものの、近畿地方には針葉樹の巨木が数多く聳えていた。当時、内陸部にはヒノキやスギが多く、さらにはコウヤマキなども混じる天然林が広がっていたことは、花粉分析などのデータからも裏づけられている（本巻第1章）。飛鳥、奈良、京都などの都の造営や社寺の建立には、これら天然林から伐り出された大量の大径材が使われた。[8][11] それらは、現存する天然林として知られる木曽のヒノキ林や魚梁瀬のスギ林の大樹よりもはるかに太い。おそらく当時の森林の姿は、常緑広葉樹の高木や低木が多数混じる中に、それらより一段高い超高木層として針葉樹が聳えたつ、現在の台湾のヒノキ林や屋久島のスギ林の姿に近かったのではなかろうか。

図１　伊賀市北部にわずかに残る天然生と考えられているヒノキ林（青岳天然ヒノキ植物群落保護林）
ただし、現在のヒノキは往古の生き残りではなく江戸期に生えたものと思われる。

図２　滋賀県甲賀市で出土した、斧による伐採痕の残るスギの大径材
甲南ふれあいの館所蔵。

図３　現在の伊賀市玉瀧の景色
（2010 年撮影）

しかしこれらの巨樹は、時代が進むとともに伐りつくされ、やがて中世には、大径木伐採のための組織であった杣《そま》そして山作所《やまつくりどころ》などは、農業に重心を置いた荘園に移行していった⒀、本巻第2章)。当時、都への大径材供給の中心地の一つであった甲賀南部や伊賀北部に今行ってみると、昔ここが、直径一メートルあるいは二メートルを超えるようなヒノキやスギが生い茂る天然林であったことを偲ばせるものは、もはや景色の中にはほとんどない(図1・2)。それら川沿いに広がる水田は、浅く低い丘陵を廻らすが、それらはマツ枯れの進んだアカマツ林やコナラ林、そして竹林に覆われ、全くの「里山」の風情である(図3)。森林は、このように時代と共に大きく変化してきたのである。

資源利用はどのように変化してきたか

日本列島における人と森林の関係は、近代以前、工業化した社会が到来する以前は概ね調和的であったであろうと、しばしば私たちは考える。「里山」に寄せられる人々の思いは、そのような憧れやロマンチズムに満ちている。しかし、先に述べたように、森を伐り拓き、木を燃やし続けてきたのも私たちの歴史である。果たして、その実態はどのようなものであったのだろうか。

本巻の各章では、近代以前の歴史の中で、人々は里をとりまく森や林とどのようにかかわってきたのか、そこから生み出される資源を、どのように利用してきたのかということを、近畿地方のさまざまな時代におけるさまざまな場所に取材しながら紹介する。そして、それらの報告の事例をもとに、伝統的な社会における森林資源利用の持続性を考えてみたい。ともすれば自足自給をイメージして語られることの多い里山であるが、とくに近畿地方では、古代から広域の政治権力や経済からいかに大きな影響を受けてきたかを、如実に知ることができるであろう。

それぞれの章は、文献史学、民俗学、景観生態学、植生史学、植物生態学、造林学などさまざまな立場から書かれたものである。観点の多様さは、読者が森林と人との関係について、より深みのあるイメージを得ることに役立つものと期待している。しかし一方で、扱った事例の時代や場所がさまざまであることもあり、読者に混乱をもたらすかもしれない。そこで、全体の流れを押さえるために、近畿地方における人と森林の歴史を、本書を構成する各章と対応させながら振り返っておこう。

奥山における人と森林のかかわりあい

古代以降の近畿地方の森林は、天然林から二次林へと変化するというパターンをとる。この変化は、地域により前後しながらも概ね一〇〇〇年ほど前に起きるが、農耕や林野火災の痕跡を伴うことが多く、人為によるものであることが推定される（第1章）。前述のように、奥山に広く存在した針葉樹の大径材を擁する天然林は、古代より権力者による都城や大寺院建設のために、重要な資源であった。奈良・平安期には近畿一帯には、伐採基地となる杣やその公的な管理組織である山作所が貴族・大寺院により設置され、天然林が囲い込まれるとともに伐採が行われた。山が浅く地形が緩やかで、伐出が比較的容易である一方で資源量が限られていた甲賀・伊賀・田上などでは、鎌倉期までには針葉樹大径材資源は枯渇し、先に述べたように杣は荘園へと変化していった（第2章）。そして、天然林が伐採されたあとは、コナラやアカマツなどからなる二次林が広がっていったと考えられる。一方で、山が深く資源量が多かった朽木や山国などの杣では、資源は枯渇せず中世以降も木材供給が継続した。

鎌倉時代に材木を横に切断できる横挽き鋸が普及し、さらに室町時代に大型縦挽き鋸「大鋸《おおが》」が導入されたことにより木材加工の技術革新が起こり、利用できる樹種が広葉樹やマツ類にまで広がっていった（第六巻第7章）。戦国時代から織豊時代、そして江戸初期にかけては、戦乱と復興の過程の中で巨大な城がいくつも建てられ、威信を示すための新しい宮殿や寺院の建立や、あるいは戦乱で破壊された社寺や都市の再建が相次いだ。奥山の天然林は江戸初期にかけて再び激しく伐採され、針葉樹の大径材資源が全国的に枯渇するが、その後、一部の地域では植林による持続的な林業が成立する。[11]

一八世紀の吉野や山国では、樽材需要の増加や、奥地化することで天然林材の伐出コストが増加したことなどが後押しとなり、人工林経営が広がった。これを支えたのは、宮崎安貞《みやざきやすさだ》の『農業全書』に代表されるような、造林保育技術の発展と普及である。[3][4] 利用技術も進み、近世以降、吉野はスギ・ヒノキの用材生産を核に、椀地や杓子《しゃくし》、割箸などの日用品を含む多様な林産加工物を川下の都市へ供給する、複合的な林産業を形成していった（第5章）。

明治以降の奥山は、近代的な人工林経営が中心となるので本巻では扱っていない。あえて簡単にまとめれば、ドイツ林学や吉野林業の影響を強く受けた近代の林業政策により、針葉樹の人工林資源を拡大し培養するという方針が、一九七〇年代までほぼ一貫して続けられる。その結果、奥山の天然林は大幅に減少し、針葉樹人工林資源は量としては充実していく。[10] しかし、木材生産コストに対する木材価格の相対的な低下や木材需要の変化により、一九七〇年代以降は、林業の低迷といわれる状況が長期間続いて現在に至っている。[2]

里山における人と森林のかかわりあい

近畿地方においては、すでに古墳時代から古代にかけて、鉄器と製鉄技術が各地に普及して、鉄器による森林伐開と開墾が広がり、また製鉄で膨大な量の薪炭が消費されていたと考えられる。[9]

鎌倉期に入り農耕を基盤とした中世村落が成立するとともに、「里山」的な景観が形成された。[6] 生活や貢納用の薪炭生産や、農地の拡大にともなう緑肥の需要が増大する中で、山野の資源の争奪が激化し、それに対抗するために、荘園管理者による外部者の締め出しや、宗教的理由による採取禁止などが行われた（第2章）。

このような争いは、江戸期には一層多くなった。江戸期の安定は農業を発展させ、一七世紀の間に国内の耕地は三割以上増加した。それに従って、耕地の一〇倍近い面積が必要とも推定される、緑肥供給のための広大な草地の確保が、農村にとってより切実な問題となったのである。[10] そして、このような状況の下で、里山のかなりの部分は、森林ではなく柴山や草山となっていたものと考えられている。[5]

一方で、紛争を回避するために、草山や薪炭林などのような里山資源を管理する仕組みもよく発達した。これら里山資源は、共同体組織と、共同体内・共同体間の厳格な利用規制により支えられて、近代まで持続した。比良山麓や丹後半島などの里山では、今でも複雑に発達した土地利用を確認することができる（第6章、第8章）。一方で都市への輸送路が確保された近世の里山では、商業的な薪炭生産や作物生産が行われたが（第4章、第8章、コラム3）、それなりに再生産を考慮したシステムとなっていた。

多様な民俗知・制度・技術が、このような持続的利用を保障してきた。里山の森林からの資源は、薪炭のほか、民家建築や繊維などの生活資材として多様に活用された（第7章、コラム4）。そして萌芽という樹木の更新特性を活用した管理技術（第4章、コラム2）が、資源とその基盤となる生態系や生物多様性（コラム1）を支えてきた。

一方で、近世においては持続的利用の破綻も多発した。

地域によっては、製鉄・製塩・製陶・製炭などの産業振興や人口増加によってバイオマスの過剰利用が起こり、荒廃地が拡大した。[1] 京都盆地周辺の山々では、都市の過大な利用圧による荒廃が広がり、絵画資料においても明確に確認される（第3章）。これらの地域では、荒廃を受けてさまざまな規制が行われたが、地質などにより環境容量が低いところでは、破綻は近代まで引き続いた。[1]

明治以降、里山の役割は徐々に変化していく。まず、金肥や化学肥料の増加で、緑肥生産の場であった草山や柴山の利用が衰退し、針葉樹の人工林に切り替えられていく（第6章）。そして一九六〇年頃には、家庭用燃料がガスや石油に切り替わったことから、薪炭の需要も激減する。かくして里山は、そこにおける利用が消失し、忘却されていく（第8章）。その後、管理が停止した里山では、一九七〇年代以降のマツ材線虫病の大発生により、アカマツ林は大きく減少した。そして二〇一〇年代に入って、今度はコナラの集団枯損が急激に拡大し、里山の景観は激変しつつある。

経済的な価値を失った里山に、はたして未来はあるのか。持続的な利用を支えてきた厳格な規制を担ってきた共同体も、すでに力を失っている。しかし、森林は所有者に帰する便益だけではない公益的機能をもっている。管理が放棄された里山に対して、地権者だけに責任を押し付けず、都市住民を含めた新しい担い手とシステムで里山とのかかわりを再構築する道を考えるべき時がきている。そのために、今一度過去を振りかえって、歴史の教訓から学ぶことが、いま必要とされているのではなかろうか。

第1部

森林と人々の歴史

第1章　花粉化石と微粒炭からみた近畿地方のさまざまな里山の歴史

佐々木尚子
高原　光

はじめに

日本列島は、稠密な人口を抱えているにもかかわらず、その面積のおよそ七割が森林に覆われている。しかし、これらの森林が、昔からまったく変わらぬ姿で存在しているわけではない。一〇万年スケールの気候変動にともなう大きな植生の変化があり（第六巻第1章）、一方、短絡的には、台風や火山の噴火、山火事などによって森林が失われることもある。また、この巻の多くの章で議論されているように、石油や石炭などの化石燃料を使うようになるより前の時代の人々は、建築材や燃料など、生活に必要な多くの資源を、森林をはじめとする自然から得ていた。その結果、いわゆる「里山」にみられるような、人間活動によって自然の遷移がおしとどめられた二次林や草地が形成されることもあった。本章では、そういった人間の自然利用が植生に与えた影響について、やや長期的な数百年のスケールで検討し、その歴史を描いてみたい。

一　近畿地方の植生とその変化要因

近畿地方の植生

現在の近畿地方は、低地部のほとんどが市街地または農地化し、本来の森林をみることができない。丘陵地や山地に残る森林の多くはスギ・ヒノキの人工林、あるいはコナラなどの落葉広葉樹やアカマツを中心とした二次林である。

太平洋側地域の天然林としては、標高六〇〇メートルまではシイ・カシ類を中心とする暖温帯性常緑広葉樹林（照葉樹林）、六〇〇メートル以上にはブナ、ミズナラ、ウラジロモミを中心とする冷温帯性落葉広葉樹林、一六〇〇メートル以上にはトウヒ、コメツガ、シラビソなどからなる亜高山性常緑針葉樹林が分布している。また、冷温帯下部から暖温帯にかけて、モミ、ツガ、コウヤマキ、ヒノキ、スギなどからなる温帯性針葉樹林が認められる。

日本海沿岸地域では、日本海に面する低標高地でタブノキ林が認められ、その上部にスダジイ林が広く分布している。標高二〇〇メートル以上には、ウラジロガシなどカシ類の優占する暖温帯林が認められる。この上部にブナ林が分布しているが、その下限は太平洋側に比べ低く、標高四〇〇～五〇〇メートルである。また、日本海側地域の山地では、暖温帯上部から冷温帯にかけてアシウスギ（日本海側に分布するスギの変種）が広く分布し、冷温帯ではブナと混生している。

植生を変化させる要因

近畿地方にかぎらず、そこにどのような植物が生育するかには、気温や降水量といった気候、地形や土壌の性質、さらには薪炭の採取や火入れといった人間活動が影響している。植生の大きな枠組みを決める最も大きな要因は気候である。現在、日本列島のおよそ七割は森林に覆われているが、それは日本列島が多雨な気候のもとにあることによっている。しかし気候はずっと一定なのではなく、十数万年ごとに寒冷な氷期と温暖な間氷期が繰り返されてきた。この大きな気候変動の周期に対応して、近畿地方に生育する植物の種類やその組み合わせも大きく変化してきた。

後述する花粉分析という方法で明らかにされた近畿地方の植生の歴史を概観してみよう。[24] 後氷期初期の約一万～八〇〇〇年前には、日本海側地域の標高八〇〇メートル以下ではブナやコナラ属コナラ亜属[*1]（以下ナラ類）を中心とする冷温帯性落葉広葉樹林が発達したが、特に標高五〇〇～六〇〇メートル以下ではスギが顕著に増加した。ブナは、低地では日本海側地域で多く、太平洋側で少ない傾向にあり、この時期の太平洋側地域は、日本海側地域ほどには湿潤でなかったと推定される。内陸部の標高約六〇〇～七〇〇メートル付近には、約八〇〇〇～七〇〇〇年前にモミやナラ類の優勢な温帯性針広混交林が形成された。

後氷期中期の約六〇〇〇年前には、日本海側地域の標高六〇〇メートル以下の暖温帯でスギが最も優勢になり、標高六〇〇メートル以上ではブナやナラ類によって構成される冷温帯性落葉広葉樹林が発達した。この時期には、太平洋側地域の紀伊半島南部では照葉樹林がすでに形成されており、内陸部の標高六〇〇メートル以下では照葉樹林が発達し始めた。日本海側地域での照葉樹林の発達は太平洋側地域より遅れ、約六〇〇〇年前以降であった。約八五〇〇〜五〇〇〇年前には平野部や盆地で、エノキ、ムクノキ、ケヤキなどによって構成される暖温帯性の落葉広葉樹林が形成されていた。

後氷期後期の約四〇〇〇年前には、日本海側地域の低地から標高一〇〇〇メートル付近の冷温帯域まで、スギの優勢な森林が拡大した。また照葉樹林は、太平洋側地域から日本海側地域にかけて、標高六〇〇〜七〇〇メートル以下の広い範囲で発達した。約二五〇〇年前以降には、日本海側地域においてスギが後氷期で最も優勢となり、低地から標高一五〇〇メートルの山地まで広がった。内陸部や太平洋側地域の標高七〇〇メートル以下は照葉樹林が引き続き優勢であり、さらにモミ、ツガ、コウヤマキ、スギなどの温帯性針葉樹が増加した。

二 「里山」の歴史を知る方法

堆積物という古文書

昔の人々は、いったいどのような景色を目にしていたのだろうか。過去の景観を探る方法としては、年配の方々に話をうかがったり、古い地図に書き込まれた記号を判読したり、あるいは古い絵図や古文書に残された記述を調べる方法がある。[12][13] しかし、古文書すらない大昔——数千年、数万年前——の景色を探る方法となると、かぎられてくる。

湖や湿原にたまった泥や泥炭を、ひとまとめにして堆積物とよんでいる（図1）。このような堆積物の中には、当時周囲に生えていた植物の一部分、たとえば花粉や葉、種子が入っていることがある。花粉は、種や属、科といった植物の分類群ごとに形や大きさが異なるため、堆積物に含まれる花粉を観察すれば、当時、どのような植物が生えていたのかを知ることができる。葉や種子などの大型植物遺体は、種のレベルまで知ることができる。また、イネ科などの植物は、細胞の中に珪酸という物質（ガラスの主成分）

*1 日本列島に分布するコナラ属コナラ亜属には、コナラ、ミズナラ、カシワ、クヌギなど七種があり、ウバメガシを除いて落葉樹である。本章では「ナラ類」と表記した。

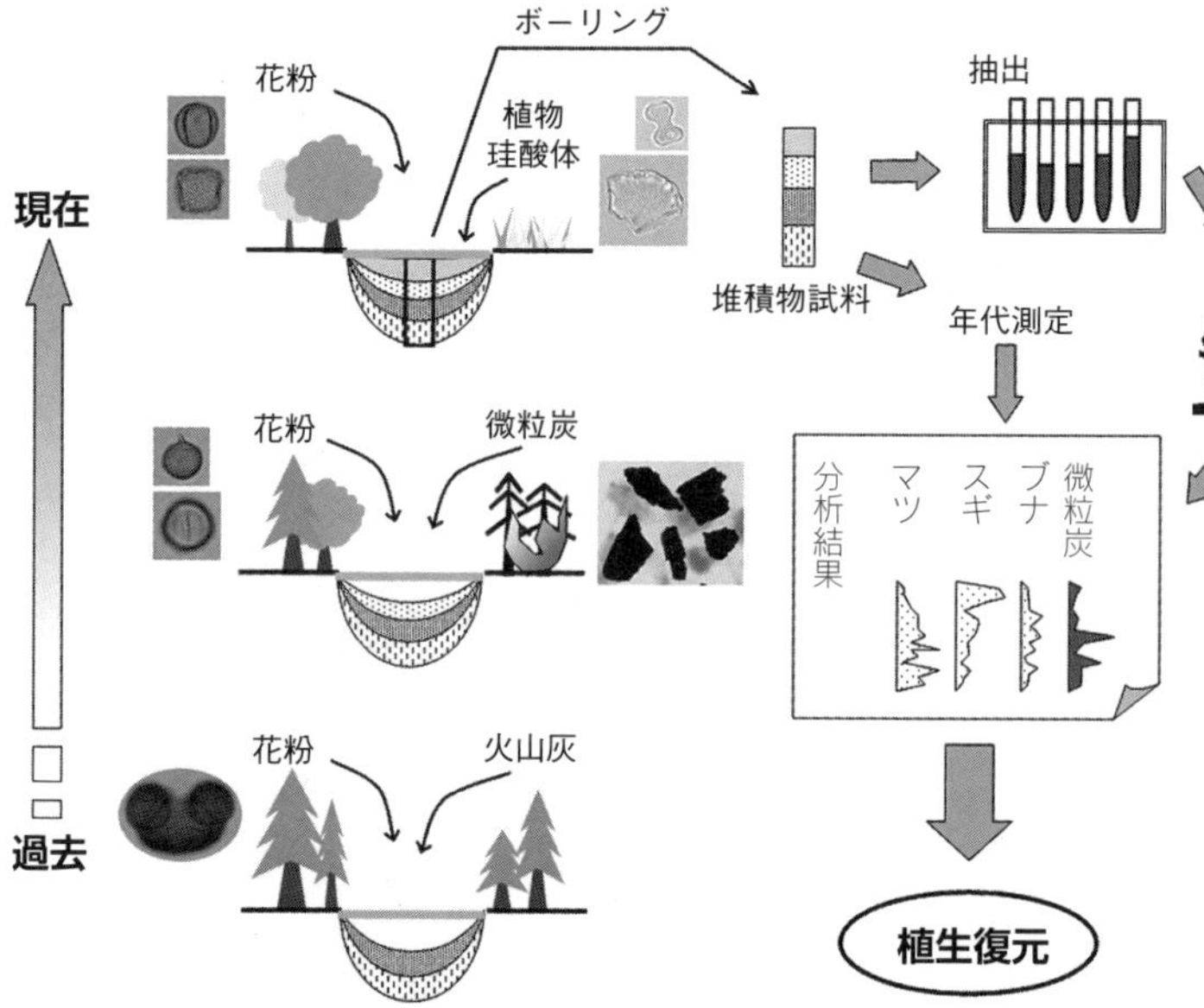

図１　堆積物を用いた植生復元の手順

を蓄える性質がある。細胞を鋳型としてできた珪酸のかたまりを、植物珪酸体（またはプラント・オパール）とよんでいる。ガラス質のかたまりである珪酸体は分解されにくいので、植物体が枯れて分解された後も、堆積物や土壌の中に長期間残る。この植物珪酸体も、それぞれ特徴的な形をもっており、過去にどのような植物が生えていたのかを知る手がかりとなる。特に機動細胞（泡状細胞ともよぶ）という葉の細胞に由来する機動細胞珪酸体の形態はよく研究されており、栽培イネ（*Oryza sativa*）は種レベルで識別することができる。[1] さらに、火事があって植物が燃えると、大小さまざまな炭ができる。炭も分解されにくいので、堆積物や土壌の中に残る。

また、大規模な火山の噴火があると、大量に噴出した火山灰が広い範囲に降る。火山灰の形や成分は火山によって異なるので、これを調べると、どの時代に噴火した火山灰なのかを知ることができる。また、後述するように種子や葉に含まれる放射性炭素同位体を測定すると、その種子や葉がどのくらい前のものかがわかり、堆積物のおよその年代を知ることができる。

堆積物の中には、このようなさまざまな手がかりが含まれており、いわば自然が作った古文書のようなものである。

わたしたち古生態学――古い時代を扱う生態学――の研究者は、この自然の古文書を読み解くことで、過去の森林や草原の姿を探っている。

過去の植生を知るには――花粉分析

花粉分析は、過去の森林の姿を復元する有効な方法の一つである。多くの植物は、春になると子孫を残すため花をつけ花粉を飛ばすが、雌しべに到達できなかった花粉はやがて落下する。これらのうち、湖底など酸素の少ない環境に落下した花粉は、分解されず何千年、何万年と保存される。湖や湿地の底には、このようにしてたまった花粉が泥や生物の遺骸などとともに積み重なっている。湖や湿地の堆積物には、下の層ほど古く、地表に近い層ほど新しくたまった花粉が含まれているわけである。花粉分析では、この長期間かけてたまった堆積物の中から花粉を抽出し、顕微鏡を用いて種類ごとに数え、それをもとに過去の植生を復元する。

湖や湿原の底に堆積している花粉は、その場所に生えている植物に由来するものだけでなく、風に乗って飛んできたものや、川の流れに乗ってやってきたものもある。このため、堆積している花粉の親植物がすぐ近くに生えていたとはかぎらない。しかし、これまでの研究で、半径が一キロメートル程度の湖の堆積物に含まれる花粉組成は周囲二〇キロメートル程度の広い範囲の植生を反映しており、小さな湿原の堆積物に含まれる花粉組成は、ごく近くの植生を反映していることが明らかになっている。[22]

また、同じ地域にある複数の地点の花粉分析結果を比較すると、その地域全体に共通して出てくる花粉と、ある地点だけで出てくる花粉とがある。前者は親植物が広く分布しており、後者は親植物がごく近くに生えていることを示している。[22] したがって、どのような範囲の植生を復元したいのかに応じて試料採取地点を選び、可能であれば複数地点の分析結果を組み合わせて考えることが望ましい。

火事の履歴を知るには――微粒炭分析

微粒炭分析は、過去の火事の記録として、堆積物に含まれる数マイクロメートルから数ミリメートルの大きさの炭の破片を利用する方法である。大きい炭ほど飛散しにくいため、より近隣の火事の指標になるとされている。日本では一九六〇年代から微粒炭分析を取り入れた研究が行われていたが、広く微粒炭分析が行われるようになったのは、二〇〇〇年代になってからである。[2] 炭の破片が十分に大きい場合には、顕微鏡で観察することで、何が燃えてできた炭なのか同定できることもある。

花粉分析では「常緑広葉樹林が落葉広葉樹林に変化した」というように植物組成の変化を示すことができるが、さらに微粒炭分析を併用することで、火がその変化に関係しているかどうかを知る手がかりが得られる。

変化が起こった時期を知るには──年代測定

放射性炭素年代測定法は、宇宙から地球にやってくる宇宙線が一定であるかぎり大気中における炭素の同位体^{14}Cの量がほぼ一定になっていること、および^{14}Cが放射壊変により一定の速さで減少する（約五七〇〇年で半分になる）ことを利用した年代測定法で、約六万年前までの年代をもつ試料に対してよく用いられている。

放射性炭素年代測定の前提の一つとして、大気中の^{14}C濃度は一定である、という仮定があるが、厳密には、大気中の^{14}C濃度は一定ではなく、太陽活動の強弱や地磁気強度の変動によって地球大気に達する宇宙線の強度が変動するため、経年的に変動してきた。このため、^{14}C年代をわれわれが通常用いる西暦などの年代（暦年代）と対比するためには、大気中の^{14}C濃度の変動を考慮して、^{14}C年代を暦年代に較正する必要がある。

放射性炭素年代測定法で重要なのは、試料の選定である。試料中の^{14}Cは、時間が経つほど減少していくので、古い時代の試料ほど^{14}Cが少ない。もしここに、新しい時代の試料が混じってしまうと、試料中の^{14}Cの比率は大きく影響を受け、測定結果は著しく若い年代になってしまう。実験室での作業中に新しい炭素の混入が起こらないように気をつけることはもちろんだが、たとえば湿原の堆積物の場合、湿原に生えている植物の根が、深いところまで入り込んでいる場合がある。そのような、現在の植物の根を含んだ堆積物を測定試料にしてしまうと、前述のように若い年代測定結果になってしまう。逆に、湖の中に、周辺の古い地層の土が河川によって運び込まれるような場合には、湖の堆積物自体を測定すると、実際よりも古い値が出る。このような事態を避けるためには、堆積物の性質をよく見きわめて、どのような試料を測定するのが目的に適うのか、十分に検討する必要がある。

三　近畿地方の「里山」形成はいつ始まったのか？

「里山」とは？

「里山」という言葉は、人により、分野によって、異なる意味で使われている。石井[3]によれば、里山は、狭義には薪炭林あるいは農用林のことを指し、広義には水田やため池、水路からなる「稲作水系」や畑地、果樹園などの農耕地、採草地、集落、社寺林や屋敷林、植林地などの農村の景観全体、都市周辺の残存林を含めることも多い。「二次林」あるいは「二次植生」を「人間活動によって形成された林や植生」と定義している場合もあるが、「二次林」は火山活動や台風など、自然の攪乱によっても形成される。「里山」の植生は、二次林や二次植生の中でも、特に人間活動による攪乱で形成・維持されているものとするのがより正確だろう。本章では、「人間活動によって形成・維持される、気候的極相でない半自然植生」を「里山」とよぶことにする。近畿地方の「里山」では、コナラが優占する落葉広葉樹林やアカマツ林が主な植生である。

これまでにわかっていること、わかっていないこと

堆積物中の化石花粉を用いた植生復元は、近畿地方だけでも五〇以上の地点で行われてきた[24]。その結果、一五〇〇年前以降に、西日本のほとんどの地点で原生林が減少し、一方、マツ属が増加したと考えられてきた。しかし、これまでの研究では、長期的な気候変動に対応した植生の変化を探ることが主な目的であったこと、また、放射性炭素年代測定法をはじめとする年代測定の技術が今ほど発達していなかったことなどから、人間活動が、いつ、どのように植生に影響を与えたのかについての具体的な評価は難しかった。もちろん、人間活動が活発な場所とそうでないところでは、マツ属花粉の増加時期やその程度に地域差があることが想定される[10,27]。そこで、マツ属花粉の増加時期を詳しく解明することを目指し、一九八〇年代から一九九〇年代にかけて、西日本を中心に、精力的にマツ属花粉増加年代の研究が進められた[24,25,31]。しかし、当時の年代測定技術の制約もあって、湿原の泥炭堆積物をそのまま測定せざるを得なかったため、すべての地点で精度のよい年代推定結果が得られたとはいえない。

その一方で、遺跡発掘にともなう古植生復元の成果も急

増した。発掘時の時間的・予算的な制約により、縄文時代〜近世にいたる全ての文化層が発掘・分析されるとはかぎらないが、貴重な資料であることは間違いない。問題は、これらの分析データが報告書に散在し、全体を見渡すことが難しいことである。年々増加する発掘調査にともなう古植生データの集成も望まれるところである。

どのようにして過去の「里山」を検出するのか?

「里山」を、「人間活動によって形成・維持される、気候的極相でない半自然植生」と定義しても、過去に「里山」があったかどうかを検出するのは簡単ではない。「里山」と、台風や土砂崩れ、地震といった自然攪乱によって形成される二次林との区別をすることが、花粉分析では難しいのである。ただし、日本に自生しない栽培植物の花粉が出現すれば、それは人間活動の指標となる。

塚田らは[28]、山口県の宇生賀《うぶか》湿原堆積物の分析から、ソバ属花粉、微粒炭、マツ属複維管束亜属(以下ニヨウマツ類)花粉の三つが同時期に出現・増加することを示し、これを焼畑によるソバ栽培とそれにともなう森林の変化と読み解いた。ソバはロシアや中国には自生するが、日本には自生しないため、大陸から持ち込まれた栽培植物と考えられている。また、民俗学的研究から、ソバは日本の焼畑の主要作物であることが明らかになっているので[18]、ソバ属花粉と微粒炭が同時に出現することは十分にありうる。さらに、焼畑を行うことで極相林が減少し、明るい場所が増えれば、先駆樹種であるアカマツが増加すると考えられる。マツ属花粉は、アカマツなどを含むニヨウマツ類と、ハイマツなどを含む単維管束亜属(ゴヨウマツ類)の花粉に分けることができる。日本のニヨウマツ類には、アカマツのほか、海岸沿いに多く分布するクロマツやトカラ列島以南に分布するリュウキュウマツが含まれるが、内陸部の比較的新しい時代の堆積物から出てきたニヨウマツ類の花粉は、おおむねアカマツに由来すると考えられる。このように、二次林化を示すニヨウマツ類花粉の増加に加え、栽培植物であるソバ属の花粉と火事の指標となる微粒炭が同じ時期の層準から検出されれば、「焼畑という人間活動によって二次林が形成された」と解釈することができる。

また、降水量の多い日本では、何らかの理由で極相林が攪乱を受け、二次林が形成されたとしても、ほとんどの場合は徐々に遷移が進行し、百年〜数百年もたてば極相林に近づいていく。したがって、二次林のような状況が数百年以上も続いているような場合には、何らかの力が継続してはたらき、遷移の進行をおしとどめていると考えてよいだろう。毎年同じ場所を強い台風が通過したり、強い地震が数年おきに同じ場所で起きたりすることはまれなので、人間が何らかのはたらきかけを行っている可能性が高い。

あるいは、二次林が形成される時期に、周辺で人間活動があったことを示す証拠が得られる場合もあるだろう。たとえば考古学的な調査により遺跡が見つかるとか、古文書に集落の存在が記述されているといった証拠と、花粉組成などの古生態学的証拠とをつき合わせれば、植生変化と人間活動との関係がよりはっきりする。たとえば、コナラやクヌギ、カシワなどナラ類の多くの種は、「里山」の主要な構成種であるが、これらの花粉は、同じナラ類に属し、原生林構成種であるミズナラ花粉とよく似ており、花粉分析に通常用いられる光学顕微鏡では判別することが難しい。また、ナラ類の二次林は、しばしば自然攪乱によっても成立するので、ナラ類花粉を単独で人間活動の指標にすることは難しいが、前述のような証拠と合わせれば、人間活動の指標としてみることができる場合もある。

このような基準で、近畿地方各地の古生態学的記録をみていくと、どのような植生の歴史が見えてくるだろうか。次節では、近畿地方における具体的な研究例について検討していきたい。

四　近畿地方のさまざまな「里山」史

古生態学的手法で明らかになった京都府を中心とする近畿各地（図2）の植生変化を、図3にまとめた。本節では、この図3と考古学や歴史学の証拠とを合わせて、「里山」の歴史を述べていく。

丹後半島——ソバ栽培と中世の「里山」

丹後半島では、一万年ほど前から、低地部にはスギが、山地にはブナが優占する森林が広がっていた。[26] 六〇〇〇年前からは、常緑広葉樹であるコナラ属アカガシ亜属[*2]（以下カシ類）の花粉が出現し始めるが、依然としてスギが優占していた。京丹後市大宮町の小湿地では五〇〇〇年ほど前

＊2　日本列島に分布するコナラ属アカガシ亜属には、イチイガシ、シラカシ、アラカシ、ウラジロガシなど八種の常緑樹がある。本章では「カシ類」と表記した。

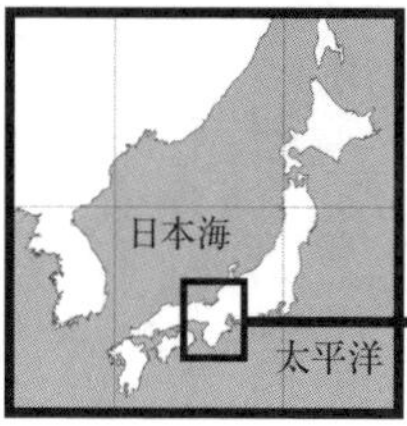

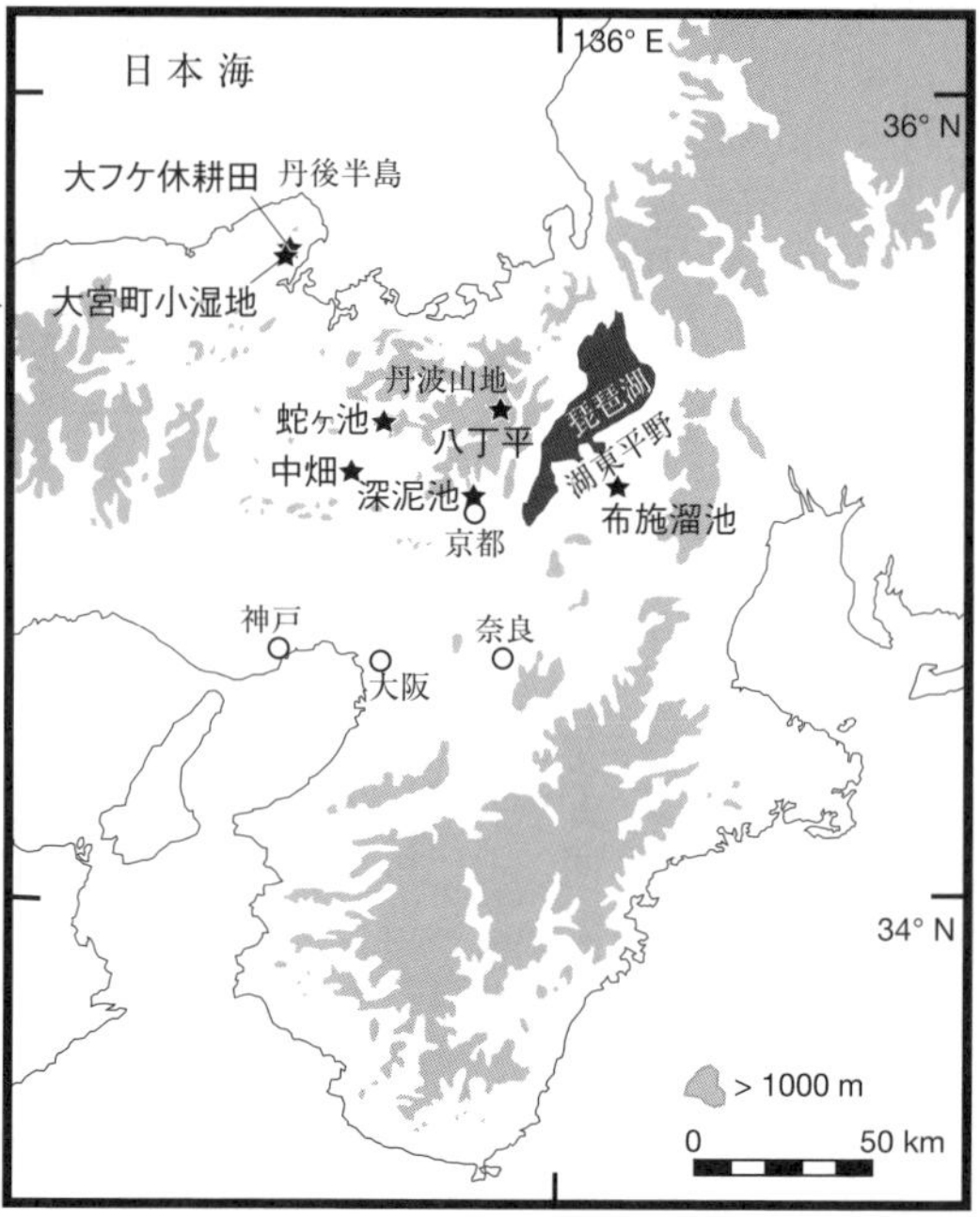

図２　本章で述べた調査地点
出典は本文を参照のこと。ただし，大宮町小湿地，中畑，八丁平，布施溜池は著者らの未発表データにもとづく。

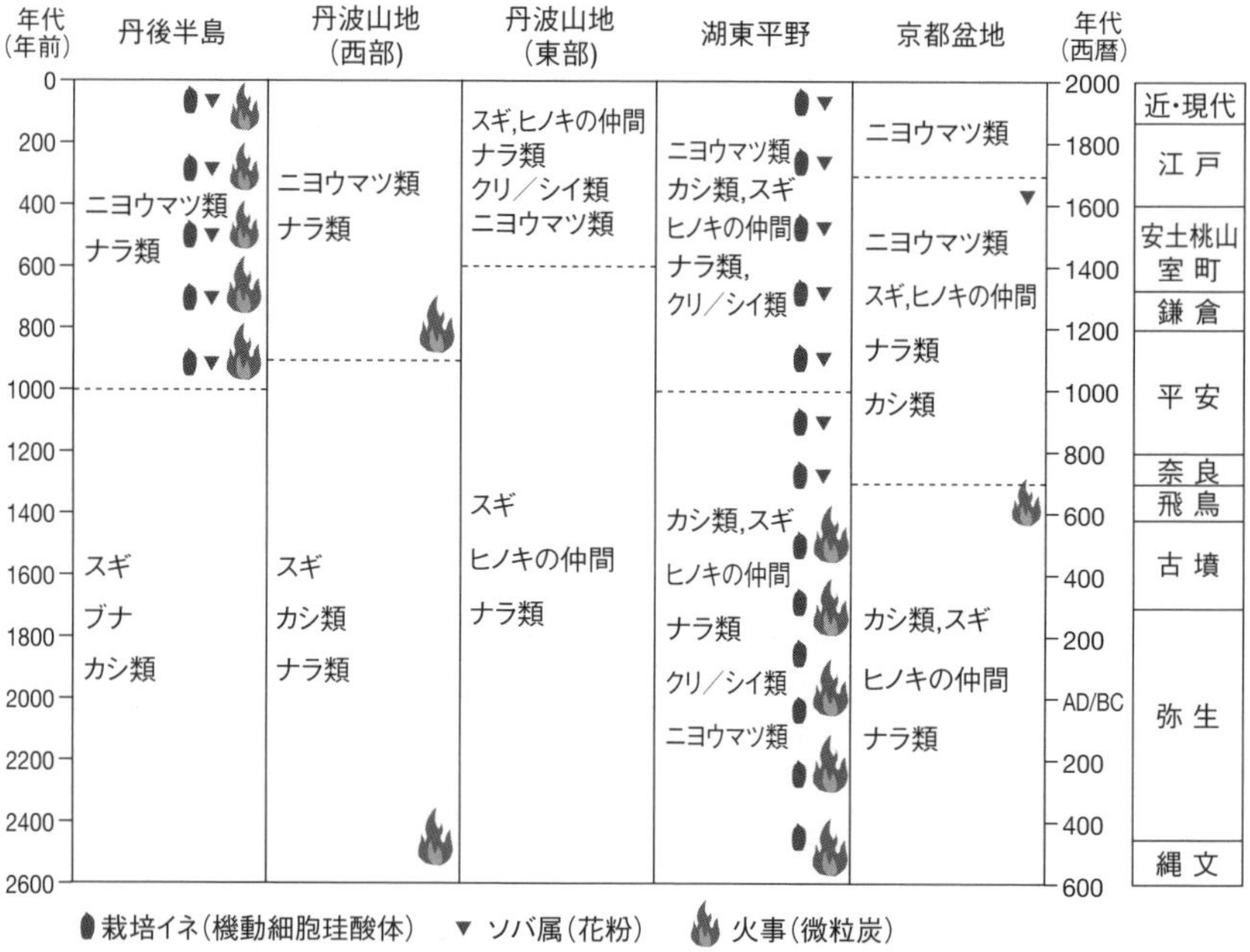

図３　花粉分析、微粒炭分析、植物珪酸体分析からみた近畿各地の「里山」の歴史

から微粒炭が増加し、約一〇〇〇年前にニヨウマツ類やナラ類、クリ／シイ類[*3]などの花粉が増加する。また同時期にソバ属花粉が認められる。宮津市上世屋《かみせや》地区（第7章・第8章・コラム4）の大フケ休耕田では、およそ一〇〇〇年前に微粒炭のピークがみられ、それに続いてアカマツに由来すると考えられるニヨウマツ類花粉が増加し始め、ソバ属花粉が出現するとともに、栽培イネの機動細胞珪酸体も出現する。[8] 約五〇〇年前からは、ニヨウマツ類がさらに増加し、スギが減少する。ソバ属花粉もひき続き出現するほか、イネ科花粉も増加し、栽培イネの植物珪酸体も出現する。微粒炭は、一〇〇〇年前〜五〇〇年前に比べ、量こそ減少するものの連続して出現する。

宮津市上世屋地区や京丹後市大宮町五十河《いかが》地区の周辺山地では、少なくとも明治期には、建築材や薪炭材の採取といった里山利用が行われていた（第7章・第8章）。古生態学データからみると、このような里山利用の歴史はもう少し古くまでさかのぼり、丹後半島では、およそ一〇〇〇年前から、稲作や火入れをともなうソバ栽培が行われるとともに、薪炭材などが採取され、その結果、アカマツやナラ類が優占する二次林が増加したものと考えられる。

丹波山地西部——ソバ栽培をともなわない「里山」

丹波山地西部に位置する南丹市日吉町の蛇《じゃ》ヶ池では、約五〇〇〇年前以降、スギやヒノキなどの温帯性針葉樹が優占していたが、二五〇〇年前に火事があり、スギが減少してニヨウマツ類、ナラ類やクリ／シイ類が増加する。[19] その後、再びスギが増加して一〇〇〇年前頃にはスギが優占する森林になっていたが、約九〇〇年前に再度火事が起こってスギが減少する。その後はニヨウマツ類やナラ類、クリ／シイ類、さらにイネ科やヨモギ属などの明るい場所を好んで生育する草本の花粉も増加する。

一方、京丹波町中畑では、二五〇〇年前にはニヨウマツ類はほとんど検出されず、スギと、ヒノキ科／イチイ科／イヌガヤ科[*4]（以下、ヒノキの仲間）の花粉が多いことから、

＊3　クリ、シイ属、マテバシイ属の花粉形態は似ているので、光学顕微鏡ではそれぞれを厳密に分けるのは難しい。本章では、クリ花粉である可能性が高い事例も含め、「クリ／シイ類」と表記した。

＊4　ヒノキ科、イチイ科、イヌガヤ科の花粉形態もそれぞれよく似ており、見分けるのが難しい。本章では、便宜的にこれらをまとめて「ヒノキの仲間」と表記した。

温帯性針葉樹が優占する森林であったと考えられる。一二〇〇年前以降になって、ニヨウマツ類がわずかに増加するとともに、イネ科、ヨモギ属、ワラビ属などが増加する。このことから、丹波山地の西部では、約一〇〇〇年前から火事をともなう人間活動があり、アカマツやナラ類の二次林が増加してきたものと考えられる。

江戸時代中期以降、蛇ヶ池周辺の集落では、農業の傍ら炭を焼いて出荷することが生業の一部となっており、時には他村の村持山の立木を購入して、炭に焼くこともあった。[9] 一九世紀初頭の成立と見られる文書に、周辺の集落で牛を飼っていたことが記されていること[21]から、相当量の飼葉も必要とされていただろう。また、蛇ヶ池の位置する山が「萱山《かややま》」とよばれていることから、田畑へ投入する肥草《こえぐさ》や秣《まぐさ》、屋根材などを確保するためのカヤ場として利用されていたことがうかがえる。花粉分析の結果からみると、このような森林の利用は、文字資料に記録されるよりも古い時代から続いていたことが示唆される。また、過去一〇〇〇年の間は、森林の状態は変化せず、安定した状態であったことから、このような森林利用が、長期的に安定して行えるような利用・管理の仕組みが存在した可能性がある。

丹波山地東部――木材資源を維持した「里山」

丹波山地東部の京都市左京区久多に位置する八丁平《はっちょうだいら》では、五〇〇〇年前以降、スギやヒノキの仲間といった温帯性針葉樹や、ナラ類など落葉広葉樹が多い森林が成立していたが、約六〇〇年前からニヨウマツ類がわずかに増加する。それとともに、ヒノキの仲間の花粉が減少し、ナラ類、クリ／シイ類の花粉が増加する。

八丁平周辺では、一一世紀中頃に久多荘《くたのしょう》が設置されて[5]、一三五六（文和五）年には葛川明王院《かつらがわみょうおういん》住人と久多荘民との間に薪炭の採取をめぐる大規模な相論が起きるなど、史料に残る人間活動が展開される（第2章）。しかしながら、久多の住人たちの生業は主に用材および炭の生産であって、農業は自給的なものにとどまり、積極的な農地の開発は行われなかったようである。[5]

八丁平の花粉分析結果でも、およそ一〇〇〇年前以降、ニヨウマツ類やウコギ科など明るい環境を好む分類群が増加して、森林が伐開されたことを示してはいるものの、スギやヒノキの仲間などの有用樹種も連続して出現しており、大規模な開発や、不可逆的な森林破壊が起こった様子は認められない。一八〇四（文化元）年の古文書に、スギやアスナロの材や皮を出荷することを生業にしている、という記述がある(5)ことからも、用材を伐り尽くして森林資源の枯渇が起こるような事態にはなっておらず、少なくとも八丁平周辺では、荘園が設置されて以降の約一〇〇〇年間は、継続的な森林利用が行われていたことが推察される。

湖東平野――弥生時代の稲作と「里山」

琵琶湖東岸に広がる湖東平野に位置する布施《ふせ》溜池《だめいけ》では、三五〇〇年ほど前（堆積物最深部）から微粒炭が多く検出される。カシ類、ナラ類、スギ、ヒノキの仲間、クリ／シイ類などの花粉が多く、ニヨウマツ類花粉はわずかである。植物珪酸体分析によると、二五〇〇年前頃から栽培イネの機動細胞珪酸体が検出され、稲作の開始が推定される。この時期の層準では、花粉組成に変化がみられないことから、大きな植生改変はなかったようである。布施溜池周辺では、森林を伐り開くのではなく、もともとあった沼沢地を利用して稲作が始められたと考えられる。

一三〇〇年ほど前に堤（史料では七四六（天平一八）年とされる）(7)が築かれ、布施溜池の水位が上がったようだ。微粒炭はそれよりも前から増加傾向にあるが、植生変化とは直接的には対応しない。その後、微粒炭が減少傾向を示す一方で、ニヨウマツ類花粉がやや増加する。カシ類はやや減少し、ナラ類、スギ、ヒノキの仲間、クリ／シイ類が優占する。同じ時期からソバ属花粉が連続して出現する。微粒炭は一二〇〇年前頃にはほとんどなくなることから、焼畑が継続して行われたわけではないようだ。

およそ一〇〇〇年前から、ニヨウマツ類の花粉が顕著に増加する（高木花粉総数の四〇％以上）。ニヨウマツ類の他には、カシ類、ナラ類、スギ、ヒノキの仲間、クリ／シイ類の花粉が多くみられる。この時期には微粒炭はほとんど検出されないことから、火をともなわない人間活動、たとえば薪の採取や落葉・落枝、若枝、下草などの肥料としての利用によって二次林化が進んだと考えられる。

京都盆地北部――窯業と人口増加による「里山」形成

京都盆地南西部の長岡京域では、古墳時代の層準からニヨウマツ類花粉が増加し始め、長岡京期以降の層準では高木花粉の四〇％以上を占めるようになる。(29)京都盆地中央部の平安京域では、弥生時代については発掘事例が少なく不明な点が多いが、遺跡での花粉分析結果をまとめて検討した報告(16)では中世以降にニヨウマツ類が増加するとされている。京都盆地北部の深泥池《みぞろがいけ》周辺においては、およそ三四〇

○年前から一三〇〇年前までカシ類やナラ類が優占し、クリ／シイ類、スギ、ヒノキの仲間などをともなう森林であったが、およそ一三〇〇年前からニヨウマツ類が増加を始める。[20]それにともなってカシ類が減少し、およそ九〇〇年前には、ニヨウマツ類、ナラ類ならびにカシ類が多く、スギ、ヒノキの仲間をともなう森林へと変化した。その後、ニヨウマツ類は増加の一途をたどり、およそ三〇〇年前にはニヨウマツ類が優占する植生へと変わっていった。

深泥池の周辺には、縄文土器や石鏃が出土する上賀茂遺跡、弥生時代や古墳時代の住居跡が発見された植物園北遺跡があり、[4][6]縄文時代にはすでに人々が生活していたことが知られているが、前述の花粉分析の結果からみるかぎり、縄文時代から古墳時代にかけては、人間活動によるとみられる顕著な植生の変化は認められない。深泥池北側のケシ山から岩倉地域にかけては、七〜一二世紀に須恵器《すえき》や瓦を焼いていた岩倉・幡枝《はたえだ》窯跡群が知られている。[4]窯業は多量の燃料材を消費するため、周辺の植生を二次林化させると考えられており、たとえば、大阪の陶邑《すえむら》遺跡では、五世紀中頃の操業開始期にはカシ類を燃料として用いていたが、七〜八世紀の窯ではアカマツ材が多くを占めるという木炭の樹種同定結果が得られている。[11]岩倉木野《いわくらきの》の京都精華大学構内窯跡について燃料材を調べたところ、八世紀に操業していた窯では燃料材はカシ類が多いが、九世紀の窯ではアカマツを含むニヨウマツ類の材が多かった。[30]深泥池の花粉分析結果では、一三〇〇年前（七世紀頃）にニヨウマツ類の増加が始まっているが、増加の程度はそれほど大きくない。このことから、窯の操業がアカマツ増加のきっかけとなったが、その影響は限定的なものであったと考えることができる。

およそ一二〇〇年前の平安京の造営を経て、深泥池堆積物のニヨウマツ類花粉は徐々に増加するが、これは京都への人口の集中によって、生活燃料や肥料の需要が激増したことにより森林が伐開されたことを反映していると考えられる。一一世紀にはすでに京都盆地の外である大原地域から炭を取り寄せていることが史料（『中右記』）からうかがえる。一一世紀初頭には、深泥池の南側に上賀茂神社の荘園が設置された[23]ことから、遅くともこの時期には、深泥池周辺は農地として利用されるようになっていたことが確実である。このため、田畑の生産力を維持、向上させるための肥料として、森林の落葉落枝や下生えの利用が進み、その結果、さらにアカマツが増加したものと考えられる。一五九九（慶長四）年には、上賀茂御泥池村の農民が、深泥池から北へ約八キロメートル離れた貴布禰山《きぶねやま》の草刈権を購入している記録[15]があり、肥料としての草が重要で、かつ、深泥池の周辺ではまかないきれないほどの需要があったことを示している。

小椋[12]による絵図の分析からは、室町時代後期にあたる一六世紀以降、京都近郊の山は全般的に植生が薄く、低木や草本からなるいわゆる柴草山か、あるいはほとんど植生のない禿山が広がっており、部分的にはアカマツ林があったと考えられている（第3章）。花粉分析では、堆積速度が大きく変化する堆積物を用いた場合、はげ山にアカマツが散生する状態と、密なアカマツ林とを区別することは難しい。一六六〇年前後に描かれた「洛外図」では、上賀茂神社周辺にアカマツ林が描かれていること[12]から、深泥池の周辺には、ある程度まとまったアカマツ林があったとも考えられる。

五　みえてきた里山の歴史

前節でみてきたように、一口に「二次林化」といっても、各地域で森林利用の形態は異なり、それに応じて「二次林化」の様相や時期も異なったものと考えられる。イネ栽培が弥生時代から導入された低地と、中世あるいは近世になってようやく田畑が開かれる山地部、あるいは都市の近くにあって山林資源が商品化した地域・時代と、荘園制によって資源がある程度管理されていた地域・時代といった人間社会側の事情によって、森林変化の様相が大きく異なることが明らかになった（図3）。

森林生態学的視点からは、森林への攪乱が大きく（あるいは頻度が高く）なると、自然植生からコナラやアベマキなどのナラ類やクリを中心とする落葉広葉樹林へ、さらにはアカマツ林へと移行するとされている。[17]本章で検討してきた近畿地方の「里山」の歴史は、この点からみても興味深い。古生態学的研究からは、この地域の「里山」、たとえば京都盆地におけるアカマツ林、丹波山地におけるナラ類を中心とする落葉広葉樹林は、過去数百年から一〇〇〇年の間、ある程度安定して存続してきたことが明らかになった。特に丹波山地では、自然植生からナラ類やクリの多い落葉広葉樹林へという変化はみられるが、アカマツばかりの林が広がることはなかった。このことは、丹波山地では、京都盆地とは異なり、落葉広葉樹林が維持される程度の利用圧しかなかったことを示唆している。つまり、京都盆地におけるアカマツ林、丹波山地におけるコナラやクりを中心とする落葉広葉樹林は、それぞれ、森林への人為的攪乱の程度（利用圧）に応じて形成された植生景観ということができる。

これら、数百年～一〇〇〇年の歴史をもつ植生景観も、第二次世界大戦後の拡大造林や、昭和三〇年代の燃料革命による薪炭林の放棄などにより、大きく変貌しつつある。薪炭林としての利用がなされなくなっただけでなく、落葉落枝や下草を利用していた田畑の肥料も化学肥料に変わり、かつてのような森林資源の利用は行われなくなった。その結果、近年、京都近郊の森林では、常緑広葉樹であり自然植生の主要な要素であるシイが顕著に増加し始めている。(14)

本章で述べてきたように、日本列島の森林は、気候変動にともなって、あるいはその時々の人間活動によって、その姿を変えてきた。「原生的な自然」の保全だけでなく、「里山」の保全にも注目が集まるようになりつつある。守るべき植生景観はどのようなものなのか、これからの森林をどう扱っていけばよいのかといった課題を考えるための基礎として、今も変化し続ける森林の歴史に目を向けていただければ幸いである。

六　より解像度の高い歴史像を得るために

最後に、これまでの研究の進展を支えてきた要因と、今後の課題について書いておきたい。まずひとつは、過去の植生を知るための「道具の切れ味をよくする」努力である。特に、放射性炭素年代や、本章では触れなかったが、鉛同位体を用いた年代測定などの分野では、少ない試料でも測定ができるようになり、測定の精度も上がった。また測定にかかる費用も安くなってきたので、一地点の堆積物に対し、複数の層準で年代を測定することが一般的になった。年代測定法の飛躍的進歩は、植生の変化が起こった年代を詳しく知るうえで欠かせない。また、走査電子顕微鏡を用いて花粉を種レベルまで同定するといった研究も、「切れ味をよくする」努力である。古生態学的手法の中でも、植物珪酸体分析や微粒炭分析は比較的新しい手法であり、基礎的な研究の余地がまだまだある。

次に、「道具の種類を増やす」方向の努力である。前述の年代測定の高精度化によって、これまで数千年単位でおおざっぱにしか語れなかった変化が、数百年、数十年単位で明らかにできる場合も出てきた。これにより、考古資料だけでなく、歴史学的な資料とも対比ができる可能性が出てきた。複数の方法で得られた証拠をつき合わせ、確認し合う作業の重要性は繰り返し語られてきたが、それが現実に可能となり、特別なものではなくなってきたといってもよい。また、古生態学分野の中でも、植物珪酸体分析や微粒炭分析といったさまざまな手法を組み合わせることによって、新しくみえてくるものは多い。

三つ目は、「愚直に積み重ねる」努力である。データの羅列や、現象の記述に多くの労力をさきがちな古生態学的研究ではあるが、積み重ねられた地味なデータが、数十年後に突如、重要な意味をもってくることもしばしばある。この意味で、データベースの構築をはじめとする、一つひとつのデータを埋もれさせないための努力は、今後の重要な課題となるだろう。

第2章　古代・中世における山野利用の展開

水野章二

はじめに

人々の生活と山野が古くから密接な関係にあったことは間違いない。山野は林業・鉱業・狩猟などの農業とは異なった生業が展開する社会的分業の拠点であったが、それと同時に民衆の不可欠な生活・生産の基盤として、果実・山菜類・茸類・鳥獣などの食料や材木・萱などの建築資材、薪炭・草木・秣《まぐさ》などの燃料・肥料・飼料、苧《お》などの衣料といったさまざまな採取がなされる場であり、また水源の地でもあった。しかし、その利用の実態を記す古代・中世の文献史料は意外に少ない。

文献史料に山野が現れるのは、公的支配に関わる法令のほか、立券・相続・徴税などにあたって作成される証文類や帳簿類などに書き上げられたり、あるいは領有をめぐる紛争の対象として相論（裁判）関係史料に登場するケースなどが圧倒的に多い。和歌や説話などの文学作品に描かれる場合もあるが、いずれにせよ、支配者のフィルターを通して記述されることが一般的なのである。その結果、社会的分業の展開の中で位置づけられたり、境相論の対象として注目されることは多いものの、民衆が日常生活の中で関わっていたはずの部分については、議論されることは少なかった。

そのため、耕地所有との相違が強調され、切り離されて論じられることすらあった。山野河海の特質を、天皇支配に淵源する「無縁」「無主」性に求めたり[*1]、境界領域・実力支配の場ととらえようとする傾向は[*2]、このような史料的制約を抜きにしては考えられない。相論史料は多くの場合、自らの領有根拠を国家権力との関係や現実的な支配事実など、さまざまな形で増幅し強調してみせる。確かに農業生産の基盤として、個々の百姓の日常的労働が投下・蓄積され、次第に高度なものへと改変されていく田畠と、採取・狩猟などといった形で関わることの多い山野河海とが、異なった関係にあることは明らかである。しかし村落レベルで考えてみるならば、山野河海の一定部分は間違いなく民衆の生活空間の一部を形造っていたのであり、平安末期には、村落の不可欠の構成要素として里山的空間（史料上では近隣山・後山など）が確認できるようになる。[*3] 山野の問題は、そのような点からも深められねばならない。

古代から各地に、材木を切り出すために置かれた杣《そま》や、牛馬を放牧して飼育・増殖をはかる牧、狩猟のための禁野《きんや》など、多くの組織・施設が設定されていたが、やがて山野開発の進展の中で大きくその姿を変えていく。杣が切り開かれて荘園となり、建築用良材を遠隔地に求めねばならなくなるとともに、牧なども開発・耕地化されるものが多くみられる一方、山林資源の流通も盛んになり、新たな供給地確保をめぐる動きは、より広域的なものとなっていく。それとともに、民衆が日常的に関わっていた山野をめぐる紛争も激しさを増さざるを得なくなるのである。その過程で、資源維持のためのさまざまなシステムが構築されていくが、本章ではその歴史的特質を確認していきたい。

一　古代における山野利用

古代の山野については、雑令に「山川藪沢之利、公私共之」とあり、公私共利の地と定められていた。[*4] 律令国家の基本的な土地制度である班田制は、現実に耕作されている熟田を集中的・固定的に把握する体制で、未墾地・園地・宅地もほとんど規制の枠外に放置されていたため、[*5] さまざまな階層による比較的自由な諸活動の舞台となったと考えられている。山川藪沢でも、特定の経済的目的に限って大規模な領有が認められ、利害が対立しなければ律令国家や王臣家、百姓もともに利用できたのである。このような山野に対する所有については、国家や王権の果たす役割を重視する見解がある一方で、逆に共同体的性質を強調し、山野への支配・収取を執行する共同体の代表者としての族長層が、古代国家に統合されることによって、所有が実現したとする立場など[*6] が示されてきた。

近年では、雑令規定のもとになっていた唐令との比較研究が進み、塩鉄生産などに関わる山川藪沢の支配が、王権の経済的基礎となっていた中国に対し、日本ではそのような状況が想定されておらず、中国的な国家・王権による山野支配は、段階を経ながら日本に導入されたことなどが指摘されている。[*7]

いくつかの具体的な事例をみておこう。慶雲三（七〇六）年の詔では、王公諸臣が多く山沢を占め、百姓が柴草を採れば、その器を奪って、辛苦させていると禁断が加えられているが、「氏々祖墓及百姓宅辺、栽レ樹為レ林、并周二三十許歩」については禁止されていない。[*8] また和銅四（七一一）年の詔では、「親王已下及二豪強家一、多占二山野一妨二百姓業一、自今以後、厳加二禁制一」としており、空閑地の開発

＊1　網野善彦『日本中世の非農業民と天皇』（岩波書店、一九八四年）など。

＊2　藤木久志『村と領主の戦国世界』（東京大学出版会、一九九七年）、稲葉継陽『戦国時代の荘園制と村落』（校倉書房、一九九八年）など。荘園制下においては、所属の明確な山野以外に、境界地帯などに領有関係が未確定で当事者間の慣行と実力に委ねられる度合いの大きい山野が存在したが、後者の性格を重視・強調して山野を論じたものである。

＊3　水野「中世村落と領域構成」（『日本中世の村落と荘園制』、校倉書房、二〇〇〇年）・「原「里山」の光景―中世の後山―」（『中世の人と自然の関係史』、吉川弘文館、二〇〇九年）など。

＊4　養老雑令九国内条「凡国内有下出二銅鉄一処上、官未レ採者、聴二百姓私採一、若納二銅鉄一、折二-充庸調一者聴、自余非二禁処一者、山川藪沢之利、公私共之」。なお古代においては山川藪沢という表現が一般的で、山野河海の表現は八世紀以降登場する。森田喜久男『日本古代の王権と山野河海』序章（吉川弘文館、二〇〇九年）。

＊5　吉田孝「編戸制・班田制の構造的特質」（『律令国家と古代の社会』、岩波書店、一九八三年）

＊6　研究史については、森田＊4著書が詳しい。なお中世との関連では、網野＊1著書が想定する古代の天皇が共同体の自然的本源的権利を一身に体現し、「大地と海原」に対する支配権を行使したという認識は、再検討が求められている。

＊7　三上喜孝「律令国家の山川藪沢支配の特質」（池田温編『日中律令制の諸相』、東方書店、二〇〇二年）、三谷芳幸「律令国家の山野支配と王土思想」（笹山晴生編『日本律令制の構造』、吉川弘文館、二〇〇三年）、森田＊4『日本古代の王権と山野河海』など。

＊8　慶雲三（七〇六）年三月一四日詔（『類聚三代格』巻一六）

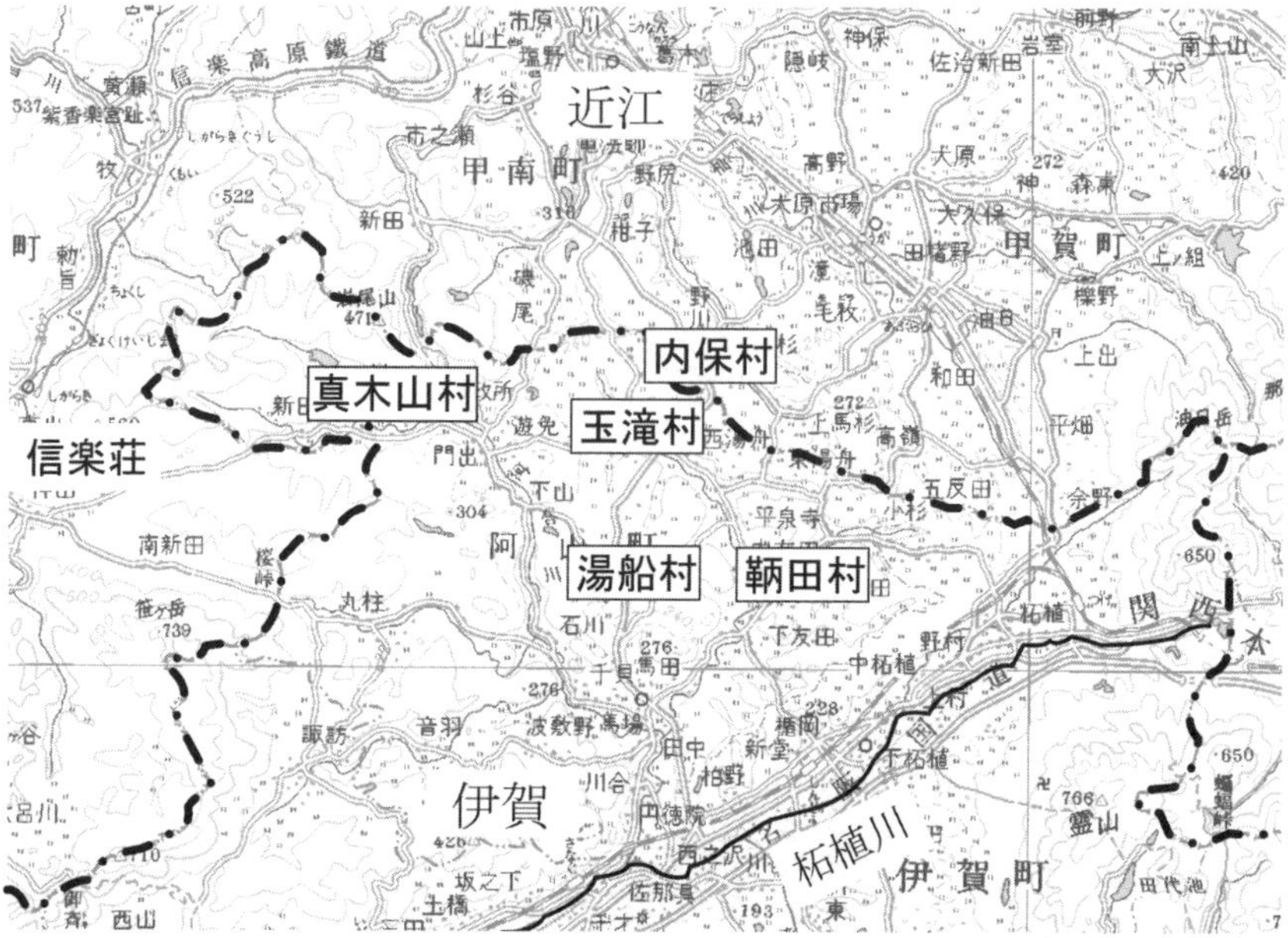

図１　伊賀国の村々

は許可を得たうえでのみ認めるとしている。[*9] 平安期に入っても、延暦三（七八四）年に、「山川藪沢之利、公私共之」という原則があるにも関わらず、王臣家や諸司・寺家が山林や藪沢を占拠しているとして、すべて返還するように命じているのをはじめ、山川藪沢独占の禁止に関する法令は何度も出されている。[*10] 九世紀になって盛んに使用される「民要地」という語も、民の重要な生活の場で公私共利の論理を貫く土地を指し、山川藪沢は原則的に公地として掌握する体制がとられていたと理解されているのである。[*11]

このように律令の規定により公私共利とされ、私的占有の禁止されていた山川藪沢であるが、次第に山野をめぐる状況は大きく変化していく。山野を王臣社寺百姓が私的に占取できるのは、「有要」と認められた場合のみであり、「不要」の山野を独占することを許されなかったが、「有要」な山野占取とは、宗教的聖地と経済的対象とに大別できる。[*12]

聖地としては、まず墓地・墓山があげられる。たとえば一〇世紀初頭に東大寺講堂を建設するため、伊賀国阿拝《あべ》郡にあった橘氏の墓所の樹木が伐採されようとした際に、「先祖の墓地」であると申請して免除されている[*13]が、この墓山は広大で、のちの東大寺領玉滝《たまたき》杣（図１）の基礎となっていく。寺社の敷地やそれに準ずる山野も、排他的独占の対象とされたが、これも広大な領域を占めるものが多くあった。近江国葛川《かつらがわ》は安曇川《あどがわ》上流部に位置し、貞観元（八五九）年に比叡山無動寺の相応和尚が開いて以来の天台修験の道場・結界の地で、現在に至るまで千日回峰行に代表される天台行者の行場であるが、後述するように、鎌倉期以降、山林開発をめぐって周辺諸荘と激しい相論を繰り返す。

一方、墾田予定地・牧・禁野・杣・御厨《みくりや》などの経済的対象としての山野占取では、特定の経済的機能に限って用益を認め、一般農民の草木採取や放牧を保障した。墾田予定地については、耕地造成のためにのみ山野占取の権利が認められ、開墾以前の農民の草木採取を妨げるような独占は禁止される。牧は牧畜用の草だけ独占でき、狩猟場である禁野も、狩猟に必要な限りでの占取権にすぎず、杣は料木伐採の権利だけに限られた。山野は私的に労働を投下して造成した林などを除けば、律令国家の規制を受けるのは、このような聖地侵犯や占有用益の利害が対立する場合に限られ、それ以外については、公私ともにその利を享受することができることになっていた。[*14]

このような特質を有する古代の山野利用の中でも、比較的史料に恵まれているのが、宮都や大寺院などの建築・修理用材を得るために設定された杣の場合である。重量や容

＊9 大同元（八〇六）年八月二五日太政官符（『類聚三代格』巻一六）
＊10 延喜二（九〇二）年三月一三日太政官符（『類聚三代格』巻一六）
＊11 弥永貞三「律令制的土地所有」（『日本古代社会経済史研究』、岩波書店、一九八〇年）、小口雅史「国家的土地所有の成立と展開」（渡辺尚志・五味文彦編『土地所有史』、山川出版社、二〇〇二年）など。
＊12 戸田芳実「山野の貴族的領有と中世初期の村落」（『日本領主制成立史の研究』、岩波書店、一九六七年）。この時期の山野領有については、西山良平「山林原野の支配と開発」（大林太良編『日本の古代一〇山人の生業』、中央公論社、一九八七年）などもふれている。
＊13 東南院文書天徳二（九五八）年一二月一〇日橘元実伊賀国玉滝杣施入状案（『平安遺文』二七一号文書、以下、「平」二七一のように略記する）
＊14 戸田＊12論文。

積が巨大な材木の輸送には、主に河川が利用されたため、杣は水運を前提に設定される。『万葉集』に収録された歌からもよく知られているように、宮都の造営には田上などの琵琶湖周辺や、木津川流域の木材が大量に使用されている。寺院の建造の場合も同じで、八世紀に造東大寺司が利用したのは、伊賀・近江・丹波・播磨国に限られ、西大寺・大安寺の杣は伊賀・近江・丹波・大和国にあるように、琵琶湖と木津川をはじめとした畿内の内陸河川を中心に分布していた。[*15]

平安時代に入っても、杣や木材交易地の分布はあまり変化はしていない。公私に交易されている榑《くれ》（板材）に規格違反が多いため、長さ一丈二尺・広さ六寸・厚さ四寸という基準を定めた延暦一〇（七九一）年六月二二日の太政官符では、大和・摂津・山城・伊賀・近江・丹波・播磨国が、同じく檜皮について定めた延暦一五（七九六）年九月二六日の太政官符では、大和・摂津・伊賀・近江・丹波などの国々が対象とされている。[*16]

やや時期は下るが、仁安四（一一六九）年二月に焼失した比叡山横川《よかわ》の首楞厳院《しゅりょうごんいん》再建にあたっては、一部の材木は山門内部で調達され、杣工も至近の仰木《おうぎ》や和邇《わに》から動員されたものの、材木の多くは、京方では「堀川并淀川尻在々材木」、近江方では「大津比良高嶋材木等」が使用されており、京方では車が、近江方では船が材木輸送の主役であった。[*17] やはり琵琶湖・木津川・淀川水系が材木流通の基幹であり、京都の堀川は木材流通の拠点となっている。

なお南山城に置かれた奈良諸大寺の杣では、民衆の開発と杣の支配とが早くから衝突していたことが知られる。寛平八（八九六）年四月二日の太政官符[*18]によれば、南山城の伊賀・大和国境に近い木津川流域の山々には、東大寺・元興寺・大安寺・興福寺などの、五〇〇〜六〇〇町あるいは一〇〇〇町に及ぶ広大な杣山が占定されていたが、その山中には百姓の家地・口分田などが開かれていた。このような状況の中で、元興寺や興福寺が地子《ちし》（地代）を徴集しようとして百姓との対立が起きるが、「凡所三-以寄二山林於諸寺一者、為レ是採二-用修理料材一、曾非レ妨二-遏百姓田地一、望請、停三-止諸寺新勘二家地々子一、禁三-制百姓恣伐二山中樹木一」という判断が下され、律令制の建前通り、諸寺に対しては修理料材に限定した山林の所有確認と地子徴収の禁止、百姓には樹木の伐採禁止が命じられた。杣山内部における開発の進行が、次第にこのような対立を顕在化させたのである。

「山川藪沢之利、公私共之」という令の規定は、山野利用をめぐる社会上層部と民衆の対立を調整する役割を期待されていたのであろうが、平安期の現実はそれを超えて展開していく。

二　杣の変容と開発

平安時代の古文書を収録した『平安遺文』で杣を検索すれば、一八七通が該当する。そのうちの約三分の二ほどは、東大寺関係文書に収められている伊賀国板蠅《いたばえ》杣（のちの黒田荘）と同玉滝杣に関するものである。この二つの杣は距離的にも東大寺に近く、板蠅杣は宇陀《うだ》川・名張《なばり》川水系、玉滝杣は河合川・柘植《つげ》川水系によって木津川に結ばれ、泉木津が材木輸送の拠点となっていた。両杣は一一世紀末頃には、黒田荘＝南杣に対し、玉滝杣は北杣とも呼称されるようになる。

ここではそのうちの、玉滝杣の変容をたどってみたい。[*19]玉滝杣は伊賀国阿拝郡（現伊賀市）にあった東大寺の杣で、東大寺が八世紀に獲得した墾田をはじめ、多様な契機を通じて、長期に渉って集積したものであるが、その中核となったのは、天徳二（九五八）年に橘元実が東大寺に施入（寄付）した墓山であった。「元是元実等先祖之墓地也、累代子孫相伝守レ領、其来尚矣、経レ年之間、樹木生繁、自為二杣山一」とあるように、元実先祖の墓地の樹木が繁茂して、杣山となったものであったが、延喜の東大寺講堂造営にあたって、玉滝杣の材木が運び出されようとしたときには、元実は朝廷に「注二先祖墓地之由一」して訴え、免除される。しかしその報いか、元実一族が災禍に遭って諸国を流浪する間に、太政官符によって、東大寺・修理職・冷泉院・雲

*15　西山「奈良時代「山野」領有の考察」（『史林』六〇‐三、一九七七年）
*16　『類聚三代格』巻一八
*17　『山門堂舎記』（群書類従二四）
*18　『類聚三代格』巻一六
*19　以下、玉滝杣については、赤松俊秀「杣工と荘園」（『古代中世社会経済史研究』、平楽寺書店、一九七二年）、水野*3「中世村落と領域構成」など参照。

林院などの料材として、「樹木漸切掃、墳墓作二露地一」という。元実は、「先祖菩提」と自らの災厄消除のため、玉滝杣を東大寺に施入したのであった。[*20]

この時期の東大寺の状況は、天徳二（九五七）年七月二五日の東大寺別当光智奏状[*21]に明らかである。それによれば、東大寺は七重西塔の修造を計画し、心柱三本を山城・摂津両国に、材木を大和・紀伊・伊賀・近江・丹波・播磨・安芸の七カ国に造進するように、政府に命じてもらう。しかしすべての国から不可能との返答が届き、「無レ造二一枝之材一」という状況だったため、東大寺は必死に経費を工面して、なんとか玉滝杣から心柱などの材木を挽き出すことに成功する。その際に、「削二‐平峻巌一、作下挽二材木一之大路上、堀二‐通曲谷一、為レ流二桴筏一之巨川数百餘町、其程遥遠、千万人力、其功難レ量」と、輸送のための道の造成や、筏を流すための河川整備などに、膨大な労力を費やしたのである。

このように東大寺にとって重要な意味を有した玉滝杣であったが、このとき、修理職や冷泉院・雲林院に加え、新たに法性寺諸堂の料材までもが玉滝杣より切り出されようとしており、樹木が切り尽くされかねない有様になっていた。別当光智は、「任二彼本主施入之志一、被レ止レ入二‐造他所材木一、将為二寺家所領之杣一、一向造二‐運件宝塔料若干材木一」と、玉滝杣を東大寺のみの杣とすることを強く訴えたのである。

この後東大寺は、同じく元は橘氏の所領であった内保《ないほ》や湯船などをも集積・寺領化し、玉滝杣を、西は近江国信楽《しがらき》から東は賀茂岱朝宮谷（現在の滋賀県油日岳周辺）に至る広大な地域へと拡大するが、[*22]やがて杣としての支配だけにとどまらない、四至内に開かれた耕地をも含む領域全体の支配を強く志向する。この広大な杣内の開発の拠点となったのが、丸柱・真木山・玉滝・内保・湯船・鞆田《ともだ》・予野という村々であるが、開発が進展するなかで、国司との間に開発田の支配をめぐる紛争を惹起することになる。

そのうちの一つである丸柱村の例をみておこう。国司側は、「於レ杣ハ無レ論キ寺領杣也、国衙不レ致二相論一、以二開発之田一、所レ称二国領一也」とあるように、杣が東大寺領であることはまったく争わないが、杣内の開発田は国領と主張する。杣の権利を山林だけに限定する従来よりの支配原則に則った主張である。それに対し東大寺は、「件丸柱村ハ玉滝杣中心也、件杣ハ勅施入之杣也、其内開発田豈非二寺領一哉」と反論し、杣内の開発田もすべて東大寺領であるとする論理を展開したのである。[*23]治承・寿永内乱の混乱を経て、建仁元（一二〇一）年にようやく一一世紀半ば以来の国司・東大寺の相論に終止符が打たれる。同年七月の記録所勘状案[*24]に、「為二四至内一者、非二停廃之限一、為二四至外一者、可レ被二国領一歟」とあるように、玉滝杣四至内全体の東大寺支配が確立されていく。資源の回復に時間のかかる建築用良材が次第に枯渇していく一方で、開発された田地が支配の焦点になりつつあったのである。

最終的には玉滝杣（北杣）は、真木山・玉滝・内保・湯船・鞆田のいわゆる玉滝五カ村によって構成され（図1）、玉滝荘とも表現されたが、やがて一三世紀前半頃から、北杣五カ村のうちの玉滝村を玉滝荘とよぶ用法が一般化し、各村それぞれが荘と表現されるようになる。各荘ごとの百姓の強固な結合を前提に、一三世紀には五カ荘の団結が保持されていたが、やがて一四世紀初には、その結合も崩壊してしまう。

文保元（一三一七）年一二月、東大寺は往古以来の一体性を強調し、内保荘への近江国池原竜法師村百姓らの暴行・押領に対し、他荘の協力を要求した。[*25]しかしその返答は、「雖レ為二山相論之訴訟一、先規既五ケ一同之分無レ之、何内保庄民等以二新儀一、可レ引二-懸五ケ庄一哉、先々尤玉滝庄并鞆田庄、近年雖レ有二山之沙汰一、全以余庄不二与同一候之上者、不レ致二一味之沙汰一之条顕然候[*26]」などというものであった。各荘（村）はそれぞれ独自に境相論・山相論を戦わねばならなくなっており、「五ケ一同」の協力関係はまったく失われてしまっていたため、内保荘への援助（「一味之沙汰」）を拒否したのである。

＊20　＊13史料
＊21　東南院文書天徳三（九五七）年一二月二六日太政官符案（「平」二七二）・同日太政官牒（「平」二七三）
＊22　平岡定海氏所蔵文書大治四（一一二九）年一一月二一日東大寺所司解（「平」四六三九）
＊23　東大寺文書久安五（一一四九）年六月伊賀国目代中原利宗・東大寺僧覚仁重問注記（「平」二六六七）
＊24　東大寺文書（『鎌倉遺文』一二三六号文書、以下、『鎌倉遺文』は「鎌」と略記し、文書番号を記す）
＊25　東大寺文書文保元（一三一七）年一二月預所下知状案（「鎌」二六四七四）
＊26　東大寺文書文保二（一三一八）年五月六日玉滝荘沙汰人百姓等請文（「鎌」二六七一九）

東大寺領の杣であった関係はすでに希薄化しており、各荘は独自の領域を有し、自らの生産・生活の基盤を確保するための主体として立ち現れている。玉滝五カ村のうち、鞆田・湯船村は近世にはそれぞれ上・中・下および東・西に分かれるが、他の三カ村はそのまま近世村となる。鎌倉期には玉滝杣という表現は、広域的な地域名称として使用されることはあるものの、杣としての実態を伝えている史料は、わずかに建暦三（一二一三）年の近江国信楽荘との境相論に関するもののみで[*27]、材木生産地としての姿はほとんどみえなくなる。耕地を中心とする地域構造へと転化していたのである。

伊賀国名張郡（現名張市）にあった東大寺領板蝿杣においても、同様の過程が進行していた。板蝿杣は天平勝宝七（七五五）年に東大寺領になったと推定されているが、一〇世紀中葉、東大寺別当光智は板蝿杣の四至を拡張し、宇陀・名張両川西岸の山麓地域の領有を目指す。一一世紀前半には、拡張された杣四至の公認と住人・杣工への国司課税免除を獲得し、杣から荘園への転換が図られた。これが黒田荘であるが、やがて荘民の公領への出作が広範に展開していくなかで、国司との激しい武力衝突を経ながら、川東の出作地を含めて荘域が拡大され、承安四（一一七四）年には名張郡の主要部が東大寺の荘園となるのである[*28]。

このように玉滝杣・板蝿杣では、平安後期には開発が進行して耕地化が進み、それをめぐって、杣としての権利しか認めようとしない国司と、荘園として支配強化を図る東大寺との間で争いが起きる。結局東大寺が勝利し、従来とは異なる土地と人の支配が実現されていった。中世では杣と荘園はほとんど区別されず、支配の単位としては荘に一元化されるが、またその基礎に位置する村落の姿も明確になる。山野に対する支配のあり方も、また民衆の関わり方も、古代とは大きく変化していくのである。

両杣は東大寺に近く、河川交通にも恵まれていたが、山はあまり深くなく、大規模造営のための良材・巨木を継続的に搬出することは困難で、東大寺も耕地を核とした荘園へと支配を転換させていった。平安中期には東大寺の造営を支えたこれらの杣もその役割を終え、造営用良材・巨木は、次第に遠隔地で探索・調達されねばならなくなる。治承四（一一八〇）年の兵火によって東大寺の主要な建物の大半は焼失したが、再建にあたってその責任者となった重源は、朝廷・幕府の後援を得て、周防国の佐波川《さばがわ》上流（現山口市）へ分け入り、膨大な労力と技術を駆使して、主柱の用材を切り出し、運搬したのである。

次に、古代から重要な材木供給地となっていた近江の状況を確認しておこう。まず田上杣《たなかみ》であるが、田上は琵琶湖の南、大戸川《だいど》が瀬田川《せた》と合流する地域一帯（現大津市）で、南山城や伊賀・伊勢へ通じる交通上の要衝でもあり、古くより宮都や大寺院造営のための公的な木材伐採・製材作業事務所である田上山作所が置かれていた。[*29]『万葉集』巻一に「藤原宮の役民の作る歌」として「石走る淡海の国の衣手の田上山の真木さく桧の嬬手をもののふの八十氏河に玉藻なす浮かべ流せれ」とあるように、七世紀末の藤原宮造営のため、田上山のヒノキの用材が、瀬田川・宇治川・木津川を通じて運ばれていたことが知られる。天平宝字六（七六二）年の石山寺の増改築にあたっても、用材の大部分は田上杣で伐採されており、材木は筏に組まれて石山まで廻漕されている。山作所では、専門的な職員以外に、食料や労賃を支給される雇用労働が大きな比重を占めていた。

平安期に入ると、山作所の姿をたどることはできなくなるが、『御堂関白記』寛弘二（一〇〇五）年一一月二日条では、「田上厩舎」が藤原道長の石山寺参詣時の宿舎とされており、摂関家の御厩が置かれ、牧も付属していたと考えられる。また建長五（一二五三）年一〇月二一日の近衛家所領目録[*30]には、「田上輪工」とみえ、車輪を作る工人がいたことも知られる。このように田上には、交通に関わる摂関家の施設があったが、院政期には歌人として知られる源俊頼《みなもとのとし より》が寓居しており、私家集『散木奇歌集《さんぼくきかしゅう》』には、田上の状況が多くの歌に詠まれている。[*31]

同歌集によれば、俊頼居住地の近辺には山田が開かれて、

＊27　『東大寺要録』建暦三（一二一三）年八月伊賀北杣百姓等解（『鎌』二〇二三）・同九月二六日後鳥羽上皇院宣（『鎌』二〇三一）・同九月東大寺申状（『鎌』二〇三三）

＊28　板蝿杣（黒田荘）の研究は膨大である。代表的なものとしては、石母田正『中世的世界の形成』（伊藤書店、一九四六年）、黒田日出男『日本中世開発史の研究』（校倉書房、一九八四年）、新井孝重『東大寺領黒田荘の研究』（校倉書房、二〇〇一年）など。

＊29　田上地域の概要については、『近江栗太郡志』第一巻（一九二六年）、『新修大津市史』第九巻（一九八六年）などが詳しい。

＊30　近衛家文書（『鎌』七六三一）

＊31　以下、『散木奇歌集』に現れる田上については、水野＊3「原「里山」の光景」参照。

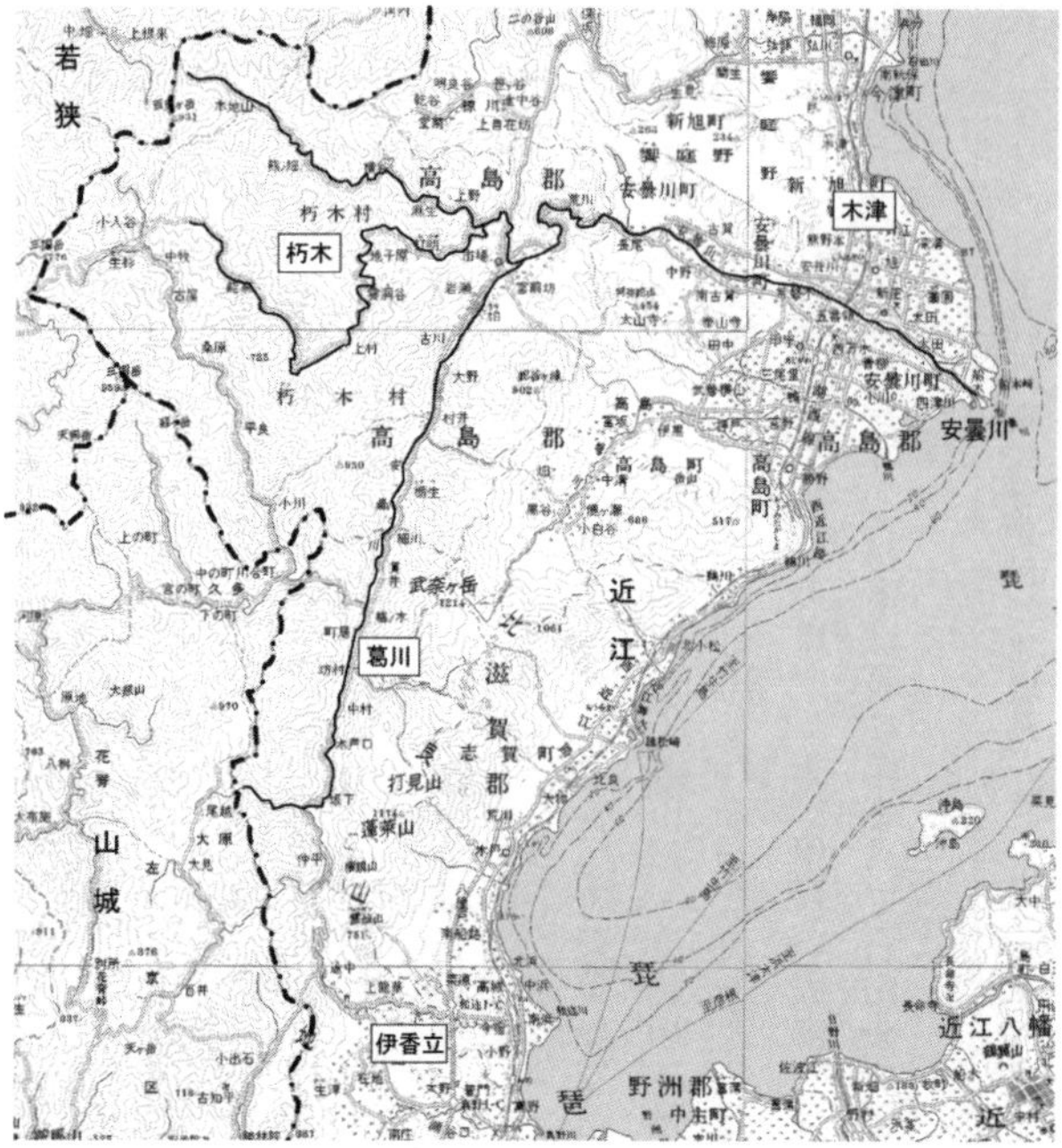

図２　近江国の伊香立・葛川

「をしね」（晩稲）や「たもとこ」・「袖のこ」・「ほうしこ」などとよばれる品種のイネが作付けされていた。山では、染色の触媒にするために椿灰が焼かれており、俊頼はシイの実を拾い、「松茸」を食している。これから平安末期の田上では、アカマツ林が展開していたことが知られるが、近年の花粉分析などによる植生史研究からも、近江の北西部低山地では、約九〇〇年以前まで広がっていたスギ林は人為的伐採などによって減少し、九〇〇〜七〇〇年前にアカマツ林が拡大したことが明らかとなっている。[*32] 杣としての痕跡は、山で造船が行われ、また伐り出された材木が筏に組まれ、筏師に操られて川を下っていく情景を詠んだ歌などからうかがうことはできるが、しかしそれは田上での生活の一部にすぎなくなっている。

　中世には、この地域には田上荘が成立し、のちには中荘・牧荘・杣荘という表現が見られるようになるが、面積や四至を記した史料は残されておらず、詳細は定かではない。名称から、かつての杣あるいは牧の系譜を引いていることが推測されるものの、中世には杣・牧としての実態・機能は、まったくうかがうことはできない。

　このような状況は甲賀山作所の置かれた甲賀でも共通しており、中世には池原杣荘などに杣の機能が継承されたと思われるが、やはり材木生産地としての比重は小さなものとなっていく。それに対し、奈良時代に高島山作所が置かれた湖西の山地では、平安後期には摂関家などの杣が多く立地し、なかでも安曇川流域の朽木《くつき》荘（現高島市、図2）は、中世を通じて材木生産地として長く維持されていく。一一世紀初には朽木荘と朽木杣は別個の支配を受けていたが、やがて周辺の支配関係が統合され、若狭・丹波・山城国境に広がる広大な山野を領域とする荘園となる。朽木荘地頭であった朽木氏は、市場や関を支配するとともに、「四二寸榑」と表現される材木年貢を徴収したり、「山札」とよばれる山の用益にあたっての鑑札を発行するなど、地域の流通・交通に深く関わっていくのである。*33

長く材木生産地として継続した地域としては、桂川水系に属する丹波国山国《やまぐに》荘も忘れることはできない。山国荘は、京都府北桑田郡京北町（現京都市右京区）の大堰《おおい》川上流域を中心とした地域に位置する。山城・近江国境に至る広大な山林地帯を占めており、平安京の造営用材を貢進したという伝承を有し、大堰川（桂川）を介して京都との密接な関係が続いた。応保二（一一六二）年九月二〇日官宣旨案*34によれば、宮中の薪炭・燈燭の管理などを職掌としていた宮内省主殿寮の所領であった山城国小野山は、山野支配をめぐって周辺諸地域と対立していたが、北部では「修理職杣山」だとして妨害を受けていたという。それが山国杣で、平安末期には内裏の修理造営を掌る修理職の杣であったが、天元三（九八〇）年二月二日某寺資財帳*35には、「山国庄廿五町余「加林十二町」、小塩黒田三町」とあるように、当初杣内の耕地には別の支配関係が及んでいた。そして中世には一円荘園として、修理職・禁裏（朝廷）の支配下に置

*32 安田喜憲・三好教夫編『図説日本列島植生史』（朝倉書店、一九九八年）、佐々木尚子・高原光「琵琶湖周辺における「丸木舟の時代」の植生」（滋賀県文化財保護協会編『丸木舟の時代』、サンライズ出版、二〇〇七年）など。

*33 仲村研「朽木氏領主制の展開」（『荘園支配構造の研究』、吉川弘文館、一九七八年）、鈴木敦子「国人領主朽木氏の産業・流通支配」（『日本中世社会の流通構造』、校倉書房、二〇〇〇年）など参照。なお『朽木村史』資料編（二〇一〇年）は、「四二寸榑」を三方四寸・一方二寸の台形の断面をした材木とする。

*34 宮内庁書陵部所蔵壬生文書（『平』補九九）

*35 金比羅宮文書（『平』三二一五）

かれたのである。杣山の区分を基礎とした大杣方と棚見方とに分かれ、公文や下司などの荘官組織を通じて支配が行われたが、名主は材木をはじめ、年貢米・供御物などを負担するとともに、惣荘山の用益権や鮎漁の権利などを有した。[*36]やはり広大で深い山々が多く、資源を枯渇させることなく材木生産に対応できたのである。

三　里山的空間の成立と相論

玉滝の例にあったように、一一世紀後半・一二世紀頃には、一定の領域を有する村落が登場してくるが、それに対応して、村落成員の生活空間を含み込みながら作り上げられた支配体系が、中世荘園制である。それ以前は、田畠や山野は別個に領有されていたが、一一世紀半ば以降、荘園は集落を中核とし、田畠と山野河海を有機的に統一した支配を行うようになる。[*37]荘園領主の権限も、村落支配を媒介にして山野に及ぶのである。

平安末期の山城国東大寺領玉井荘（現綴喜郡井手町）と摂関家領石垣荘（現木津川市）の相論などからは、中世荘園の基底をなす村落の領域が、①集落、②田畠、③日常生活に不可欠な薪炭や肥料の獲得、採取などが行われる近隣山、④日常的には関わることのない奥山、の四つの要素から構成されていたことが明らかである。①は一定の階層差を持つ住人・百姓のイエによって構成される。そのイエ結合のあり方によって、散村・小村から集村といった多様な形態を示すが、平地部では多くの場合、中世を通じて集村化が進行する。②では日常的な個別労働が繰り返されるとともに、灌漑などの共同労働が組織されることによって、個々のイエの農業生産が実現される。③は狩猟・採取などの村落成員のさまざまな用益が実現される空間、④は村落成員が存在については認識しているものの、日常的には関わることのない空間である。[*38]

このように中世においては、山野河海の一定部分は間違いなく村落の不可欠の構成要素として、民衆の生活空間の一部を形づくっている。なお開発の進んだ地域では、近隣山すらも明確な形をとって現れない場合もあるし、四至の内外に、人間の開発を容易に受けつけない奥山を介在させている場合には、奥山そのものが広大な境界として意識される。奥山は人間を寄せつけない非日常的空間であり、他界と連なる聖なる空間としての側面を有していたのである。近隣山の一部は開発の進展の中で耕地化され、また広大なゾーンとして存在していた境界の山野も、次第にラインとして画定されたり、あるいは他村と入会う形で用益されるなどして、大きくそのあり方を変化させていく。
　村落住民によって日常的に用益される近隣山の実態は、史料には現れにくい。登場する場合も後山という表現が圧倒的に多いが、それは近隣山と同じく、集落間近の山・集落背後の山・裏山という意味である。まず近江国伊香立《いかだち》荘（現大津市）の事例を紹介しよう。[*39]
　伊香立荘の成立時期は不明であるが、平安末期には山門無動寺《むどうじ》領であったことが明らかで、荘域などについて明示した史料はないものの、近世の伊香立五カ村（生津・上在地・向在地・下在地・北在地）周辺と推定されており、琵琶湖の西岸にそびえる比叡山地の東側斜面を占めていた（図2）。鎌倉期には山門の青蓮院《しょうれんいん》門跡・無動寺の支配下にあり、田地への賦課とともに、番炭・番木や花炭・名田炭などのさまざまな名目で領主に炭木を備進する荘園であった。伊香立荘は中世を通じて、同じく青蓮院・無動寺に属した天台修験の道場である葛川（現大津市、図2）と激しい相論を繰り返したことで知られている。
　建保六（一二一八）年、伊香立荘と葛川は互いに葛川南部の領有を主張し、相手側の材木伐採や炭竈構築を非難した。[*40]この相論の背景には、「伊香立御庄後山尽テ」、炭木の備進が困難となっていた事実が存在していたが、青蓮院門

＊36　同志社大学人文科学研究所編『林業村落の史的研究』（ミネルヴァ書房、一九六七年）・坂田聡編『禁裏領山国荘』（高志書院、二〇〇九年）など。
＊37　中世荘園の基本となる領域型荘園については、小山「荘園制的領域支配をめぐる権力と村落」（『中世村落と荘園絵図』、東京大学出版会、一九八七年）・「古代荘園から中世荘園へ」（『中世寺社と荘園制』、塙書房、一九九八年）参照。
＊38　水野＊3「中世村落と領域構成」。この四要素は、平地村や山間・海湖岸村など多様な形態を示す中世村落の空間構成を、村落構成員とのかかわりの強いものから順に論理的に配列したものであり、個々の中世村落が必ず四要素を備えた地理的実体としての同心円的構造を持つことを意味するのではない。
＊39　葛川・伊香立荘については、水野「結界と領域支配」（『日本中世の村落と荘園制』、＊3）および＊3「原「里山」の光景」参照。
＊40　葛川明王院文書建保六（一二一八）年一一月葛川常住僧賢秀陳状案（「鎌」二四一三）

主であった慈円は、伊香立荘に対して、用益の範囲を葛川南部の下立山に限って、正式に許可を与えたのである。

建長八（一二五六）年の相論では、葛川は「故御所御時彼等申云、後山切尽候畢、於二日別炭一難二備進一云々、依レ之故御所仰云、件後山林出之程入二当御領一、三人庄官等各一宛炭釜構、可レ令レ備二-進炭一、林出之後、可レ令レ停下-止入二-部当御領一之事上之由、被二仰下一畢、而彼等存二且永代之儀一乱入、且炭釜三百余有レ之云々」[41]と訴えた。「故御所」（慈円）の命によって、後山を切り尽くした伊香立荘の林相回復まで（「林出之程」）、一時的に葛川への入部が認められただけで、それも三人の荘官各一宛の炭竈であったにすぎないのに、永久的措置とみなし、多数の炭竈を構築したとして、伊香立荘の行動を強く非難したのである。

また文永六（一二六九）年相論では、伊香立荘は「当庄民等依レ切二-尽後山之林木之一、番炭香木以下之日次重役令二闕如一」たので、慈円が古老百姓の要求を容れて、「自今以後者以二葛河山之伐木一焼レ炭可レ令レ備二-進重役一由、被二仰下一」たため、葛川山を進退し、炭木などを勤仕してきたと主張した。それに対し葛川は、慈円が決めた範囲を大幅に越えて、伊香立荘民が葛川奥深くまで侵入していると反論する。[42]

荘園領主への炭木備進など、伊香立荘では山野の活動に比重がかかり、鎌倉初期に植生回復の自然サイクルを越えて、後山を切り尽くしてしまったことは、双方が認める間違いない事実である。その結果、領主を共通とし、また修験の場として山林が豊かに保存されていた葛川が着目されたのである。伊香立荘は、領主からの後山への過重負荷の代替措置として、葛川での用益を認めさせたが、葛川は安曇川上流域に位置し、琵琶湖水運を利用できる材木生産地としての好条件を備えていたことから、両者の争いは林業生産の拡大と結びつき、激しいものとなっていく。

同じ頃、山門領木《こ》津《づ》荘（現高島市、図2）でも後山が相論の対象となっていた。[43] 湖西高島郡に位置した木津荘は、保延四（一一三八）年に鳥羽院の施入によって成立し、天台座《ざ》主《す》が直轄する延暦寺全体の経済的基盤となった重要荘園である。建保四（一二一六）年八月三日延暦寺政所下文写[44]に、「年来自二南古賀北善積庄一、後山雖レ令二押領一、自然送二年月一之間、彼両庄住人等、件四至内不レ入二当庄民一、奪二-取鎌斧一之上、剰令二蹂躙一」とあるように、後山をめぐる紛争が古賀・善積《よしづみ》荘との間で起こる。この場合の後山とは、具体的には木津荘西部の饗《あえ》庭《ば》野《の》台地（熊野山）を指しており、周辺諸荘との山の境界をめぐる争いが惹起されたのである。饗庭野の山野には周辺諸荘から人々が入り込み、用益関係を深めていたが、村落の多くが開発の進んだ条里地割地帯に立地する木津荘域では、各村落が単独で内部にまとまった山野を有することはできず、荘全体で後山を確保していた。古賀・善積荘民が「奪二-取鎌斧一」したのは、鎌・斧を使用しての山林用益、おそらくは薪炭などの燃料や肥料・秣などが獲得されていたからに他ならない。

木津荘では、伊香立荘などとは異なり、山野の生産物が賦課対象になっていた形跡はない。木津という平安・鎌倉期の若狭―近江の水陸交通の要衝を核に展開した大規模荘園で、水田開発の進展の過程で、後山の問題が登場してきたのである。木津荘の後山は、荘域の村々の共有山として、近世から近代初に至るまで、周辺地域との熊野山相論が断続的に続けられており、荘内各村には中世以来の関係文書の写しが伝えられている。

このように、中世初期から村落の後山が確認できるが、それは決して近江だけの表現ではなく、平安末期の伊賀国をはじめ、多くの国々で用いられている。[*45] 後山・近隣山という里山の原型が史料に現れるのは、地域によっては山林資源が不足し、その確保をめぐって紛争が起きるようになるためである。前述した平安末期の玉井荘と石垣荘の紛争では、荘園・村落の境界を明確にしながら、領域内部の山野から、相手を排除する動きが強められていた。一方、丹波篠山《ささやま》盆地の西端に位置し、宮田川水系末流で用水確保が困難であった東寺領大山荘西田井《にしたい》村と、平地部に立地し、山林資源が不足する近衛家領宮田荘（ともに現篠山市）との間では、承安三（一一七三）年に用水と山野を相互に補いあう契約が結ばれている。[*46]

このような民衆の日常生活に深く組み込まれた後山・近隣山であったが、領主が山林資源の徴収・管理を強く志向

＊41 葛川明王院文書建長八（一二五六）年七月一七日葛川常住快弁申状案（「鎌」八〇一四）
＊42 葛川明王院文書文永六（一二六九）年一〇月伊香立荘荘官百姓等申状案（「鎌」一〇五〇八）
＊43 木津荘については、水野「近江国木津荘の成立と展開」・「中世村落の景観と環境」（『中世の人と自然の関係史』、＊3）および水野編『中世村落の景観と環境』（思文閣出版、二〇〇四年）参照。
＊44 饗庭昌威家所蔵文書・「鎌」一二一五四

した荘園・所領も存在しており、山守が置かれたり、住人の伐木に対して山手や杣役などを徴集した例は多く、地頭などが狩蔵を設置することもあった。[*47]また前述した葛川や、寺領山林の境界に八天石蔵を建造して牓示《ぼうじ》とした摂津国勝《かつ》尾寺《おじ》（現箕面市）をはじめ、寺社境内地・寺山などにおける樹木の伐採禁止もよくみられる。「神社仏寺者、以二樹木一為レ形、以二香花一為レ備、三世諸仏卜レ樹取二正覚一、一切神道縁レ森令二垂跡一、且為二山寺之体一、且為二仏神之粧一」[*48]、「竹木者、寺社之荘厳、高表二神徳一、茂顕二仏徳一」[*49]とあるように、中世において樹木は、神仏の荘厳と見なされており、[*50]寺社法における広域的な伐木の禁止令は、きわめてポピュラーなものといってよい。[*51]なお「桧杉類、小木ニテモ盗切タラム者、鎌・ヨキ《（斧）》ノ外ニ三百文過料ヲ引セテ、可レ加二御堂修理一者也」[*52]とあるように、建材として利用価値の高いスギ・ヒノキと、その他の雑木とを区別して管理しているケースも確認できる。

鎌倉期には山野の生産物の商品化が進むとともに、草木やその灰などの肥料需要も増大する。鎌倉初頭頃、春日社領摂津国垂水《たるみ》東牧（現吹田市周辺）では、「当牧之法、元三日以後、採レ柴為レ灰、入二御供田一令レ肥者也、無二此能

*45 『平安遺文』・『鎌倉遺文』にみえる後山の事例は、表1のようになる。

*46 東寺百合文書こ函徳治三（一三〇八）年五月二八日大山荘用水契状（「鎌」二三一七〇・二三一七一）

*47 戸田*12論文

*48 法光寺文書文永二（一二六五）年一一月一八日太政官符（「鎌」九四〇四）。蓮華寺文書文永四（一二六七）年二月一九日太政官符写（「鎌」五一六〇二）にも同じ表現がみられる。

*49 大原観音寺文書貞和五（一三四九）年一二月八日観音護国寺定書案

*50 瀬田勝哉『木の語る中世』（朝日新聞社、二〇〇〇年）、高木徳郎「殺生禁断と森林保全」（『日本中世地域環境史の研究』、校倉書房、二〇〇八年）など。

*51 佐藤進一他編『中世法制史料集第六巻公家法・公家家法・寺社法』（岩波書店、二〇〇五年）

*52 禅定寺文書永仁四（一二九六）年一二月禅定寺寺山禁制案

表1

No	年月日	文書名	国名	出典名	文書番号
1	長承3（1134）年7月	伊賀国矢河中村夏見公畠取帳	伊賀	三国地志巻一〇七	平2303
2	建保4（1216）年8月3日	延暦寺政所下文案	近江	近江饗庭家文書	鎌2254
3	建保6（1218）年11月	僧賢秀陳状案	近江	近江葛川明王院文書	鎌2413
4	安貞2（1228）年5月	豊後六郷山巻数目録	豊後	太宰管内志豊後八	鎌3748
5	安貞2（1228）年5月	豊後六郷山注進状	豊後	華頂要略八十六附属諸寺社四	鎌3749
6	安貞2（1228）年5月	豊後六郷山諸勤行并諸堂役祭等目録写	豊後	豊後長安寺文書	鎌補940
7	寛喜2（1230）年7月	僧剣覚注進案	紀伊ヵ	高野山宝樹院文書	鎌4006
8	仁治2（1241）年9月	某山地充行状	紀伊ヵ	高野山宝寿院文書	鎌5931
9	建長4（1252）年3月6日	紀伊名手荘悪党交名注文案	紀伊	高野山文書又続宝簡集五十六	鎌7416
10	建長4（1252）年4月8日	紀伊粉河寺衆徒申状案	紀伊	高野山文書又続宝簡集二十	鎌7429
11	建長8（1256）年7月17日	快弁申状土代	近江	近江葛川明王院文書	鎌8014
12	文永6（1269）年10月	近江伊香立荘官百姓等申状案	近江	近江葛川明王院文書	鎌10508
13	文永6（1269）年10月	近江葛川常住并住人等申状案	近江	近江葛川明王院文書	鎌10518
14	建治2（1276）年6月20日	和泉守護代書下	和泉	和泉松尾寺文書	鎌12365
15	弘安6（1283）年4月	近江伊香立荘々官百姓等申状	近江	近江葛川明王院文書	鎌14850
16	弘安6（1283）年10月	静能未処分田畠等注文	紀伊ヵ	高野山宝寿院文書	鎌14984
17	弘安6（1283）年10月	未処分田畠注文案	紀伊ヵ	高野山正智院文書	鎌14985
18	弘安6（1283）年	某処分状	紀伊ヵ	高野山宝寿院文書	鎌14986
19	弘安7（1284）年9月	豊後六郷山祈祷巻数目録	豊後	大宰管内誌六郷山文書	鎌15312
20	正応6（1293）年1月3日	はたのひさすみ証状	志摩	伊勢御巫家艮蔵文庫文書	鎌18084
21	文保元（1317）年	近江伊香立荘住人等申状案	近江	近江葛川明王院文書	鎌26335
22	元応元（1319）年	越前坪江下郷三国湊年貢夫役等注文	越前	内閣文庫蔵大乗院文書	鎌27356
23	元応元（1319）年	越前坪江上郷公私納物注文	越前	内閣文庫蔵大乗院文書	鎌27355
24	元亨4（1324）年6月25日	後宇多上皇遺告	山城	山城大覚寺蔵	鎌28779
25	嘉暦2（1327）年4月16日	近江葛川行者衆議事書	近江	近江葛川明王院文書	鎌29811
26	嘉暦2（1327）年	無学祖元塔銘	相模	相模円覚寺所蔵	鎌30118
27	元徳2（1330）年	某処分目録	紀伊	高野山正智院文書	鎌31310

図３　山城国　大住荘・薪荘

治」者、浅薄田地弥令二荒廃一、作物難レ登歟」[*53]とあり、住民が正月三日以後に山で柴を採取し、その灰を肥料として春日社供田に入れて、収穫を高めていたことが確認できる。「草場」に春に野火を放って山焼きをする慣行は、平安期から確認できるが[*54]、草や若芽などの肥料利用については、すでに古代から「苗草」の存在が知られ、中世では厩肥とともに広く普及していたのである[*55]。

木津荘の場合は、生活に必須の薪炭林・採草地としての山林確保をめぐる争いであったが、伊香立荘・葛川の争いでは、それに山林資源の年貢化・商品化という問題が加わっていた。木津荘では一六世紀初には、草場を維持・管理するための火入れが確認されるが[*56]、一六世紀末には「饗庭の草山をけいはう（鏡望）やから有レ之候時」[*57]とあるように、その植生景観は「草山」と表現されていた[*58]。戦国期の饗庭野は、長年にわたる人為的な圧力により、植生が後退し、「草山」化していたのである。

山林の利用密度の高まりにともなって、相論を繰り返しながら山野を含む荘園・村落の境界が明確化していくが、山間部で材木輸送などの条件の乏しい地域では、山林開発は進まず、山野の境界が意識化されることもかなり遅れる。一方、開発の進んだ地域の周辺では、山野の過剰な利用の結果、疎らな低木林しか残されていない地域も増加していく。史料に現れる野山などの表記は、そのような植生が貧弱となってしまった山野を指すことが多い。*59

嘉禎元（一二三五）年の山城国大住《おおすみ》荘春日神人等申状*60には、「御節供薪、大住庄加二制止一之外者、無二可レ取レ木山一之由、庄民訴訟之間、為二木有無実検一、令レ巡二見一之旨、言上之条極僻事、臨時陳詞也、御ホタ山ト称テ、採二御節供之薪一御ホタ切進山者、自二相論山一以南、経二廿余町一在レ之、薪庄最中、敢無二異論一、大木繁茂無二差影一者、今相論山者、自二彼山一以北、野山而無二指木一、只如レ萱許在レ之、無木ニシテ、年序尚経了、大木繁茂御ホタ山ヲ閣テ、向二無毛山一、令レ巡下見可レ取薪有無上之由令レ申之条、誰信レ之、誰用レ之哉」とある。興福寺領大住荘と石清水八幡宮領薪荘（ともに現京田辺市）は、京都の南方、大和・河内の国境に近い木津川西岸に位置し、ともに興福寺・石清水八幡宮に近接した地点にあった（図3）。薪荘は石清水八幡宮の節句などの薪を備進する荘園であり、大住荘と山をめぐる境相論を引き起こしたのである。大住荘との係争地以外には薪を取る山はないため、そこを巡見したという薪荘の主張に対し、大住荘は、節供の薪（ホタ＝榾）を取る薪荘内の「御ホタ山」を差しおいて、はるか以北の長らく木のはえていない「無毛山」で薪の有無を巡見することなどあ

＊53 永昌記紙背文書欠年摂津国垂水東牧山田公文刀禰職事等申状案

＊54 東南院文書天治二（一一二五）年四月二九日官宣旨（『平』二〇四〇）によれば、山城国相楽郡にあった右大臣家領山田荘では、「去春焼二草場一之野火、延-焼二件林一既畢」という。

＊55 『古島敏雄著作集第六巻日本農業技術史』（東京大学出版会、一九七五年）

＊56 旧饗庭村役場所蔵文書永正一二（一五一五）年三月善積荘南濱太郎左衛門・北浜四郎右衛門等連署礼状案。

＊57 旧饗庭村役場所蔵文書慶長四（一五九九）年一一月一五日伊勢半左裁許状

＊58 近世の草山に関しては、水本邦彦『草山の語る近世』（山川出版社、二〇〇三年）参照。

＊59 水野＊3「原「里山」の光景」

＊60 春日社司祐茂日記・「鎌」四八六〇

りえないと反論している。ここでは相論対象地の植生が問題となっており、大木の繁茂している「御ホタ山」に対比して、萱が生えているだけで樹木のない「無毛山」が、「野山にて指したる木なし」と表現されているのである。

大住荘と薪荘は鎌倉期を通じて激しい抗争を繰り広げたが、嘉禎元・二年には、朝廷・幕府を巻き込んだ興福寺・石清水の確執に発展し、かつて守護職が設置されることのなかった大和国に、幕府が守護職を置くという異常事態となる。[*61]発端は用水をめぐっての紛争で、薪荘住民が大住荘民を打ち殺すにおよび、興福寺衆徒は薪荘六〇余宇の焼払と神人二人の殺害という報復を敢行する。摂政九条道家は荘園などの寄進によって石清水を必死に宥めたが、山の柴を刈ろうとした石清水神人の鎌を、大住荘の山守が奪い取ったことをきっかけに、争いが再燃する。[*62]その後、大住荘の春日神人が八幡使に殺害されるに至って、興福寺衆徒らが蜂起し、六波羅探題が軍事動員されるなど、事態はますます悪化していったのである。ここで確認しておきたいのは、京都・奈良に近く、木津川の水運も利用できる南山城では、山林資源の過剰な利用が進んで、部分的には植生が後退し、野山＝無毛山化してしまうという状況になっており、それが両荘衝突の背景にあったことである。大住・薪荘域では、アクセス条件からか、境界部分の利用頻度がとりわけ高かったのであろう。

似たような状況は、大和においても確認できる。東寺領平野殿《ひらのどの》荘（現生駒郡平群町）に関する文永六（一二六九）年九月二七日名主等連署状案[*63]は、東寺にマツタケを備進しなかった理由を説明して、「昔者のやま《（野山）》にて候を、券験をもちてはやして候、松茸をい候へハ、進候、候はねハ力不ㇾ及候、いつれの私山も切候時、申例不ㇾ候うへハ、不ㇾ申候」と言っている。昔あまり樹木の生えていない野山であった頃に、マツをはやして、マツタケが生じた時には東寺に進めたが、現在はマツタケが採れず、進上不能となっており、東寺の許可を取った例もなかったので、個人の権限でマツの木を切ったというのである。応永年間と推定される年欠三月二九日年行事清尊書状[*64]に、「彼松茸山在所、今者野山ニ成候之間、松茸一本不二生出一候」などとみえる野山も、マツ林であった植生が変化し、樹木が疎らに生えているだけで、マツタケがまったく採れない状況を示している。

山林資源の確保が困難になるという状況のなかで、中世後期には村落内部での資源管理強化も明瞭にうかがえるようになる。近江蒲生野に位置する山門領今堀郷（現東近江市）では、惣の森林管理に関する厳しい村掟が知られており、文安五（一四四八）年一一月一四日の衆議定書案[*65]に、「森林木なへ切木ハ五百文宛可レ為レ咎者也」、「木柴ハ百文宛可レ為レ咎者也」とあるのをはじめ、「惣森ニテ青木ハ葉かきたる物ハ、村人ハ村を可レ落、村人ニテ無物ハ、地下ヲハラウヘシ[*66]」、「惣私森林事、手折木葉、寄土者可レ為二百文咎一、カマキリハ二百文、ナタハ三百文、マサカリハ五百文咎たるへく候[*67]」など、多くの伐採制限が定められている。惣の森林だけでなく「私森林」も、村落の厳重な規制下に置かれていたのである。

この他に、緊急時用に用意された村落の共有林も存在している。寛正五（一四六三）年四月の松平益親申状案[*68]によれば、近江湖北の大浦荘（現長浜市）では、「此在所ハ四方山林にして、地下人薪をたつねかぬる事ハ更なし、地下の井溝修造の時、方々奔走して他所におひて材木を買処に、かんかふ山と申山を、地下人等のはからひとして柴木を切取、数艘の舟をもつて他所へいたす事あり、この山は先々ハはやしおき、か様の用木にめしつかふよし聞出す間、此十ケ年あまりはやすものなり」とあるように、日々の薪などとは別に、村落民が井溝を修造するときなどに、柴木を売って経費を捻出するために木を生やしておく「かんかふ（勘合）

＊61　この相論については、黒田俊雄「鎌倉時代の国家機構―薪・大住両荘の争乱を中心に―」（『日本中世の国家と宗教』、岩波書店、一九七五年）が詳しい。

＊62　八幡宮寺告文部類被焼薪園事（『大日本古文書石清水文書』一）嘉禎元（一二三五）閏六月二六日条には、「当宮神人、令苅薪領山柴之処、大隅居（住）晨山守、無左右依奪取神人鎌、八幡神領秋光住人七郎八郎、為相助神人、取返件鎌、而宗知等、為宮寺神人等、春日神人称搦取、出吹毛之訴訟」とある。

＊63　東寺百合文書ヨ函・「鎌」一〇五〇二

＊64　東寺百合文書ネ函

＊65　仲村研編『今堀日吉神社文書集成』（雄山閣、一九八一年）三六九号文書

＊66　延徳元（一四八九）年一一月四日地下掟書案（同三六三）

＊67　文亀二（一五〇二）年三月九日衆議定書案（同三七五）

＊68　滋賀大学経済学部史料館『菅浦文書』（有斐閣、一九六七年）三一九・八二八号文書

山《山)》」が確保されていたのである。このような山は、火災などの災害復旧時にも役立てられたに相違ない。

おわりに

中世後期には各地に都市が発達して、増大する建築需要のために材木が広く流通し、材木やさまざまな林産物を扱う多くの座が成立していく。[*69] また都市における薪炭の需要などとともに、窯業や製塩・製鉄などにおいても、燃料としての山林資源の消費は確実に増大していく。

田村憲美氏の材木流通研究によれば、[*70] 商品としての材木の移動には、畿内（京都・奈良）を中心とする流れと関東（鎌倉）を中心とする流れの二つがあったが、畿内では、西からは尼崎・堺―淀川のルートで、中国（安芸・美作・備前・播磨）、四国（阿波・土佐）、吉野・紀伊などから、また東からは木曽・美濃・飛騨より木曽川や琵琶湖を経て、あるいは丹波方面から大堰川経由で、京都に材木が持ち込まれた。これらの材木は、形状・用途では非規格材と規格材とに、調達の契機では、消費地の地元や近隣地域で調達する近隣材と、地域外から商品として供給される流通商品材とに大きく分類される。また一部では、苗木を植えるといった植林や長期にわたる山林管理、計画的更新・伐採も想定されるという。

一五世紀頃には二人使いの縦挽製材鋸である大鋸が本格的に導入され、それまでの鑿《のみ》・楔《くさび》などよる打割法に比べ、製材能力は飛躍的に向上していく。[*71] スギやヒノキのように割裂性に優れた樹種以外にも、板利用が容易になったのである。また戦国期には、木材や竹は軍需物資としても重視され、戦国大名はその管理に細心の注意を払うようになる。[*72]

材木や薪炭生産といった林業の発展は、山野利用の最も顕著で見えやすい面である。古代以来の杣の展開はその重要な一部をなすが、しかしそれは都市の発展と河川交通などに規定された、典型的な側面にすぎない。資源の回復にきわめて長い時間のかかる建築用良材の場合、遠隔地・奥地へと進む全国的な供給の体制が作られていくが、それは大寺院や権力者の邸宅などといった社会上層部の需要が中心であった。それに対し、資源の回復が早く、また比較的軽量である薪炭や加工材などでは、消費地への輸送コストや資源の維持・管理といった点が課題となり、一定の地域内での需給関係が構築されていく。一方、開発の進展によって、山林資源の供給地を脱して、農業などに比重を置く村落を展開させていく地域も多いが、その場合でも、ある程度の資源は村落内部で確保されたのである。

古代・中世を通じて、長期的に材木生産地として維持された山国荘や朽木荘などでは、広大な荘域の自然環境と伐採・運搬の技術水準、流通・交通を含む領主支配などのバランスが、結果としてうまく保たれたのであろう。

これまでみてきたように、山野は決して林業の場としてのみ存在していたのではない。文永六年一〇月伊香立荘荘官百姓等申状案[73]において伊香立荘民は、「彼住人等之為躰帯二妻子一集二魚鳥一剰及レ狩二-漁之一放二-飼牛馬一之間、明王結界之地鎮不浄也、加レ之山嶺仁波取レ材二-木之一焼二-払其跡一天波作二大小豆等之五穀一、打二-開渓谷一令レ開二-発-耕-作之一、僅残木於波焼二紺灰一天令レ売二-買之一、所行之企雖レ似二能活之計一、霊験無双之砌往代明王御領、忽令レ成二田夫栖一之条、無慙之次第也」と葛川住人の活動実態を訴えた。

このような狩猟・漁撈・放牧や焼畑・水田開発、紺灰焼や材木生産・炭焼などの諸生産活動が史料に表れるのは、葛川が天台修験の霊場（「明王結界之地」・「霊験無双之砌往代明王御領」）で、民衆の生業（「能活之計」）が聖域を荒らす非法行為とみなされたからにほかならないが、このような活動の多くは、日本各地のどこでも行われていたものである。日常生活を支える食料や衣料・燃料、家屋・家財・道具の材料など、さまざまな資材を山野で獲得していたはずであるが、史料に現れるのはそのうちのごく一部だけであり、資源の不足から相論になったり、徴税対象や商品生産に組み込まれたりした部分などが確認できるにすぎない。

「山川藪沢之利、公私共之」という原則が貫かれた古代社会の中から、山野河海を自らの領域に明確に組み込んだ中世村落が登場し、中世荘園体制の基底を形づくっていく

＊69　豊田武『豊田武著作集第二巻日本中世の商業』（吉川弘文館、一九八二年）など。
＊70　「中世「材木」の地域社会論」（『日本史研究』四八八、二〇〇三年）
＊71　渡辺晶『日本建築技術史の研究』（中央公論美術出版、二〇〇四年）など。
＊72　盛本昌広『軍需物資から見た戦国合戦』（洋泉社、二〇〇八年）など。
＊73　＊42史料

が、荘園領主の権限も村落への支配を媒介に山野にも及んでいく。広大な奥山空間に抱かれた山間部の村落から、後山・近隣山すら十分には確保できない開発の進んだ平地部の村落まで、中世社会は多様な村落を成立させたが、村落・荘園をとりまく自然環境と都市および交通路との関係などにより、山野の生産物徴収をも強く意識した支配から、ほとんど想定していないものまで、さまざまな領主支配が組み立てられた。古代以来の杣・牧や聖地など、山野支配を起点に持つ場合でも、このような社会の動きの中で、さまざまに変容し、あるいは維持されていく。

京都・奈良などの古くからの都市群、あるいは鎌倉や各地で叢生していくさまざまな都市とそれをとりまく地域社会の中で、村落における山野は、内部的な利用圧力とともに外部からの需給関係にもさらされる。村落のウチとソトにおいて、人々と山野の関係は大きく動いていくのである。

第3章　絵図からみる江戸時代の京都盆地の里山景観

小椋純一

はじめに

一世紀以上前の里山の景観を知ることは、なかなか容易ではない。ちょうど一〇〇年前くらいであれば、その時代の景観の記憶がある人がまれにいるかもしれないが、江戸時代の頃のことを知る人はこの世には存在しない。また、過去の里山の景観については、それが当たり前のものとして存在していたためか、文字で詳しく記録されることは珍しく、それを文献から知ることも難しい。

そのため、江戸時代頃のものが多く残る絵図を、そうした過去の里山の景観を知るための重要な資料とすることが考えられる。しかし、絵図類には実際にはないものが描かれることもある一方、実在するものが描かれないこともよくあるため、それから過去の里山の景観を考えるには、各絵図類の資料性を慎重に検討する必要がある。ここでは、江戸時代の絵図類を中心的な資料として、その頃の京都盆地の里山の景観について考えてみたい。

一　絵図類から過去の里山景観を考える方法論

江戸時代、あるいはそれより前の里山景観を知るために絵図類を利用することが考えられるが、絵図類は必ずしも写実的に描かれているとは限らないため、それぞれの絵図類が過去の景観を考えるうえでどれほど参考になるかは、なんらかの方法で慎重に検討される必要がある。また、検討する絵図類の制作年代などの確認も慎重になされる必要がある。そうした絵図類の写実性や制作時期などの資料性を明らかにすることは難しいことも多いが、それらをなんらかの方法で明らかにすることができるならば、絵図類には多くの視覚的情報が含まれるため、それはかつての里山の景観を知るうえで貴重な資料となるはずである。

絵図類には、時代や作者により画風の異なるさまざまなものがあるため、その資料性の考察方法は、絵図ごとに必ずしも一様ではない。しかし、筆者のこれまでの絵図類をもとにした植生景観復元の事例から、絵図類の資料性を明らかにするための方法論をまとめたものがある。(5)

その詳細は略すが、同時代に同一の場所を描いた他の資料性が高い可能性があるとみられる絵図との比較、山や谷などの地形描写の分析的考察、岩や滝などの特徴的なものの描写と現況との比較は、特に重要な絵図類の資料性の検討方法である。また、ある絵図について、いくつかの方法で考察可能な場合には、それらの考察結果を総合的に判断することも重要である。

二　『再《さい》撰《せん》花《か》洛《らく》名《めい》勝《しょう》図《ず》会《え》』の考察から

江戸時代の後期を中心に、日本の各地で多くの名所図会が刊行された。名所図会は、ある地域の名所を中心にした図入りの地誌で、ふつう数冊の本の形になっている。名所図会には、社寺などの名所の背景として、山などの自然景観が広く描かれていることも少なくない。ただ、そのような自然景観の描写が、一見してあまり写実的とみえないようなものも少なくない。

ここに取り上げる『再撰花洛名勝図会』（元治元（一八六四）年）は、一連の京都の名所図会の中でも、自然景観も含め最も細かく描かれているものである。また、『再撰花洛名勝図会』の描写は、ほとんど東山方面に限られ、その挿図が多いため、その挿図の比較考察が特に行いやすいものである。ここでは、その考察の一部を紹介する。

なお、『再撰花洛名勝図会』は平塚瓢斎《ひらつかひょうさい》の草稿をもとに木村明啓《きむらめいけい》と川喜多真彦《かわきたまひこ》が分担して執筆したもので、挿図は横山華渓《よこやまかけい》、松川半山《まつかわはんざん》、井上左水《いのうえさすい》、四方春翠《よもしゅんすい》らによるものである。当初は、東山の部のほかに、北山の部、西山の部など五篇が予定されていたが、幕末の動乱期であったためか、実際には東山の部が刊行されただけであった。その挿図が細かく描かれていることは一見すればわかるが、同図会の例言には、たとえば「……其本原たる都名所の沿革異同あるのみならず、図作の粗漏之を他邦に比すれば恥づる事多し。余是を慨歎するの余り……」とあるように、挿図の写実性を高めることが大いに意識されていることがわかる。

東山北東部の景観

『再撰花洛名勝図会』の実際の挿図において、植生まで含む景観がどの程度正確に描かれているのだろうか。ここでは、まず東山北東部の景観について検討してみたい。図1は、「東山全図」と題された『再撰花洛名勝図会』の最初の一連の挿図の一部で、図の上方には右手に大文字山、左手に比叡山が見える。画者は横山華渓である。

図の山地部分には大きな木はわずかしか描かれていない。特に比叡山のあたりには、図の上部中央よりもやや右手に見える一本杉などのごく一部を除き、樹木らしい樹木はほとんど描かれていない。また、大文字山付近も、やや大きな樹木と思われる木々は山裾のあたりが中心で、山の上部にはわずかしか描かれていない。山の上部では、大文字山の大の字のすぐ右上方の尾根部に、列状に数本のやや大きめのマツが描かれている。

一方、図2は四方春翠による大文字送り火の図である。夕刻の状況を描いたものと思われるが、その図から大文字山付近の大まかな植生も読み取ることができる。すなわち、この図でも、大文字山付近には、高木の樹木と思われる木々は山裾のあたりが中心で、山の上部にはごく一部にしか描

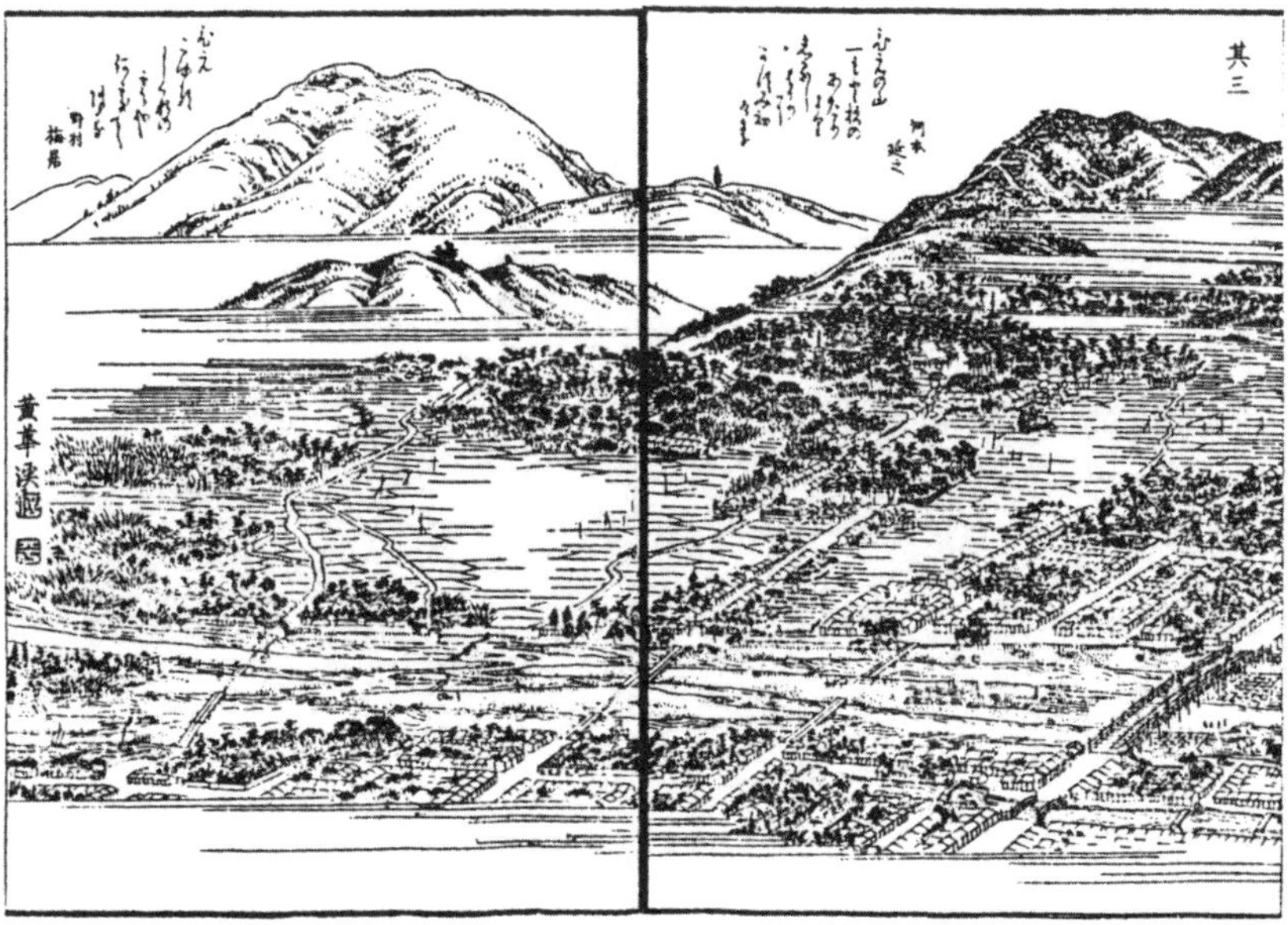

図1　再撰花洛名勝図会（東山全図、その三）

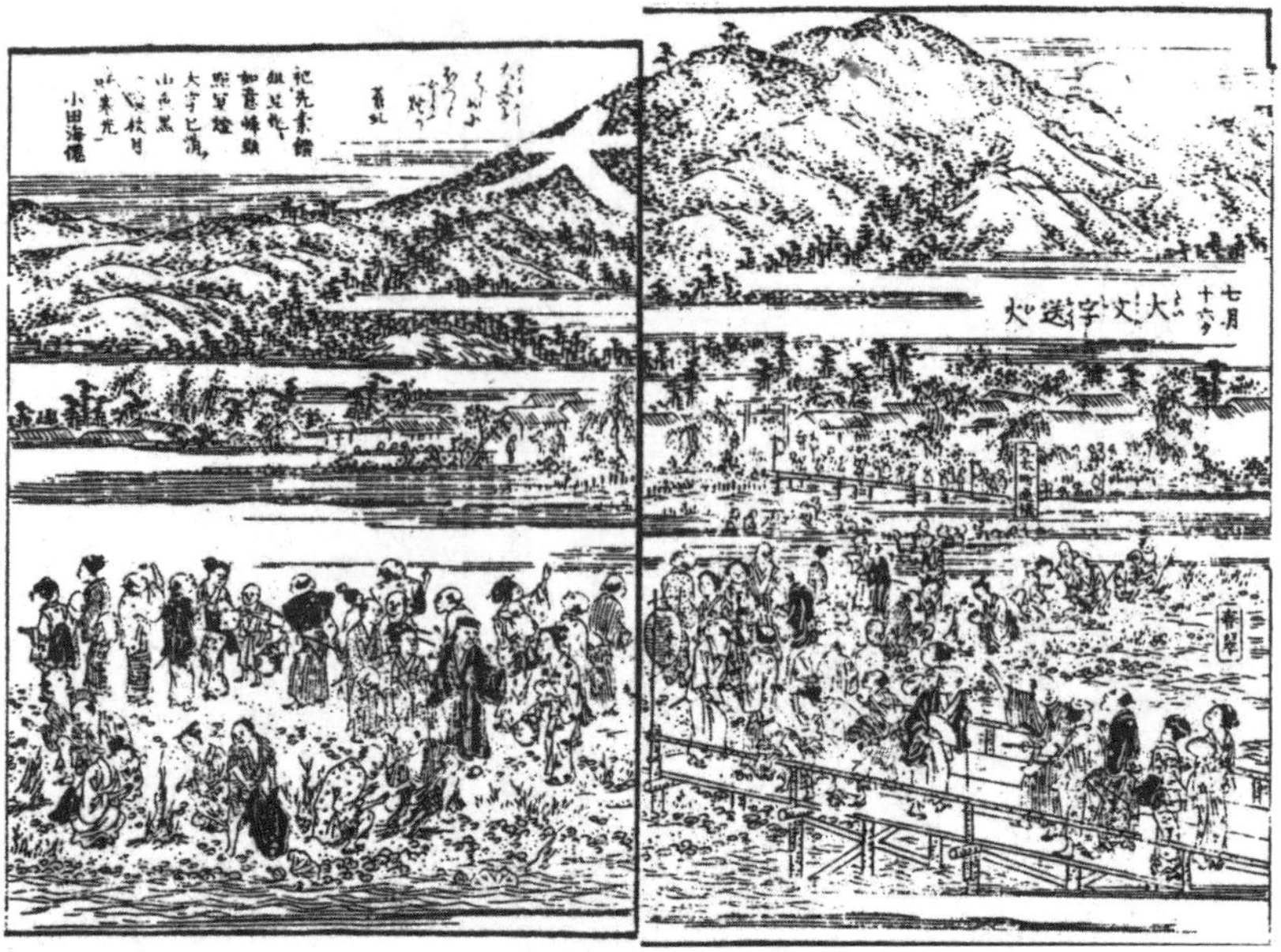

図２　再撰花洛名勝図会（大文字送火）

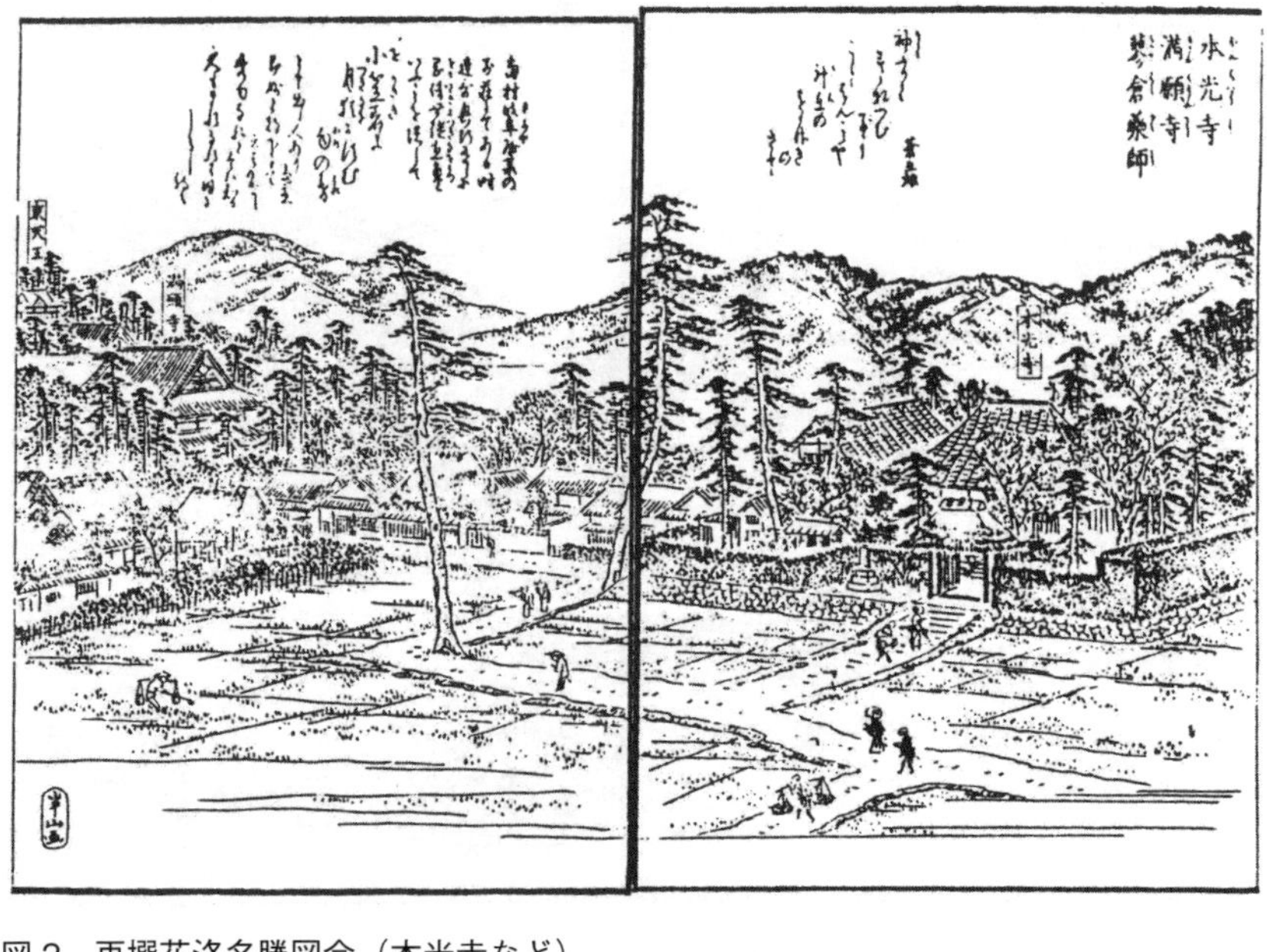

図３　再撰花洛名勝図会（本光寺など）

かれていない。大の字のすぐ右上方の尾根部には、マツが何本か描かれている。その様子は、図1とやや異なるが、山の上部に高木のマツがあった位置としては、ほぼ一致している。

また、図3は松川半山が、今は京都市美術館などがある岡崎から本光寺と満願寺を中心に描いたものであるが、その背後には、左上方の比叡山から上部中央よりもやや右手の大文字山付近の山並みが描かれている。それらの山裾のあたりは、寺の建物や樹木に隠れてみえないが、中腹から上部の山並みの植生はどこも全般的に低く、高木の樹木はほとんどないようにみえる。そして、それは先の二つの図の描写とほぼ一致している。

以上、『再撰花洛名勝図会』に描かれた三枚の図の比較から、京都の北東部に位置する比叡山から大文字山のあたりの山々には、江戸末期頃は大きな樹木は少なく、おそらく柴草の採取に利用されていたと思われる低い植生が広く見られたものと考えられる。あるいは、植生がまったくないような所もあった可能性がある。

東山中央部以南の景観

上記のような東山の景観は、どこも同様であったわけではない。図4、図5は、『再撰花洛名勝図会』の冒頭の東山全図のうち、先に掲載した残りのものである。画者はともに横山華渓である。

図4では、左上方に南禅寺などの裏山にあたる大日山、右上方の最も高いところは将軍塚のあたりである。そのうち、大日山のあたりは、上述の比叡山から大文字山付近と同様な植生描写となっているが、その右手（南方）、三条通りから右手（南方）にかけての東山中央部は、高木の樹木がびっしりと生えているような描写となっている。

また、図5は、図4のさらに南方を描いたもので、左上方に清水山付近、上部中央よりも少し左手に阿弥陀ケ峰、その右手上方には東福寺の裏山のあたりが広く描かれている。清水山付近から阿弥陀ケ峰にかけての東山中央部は、寺社などの建物のあたりを除けば、ほとんどが高木の樹木で覆われているようにみえる。一方、その右手の山並みは、高木の樹木らしいものはわずかにしか描かれておらず、大部分の植生はかなり低いか、植生自体がないところもあるかのような描写となっている。特に阿弥陀ケ峰のすぐ右手の山の部分は、一部をのぞき、相当植生が低いか、植生がないような状態を描いているようにもみえる。

こうした東山中央部以南の景観は、『再撰花洛名勝図会』

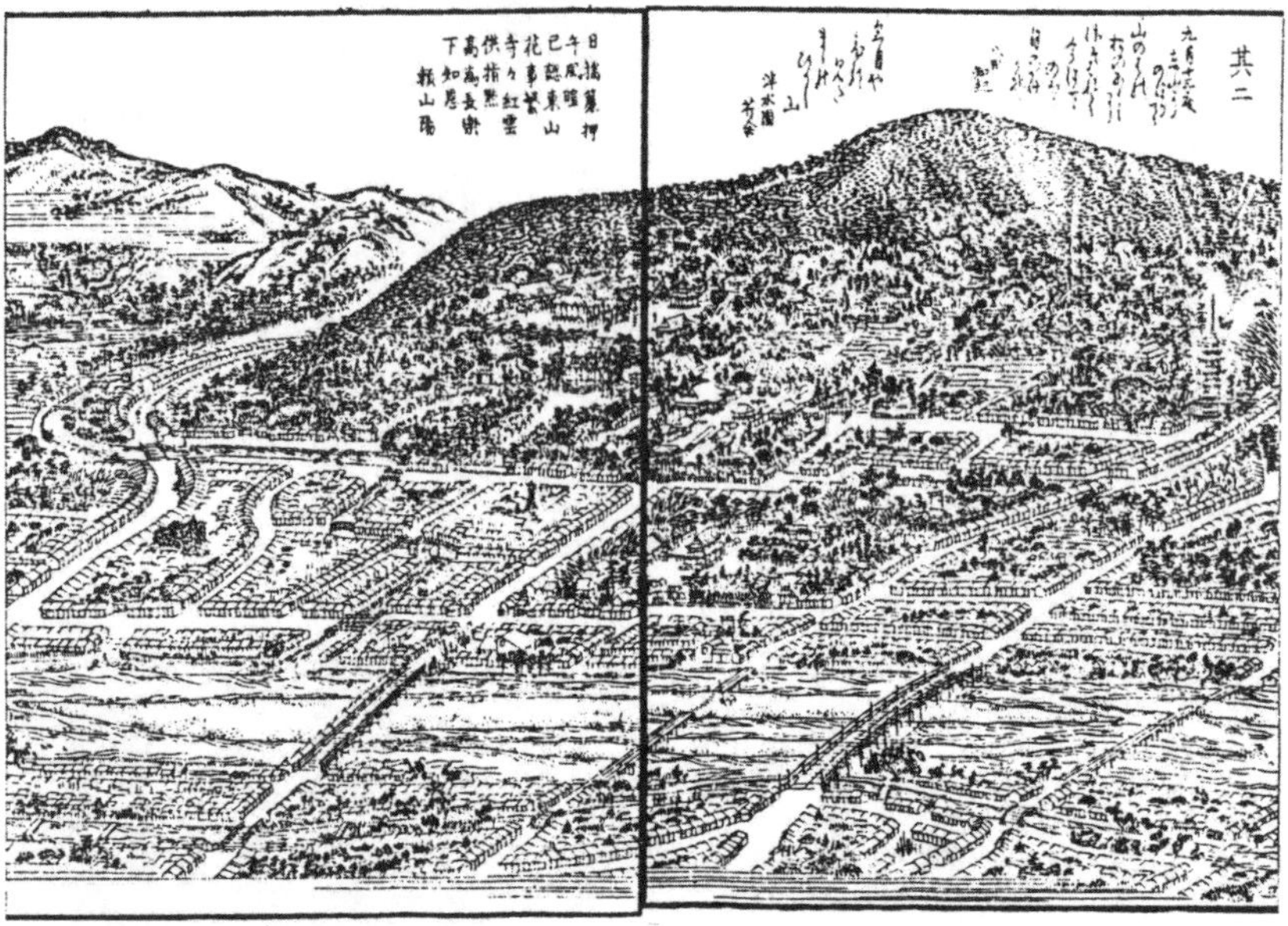

図４　再撰花洛名勝図会（東山全図、その二）

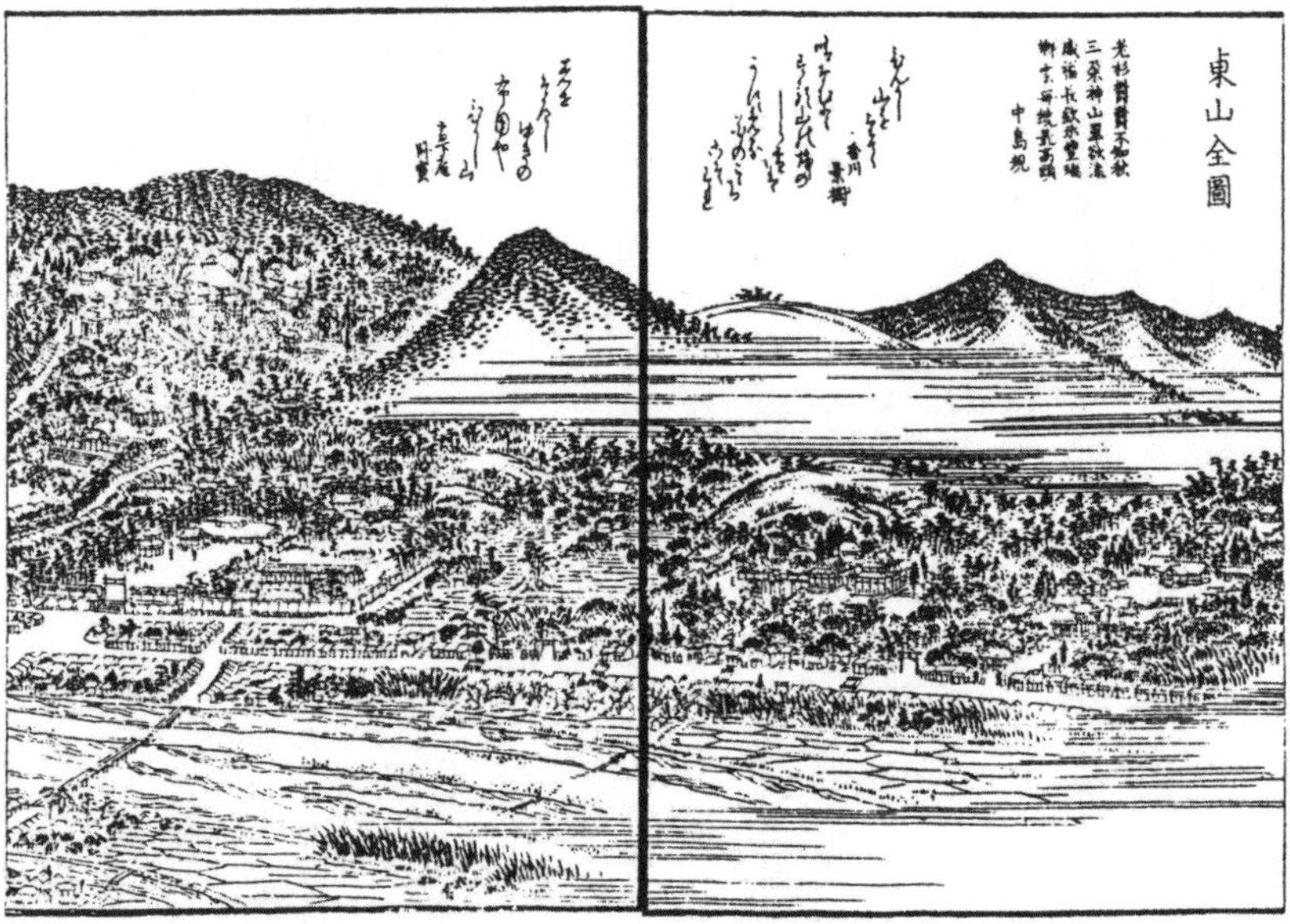

図５　再撰花洛名勝図会（東山全図、その一）

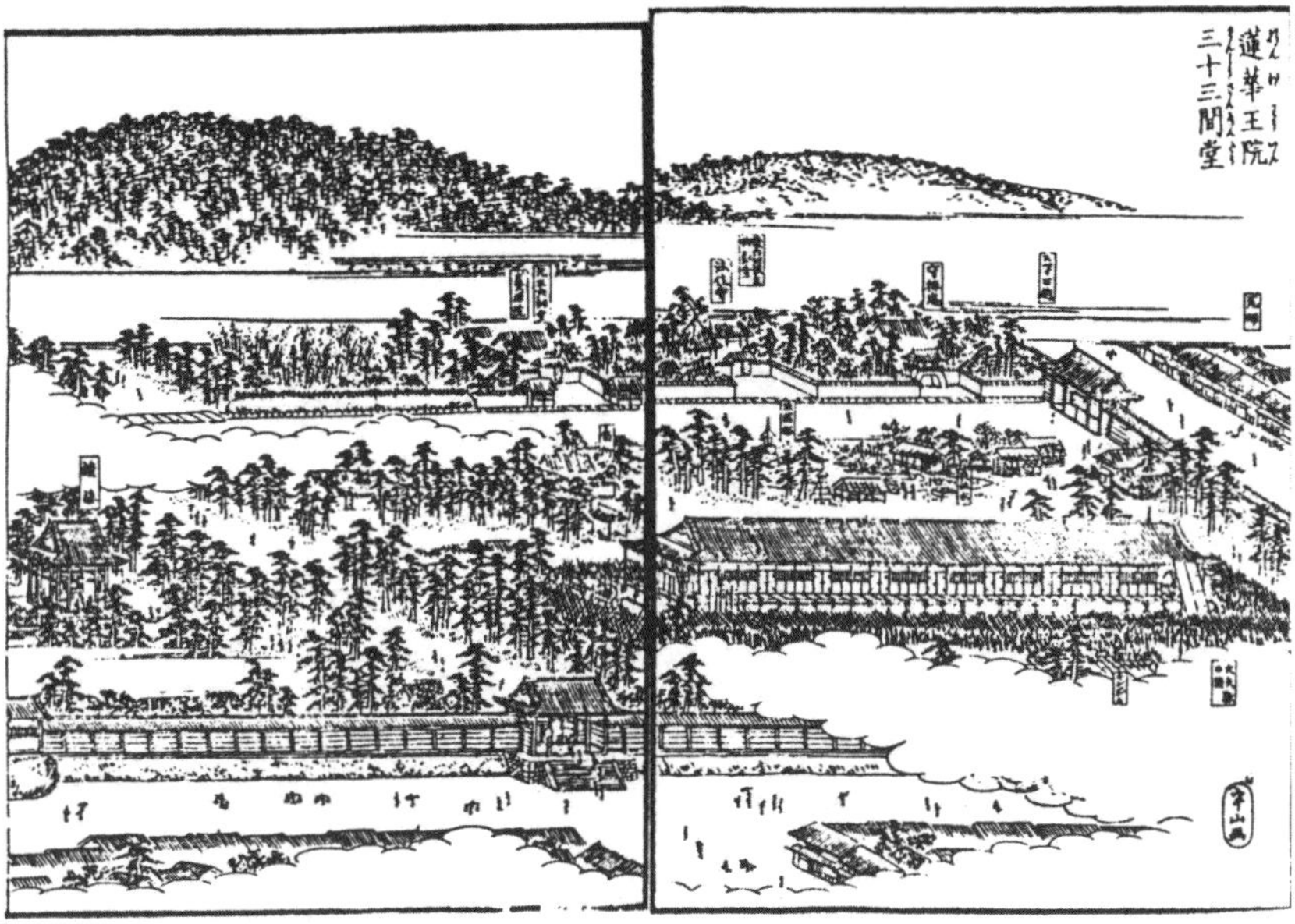

図6　再撰花洛名勝図会（三十三間堂）

の他の挿図からも確認できる。たとえば、松川半山筆の図6の上部には三十三間堂などの裏山の部分が描かれているが、その左上部の阿弥陀ケ峰は、全体がマツの高木で覆われているのに対し、その右手（南方）の山の部分には、やや高めの木々の部分が少しみられる程度で、大部分は植生が低いか、あるいは植生自体がないとみられる部分もあるような描写となっている。また、松川半山筆の図7は、鴨川の西岸より松原河原などを中心に描いた図であるが、その背後に描かれている右手上方の阿弥陀ケ峰、また左上方の清水山の一部は、ともにマツを中心とした高木でよく覆われているように描かれている。

あるいは、松原河原の北方を中心に描いた同じく松川半山筆の図8の上方には、右上方の清水山から左方、将軍塚へ至る東山中央部の山並みが描かれているが、その山並みの部分も、マツと思われる高木でびっしりと覆われている。また、やはり松川半山筆の図9には、真葛原《まくずはら》（今日の円山公園付近）などの裏山が広く描かれているが、三条通りの南側から将軍塚に至るその東山中央部の山並みも、やはり高木のマツで広く覆われている。

以上、『再撰花洛名勝図会』に描かれた数枚の図の比較からわかるように、それらの描写には概して大きな矛盾は

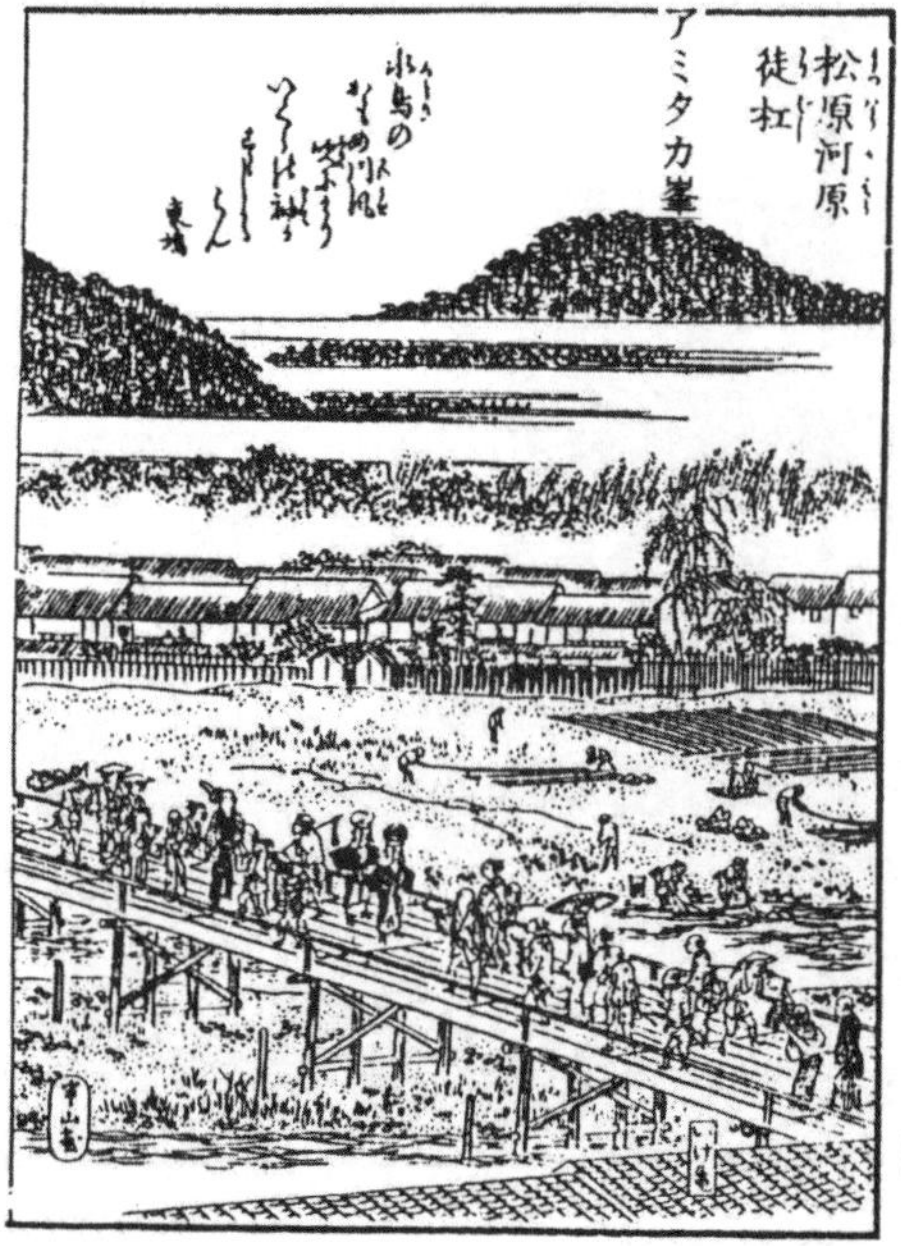

図７　再撰花洛名勝図会
（松原河原その一）

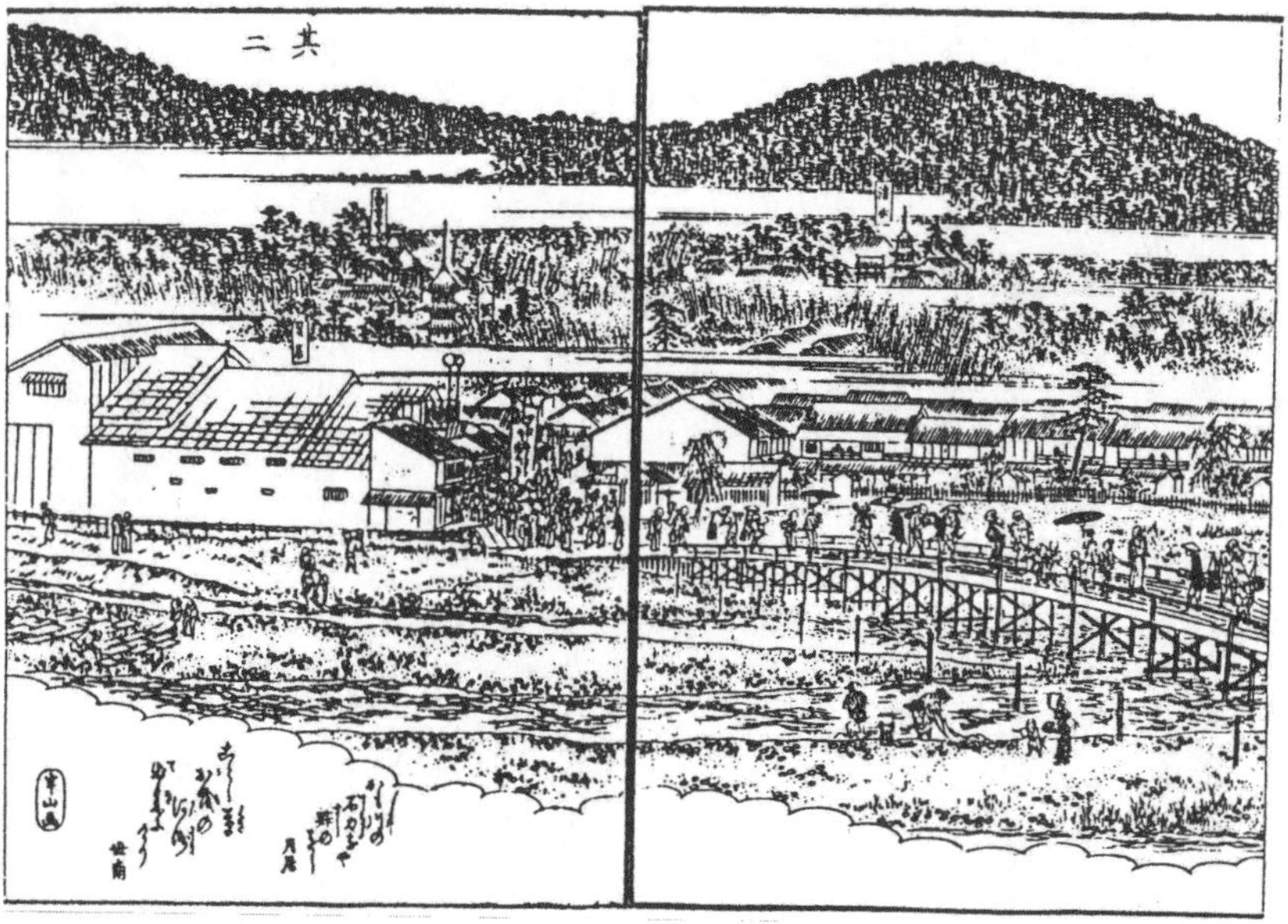

図８　再撰花洛名勝図会（松原河原その二）

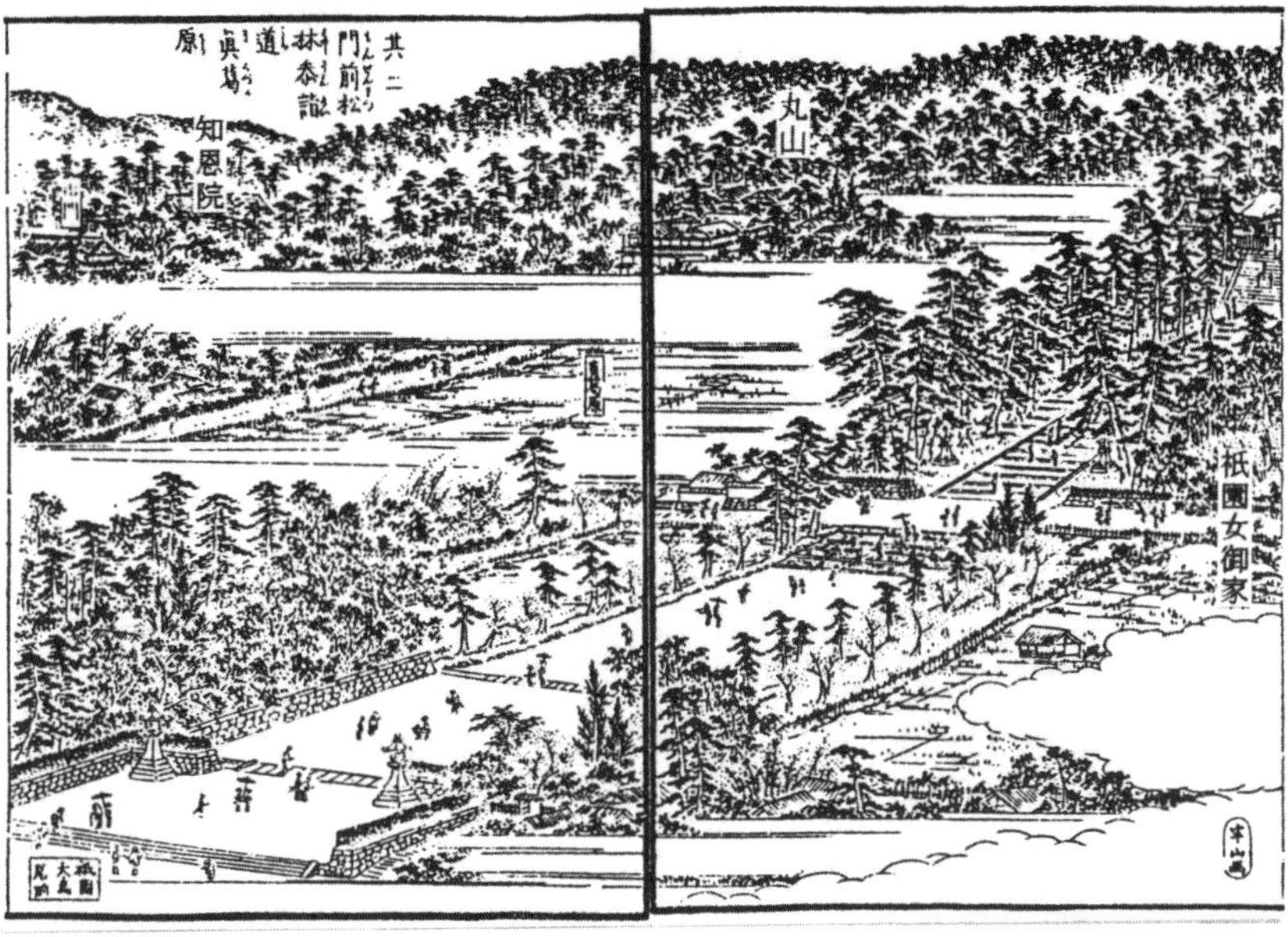

図９　再撰花洛名勝図会（真葛原付近）

ないことから、幕末の頃、東山中央部以南は、地域によってその景観が大きく異なっていたものと考えられる。すなわち、三条通りの南側から将軍塚付近、清水山を経て阿弥陀ヶ峰に至る東山中央部は、広くマツを中心とした高木の樹木で覆われていたものと思われるが、阿弥陀ヶ峰の南側、東福寺の裏山のあたりには、三条通りから北の東山と同様、高木の樹木が少なく、低い植生を中心とした山並みが広がっていたものと思われる。

東山の景観の地域差の背景

上述のように、幕末の頃、京都東山の中央部は概してマツを中心とした高木の森林に覆われていたと考えられる一方、比叡山から南禅寺裏山の大日山あたりにかけての山並み、また阿弥陀ヶ峰よりも南方の東福寺裏山のあたりには、低植生地、あるいは植生もない可能性もあるようなところが広くみられたものと考えられる。

そのように、東山の景観には当時大きな地域差があったと考えられるが、その背景には何があったのだろうか。一つ明らかなことは、マツを中心とした高木の森林に覆われていた東山中心部の部分は、明治初期の上地令で国有林となったところで、幕末の頃はすべて寺社所有の山であったということである。

ただ、寺社所有ということであれば、たとえば、南禅寺などの裏山や銀閣寺などの裏山、また比叡山にはそうした寺社の所有地が多くあったが、京都の町の側からみえるそれらの地域には、幕末の頃は高木の樹木は多くなかったと思われる。そのため、土地の所有関係だけでは、その景観の違いは説明できない。

考えられる別の要素としては、京都の町の側からみえる東山中央部は、京都の町のすぐ東側の部分で村からやや離れているが、そのほかの地域は京都郊外の村にも近いところであるということである。明治期の国有林関係資料などからは、京都近郊の寺社所有地が、かつては地域の村人によって何らかの形で使われていた部分も少なくないと考えられることから、村に近い東山の地域に高木の樹木が少なかった背景には、村人による燃料などの採取の影響が大きかった可能性が高いように思われる。

なお、東山の中では高木の樹木で覆われていた東山中央部も、その高木の樹種の大部分はアカマツと考えられる。アカマツは、植生の遷移の過程では、ハゲ山にも真っ先に侵入し生育する先駆種（パイオニア）であり、人為などの影響がなければ、アカマツ林はシイやカシなどを中心とした森林に変化してゆくはずである。そのため、アカマツの林が広くみられたということは、そこも燃料としての林内の低木や落葉の利用など、人間による影響が大きかったことが考えられる。

また、円山応挙の絵画や京都一円を描いた文化年間の「華洛《からく》一覧図」など、江戸中期から後期の初め頃の絵図類の考察によると、その頃の東山中央部は、すべてが高木の森林で覆われてはおらず、かなり低い植生の部分も少なくなかったものと考えられる。[5]東山中央部のマツ林の景観は、江戸時代を通してかなり変化があったものと思われる。

三 「洛外図」の考察から

円山応挙などによる洋風画の影響を受けた写実主義的絵画が多く描かれるようになった江戸中期以降においては、図に描かれた地形を現況と細かく比較して、植生の状態を検討できることも少なくない。しかし、それよりも前の時代の絵図類では、同様な考察は難しい場合が多い。それでも、図に描かれた特徴的描写部分を現況と比較することなどにより、かつての里山の景観を考えることができる場合もある。ここでは、江戸初期に描かれた「洛外図」を取り

図 10　洛外図（京都北西部）

上げ、当時の京都盆地周辺の景観を考えてみたい。

「洛外図」（個人蔵、図10はその一部）は左右隻それぞれ約一二七×四八〇センチメートルの大きさの八曲一双の屏風である。典型的な洛中洛外図とは異なり、洛中はまったく描かれておらず、洛外のみが広範囲に描かれている。図中には多くの書き入れがみられ、地図的な性格も大きいものと思われる。その図の景観年代は、後に万福寺が建てられた宇治大和田の地に寺の建物はなく、ただ「隠元寺地」との書き入れだけがあることなどから、万福寺を創建した隠元がその地を幕府から寄せられた万治二（一六五九）年以降のわずかな期間のものであり、他の景観描写も含めて検討すると、おそらく万治三（一六六〇）年前後のものであると考えられる。

「洛外図」では、里山の部分など、今の時代の写実的表現で描かれていない部分が少なくないが、河川、道路、社寺、集落等の位置などの位置関係は、現況や他の古地図などから考えてみると、概してほぼ正確に描かれているように見える。特に、道路や河川の描写の細かさもさることながら、社寺などでは主な建物の形状や配置さえも読み取れる場合が多く、しかも、その描写は現況や古図から考えてもほぼ正しいと考えられるものが多い。しかし、そのこと

図 11　洛外図（北白川城跡付近）

図 12　今日の北白川城跡付近（中央の山の上部一帯が城跡である）

によって、洛外の山地の景観までもそれなりに正しく描かれているとすぐに考えることは適当でないため、「洛外図」から山地の景観を考えるには、そのための何らかの考察が必要である。

「洛外図」の景観描写とその資料性の検討

「洛外図」では、同時代の文献や他の絵図の描写との比較により植生景観に関する資料性を検討することができる部分があるが、それは社寺などの名所付近が中心となる。そうした資料のない大部分の山々の当時の植生景観を考える手がかりとして、「洛外図」には城跡や岩や滝など、いくつかの特徴的な描写をみることができる。それらの描写と今日の状況を比較検討することにより、当時の山々の景観が次第に浮かび上がってくる。ここでは、「洛外図」の山地に見られるそうした特徴的描写部分と近況との比較を中心に、「洛外図」が描かれた頃の江戸初期における京都近郊山地の景観を少し考えてみたい。

北白川城跡付近

「洛外図」から、それが描かれた頃の山々の景観を読み取る一つの手がかりとして、洛外の丘陵や山地に残された城跡がある。「洛外図」にはそうした城跡とみられるものがいくつかあるが、ここでは比叡山南西の北白川城跡付近（図11）について考えてみたい。

北白川城は、比叡山の南西、一乗寺の東方の東山三十六峰の一つである瓜生山の頂上付近一帯にあった中世の山城で、元亀元（一五七〇）年に明智光秀が浅井、朝倉軍との戦いで滞在したのが最後とされる。それは、別名勝軍山城とも瓜生山城ともよばれている。「洛外図」の頃、瓜生山頂には勝軍地蔵があり、「洛外図」にもその付近に将軍地蔵と記されている。

図中、将軍地蔵（勝軍地蔵）付近には高木の小さな森を見ることができるが、その下方には段状の地形がはっきりと描かれている。また、その後方には樹木はまったく見えず、ごつごつとした山肌の描写が見られる。その城跡付近には、今もトリデ山、ヤカタ山、デマルなどの地名が残り、実際にそのあたりの山に足を運んでみれば、人工的に作られたと思われる平坦な地形を多く見ることができる。

しかし、その付近一帯は今ではアカマツやコナラなどの高木の木々ですっかりと覆われているため、現地で林内に入らない限り、そこにいくつもの平坦な地形があることはわからない（図12）。そのため、図のように城跡が描かれているのは、遠方からも実際にそのような人工的な平坦な地形が見えていた可能性が高いと考えられる。

もしそうであれば、「洛外図」が描かれた江戸初期の頃、北白川城跡付近には将軍地蔵（勝軍地蔵）のあたりを除けば高木の樹木は少なかったものと思われる。また、図に広く描かれたごつごつとした山肌の描写やその彩色から、この図のあたりには植生自体がない部分も少なからずあったのではないかと考えられる。

図13　洛外図（如意ケ嶽付近）

図14　大文字山中腹の滝より京都市中を望む

如意ケ嶽付近

「洛外図」にところどころ描かれている滝も、当時の山の景観を考える手がかりになる。そうした「洛外図」に描かれている滝の中でも、如意ケ嶽東方（大文字の南方）の山の中腹の滝は、ひときわ大きな滝として描かれている（図13）。

その滝はかつて、駒が滝とか楼門の滝、あるいは如意ケ滝とさまざまによばれていたようである。なお、「洛外図」中の〝にょいかたけ〟の書き入れは、〝にょいかたき〟との間違いで、剥落した書き入れ札の修復時に起こったミスかと思われる。滝の水はふだんは少量で、さほど大きな滝ではないため、その存在を知る人は今日では少ない。

その滝の周囲には今は大きな樹木が茂っているため、下の市街地などからその滝をみることはまったくできない。ただ滝のあたりからは、落葉樹の葉が落ちた冬場であれば、木々の間よりわずかに吉田山や百万遍方面の市街地も垣間みることができることから、もし滝の周辺に高い樹木がなければ、下の市街地のあたりからもその滝がみえるものと思われる（図14）。

なお、この滝については、「洛外図」が描かれた頃の文献にしばしばそれについての記述がみられる。たとえば「京師巡覧集」（寛文一三（一六七三）年）には「駒瀧　此ノ瀧ハ鹿谷ノ上十町強ニ在リ。横七八間可。霪雨盛トキハ則山半分ニ見ユ。」（元漢文体）と記されている。また、「東北歴覧之記」（延宝九（一六八一）年）では、その滝について「久ク雨フルトキハ則此ノ渓ヨリ瀑漲落ツ。是亦洛東ノ一奇観也。」（元漢文体）と記されている。これらの記述から、その滝は、ふだんは水量も少なく、落差のあるものではなくても、大雨の際には山半分にも見える大滝となり、洛東の奇観となっていたことがわかる。そのことからも、当時は滝のまわりに大きな樹木がなかったか、あったとしてもわずかであったことが確認できる。

「洛外図」に見る洛外の里山の景観

ここではわずかな例を示したにすぎないが、こうした考察から、「洛外図」が描かれた頃の江戸初期における京都周辺の山々には、今日とは異なり広範囲にわたって高木の林のみられない部分があったと考えられる。ただ、知恩院から伏見稲荷の裏山付近にかけての東山など、山々の一部には、社寺の裏山などに広く森林のみられる部分もあった。そのような高木の林は、マツが主体であったと考えられるが、社寺のすぐ近くでは、スギなどの針葉樹やさまざまな広葉樹からなる林のみられる所もあった。また、山地部ではないが、里の村の周辺には竹林がどこでもよくみられ、洛西などでは村全体が竹林で囲まれたような村も少なくなかったと考えられる。

ところで、「洛外図」は彩色も豊かな屏風図であり、その彩色もかつての洛外の山地の植生景観を考える手掛かりとなる可能性がある。木々の紅葉やアカマツの赤茶の幹の色、薄緑色の竹林、茶色の桧皮葺の屋根、あるいは赤で塗られた神社の鳥居など、今日私たちが知る植物や建造物など多くのものについては、「洛外図」の彩色は概して写実的であるということができる。そのような図の中で、山地の岩石地か地肌がむきだしの荒廃地のように描かれている場所の周辺を中心に、茶系統の色が広く使われている部分が少なくないことから、そうした部分は実際に草木のほとんどないような荒廃地であったのではないかと考えられる。ここで取り上げた如意ヶ嶽付近、また北白川城跡付近も、ともに山地に茶系統の色が広く使われている部分であり、その付近の山なみには相当広範囲に裸地化した部分が存在したのではないかと考えられる。「洛外図」で同様な山地の色彩表現がみられるところは、洛北大原西方の江文山（金毘羅山）、洛北岩倉の南西山地、あるいは山科東方の音羽山付近など、数多くある。

四　京都近郊における江戸時代のハゲ山の分布

以上、江戸時代の絵図類をもとにして、簡単に京都盆地周辺における里山のその時代の景観について述べてきたが、京都盆地周辺のかつての里山は、単に高木の林が少なく低い植生の部分が大きかっただけではなく、ほとんど草木のないハゲ山さえも珍しくなかったものと考えられる。

上述のように、「洛外図」からもそうしたハゲ山のあったところをうかがい知ることができるが、「洛外図」に近い精度で洛中とともに洛外の状況を描いた絵図類がいくつか残っている。そのような絵図類の中から、ここではいずれも一八世紀に制作された「洛中洛外大絵図」（一七〇〇～一七〇一年頃、慶應義塾大学図書館蔵、図15）、「京都明細大絵図」（一七一四～一七二一年頃、京都市歴史資料館蔵）、「洛中洛外絵図」（一七八六年、京都大学図書館蔵）の三種類の大絵図を取り上げ、一七世紀後期から一八世紀において、京都近郊のどのあたりにハゲ山が多くあったのかを考えてみたい。

なお、それら三種類の大絵図は、いずれも長さ（南北）が約三メートル、幅（東西）が二メートルの大きさで、江戸幕府の畿内大工頭であった中井家によって制作されたものと考えられている。[8] それらの図の大きさや構図はほぼ同一であるが、図の内容は洛中だけでなく洛外も少しずつ異なっており、各図はそれぞれの時代の景観を反映して描かれている可能性が高いと思われる。そもそも、一般に考えられているように、それらの絵図が幕府の技術官僚である中井家によるものであれば、確認できる中井家の建築や土

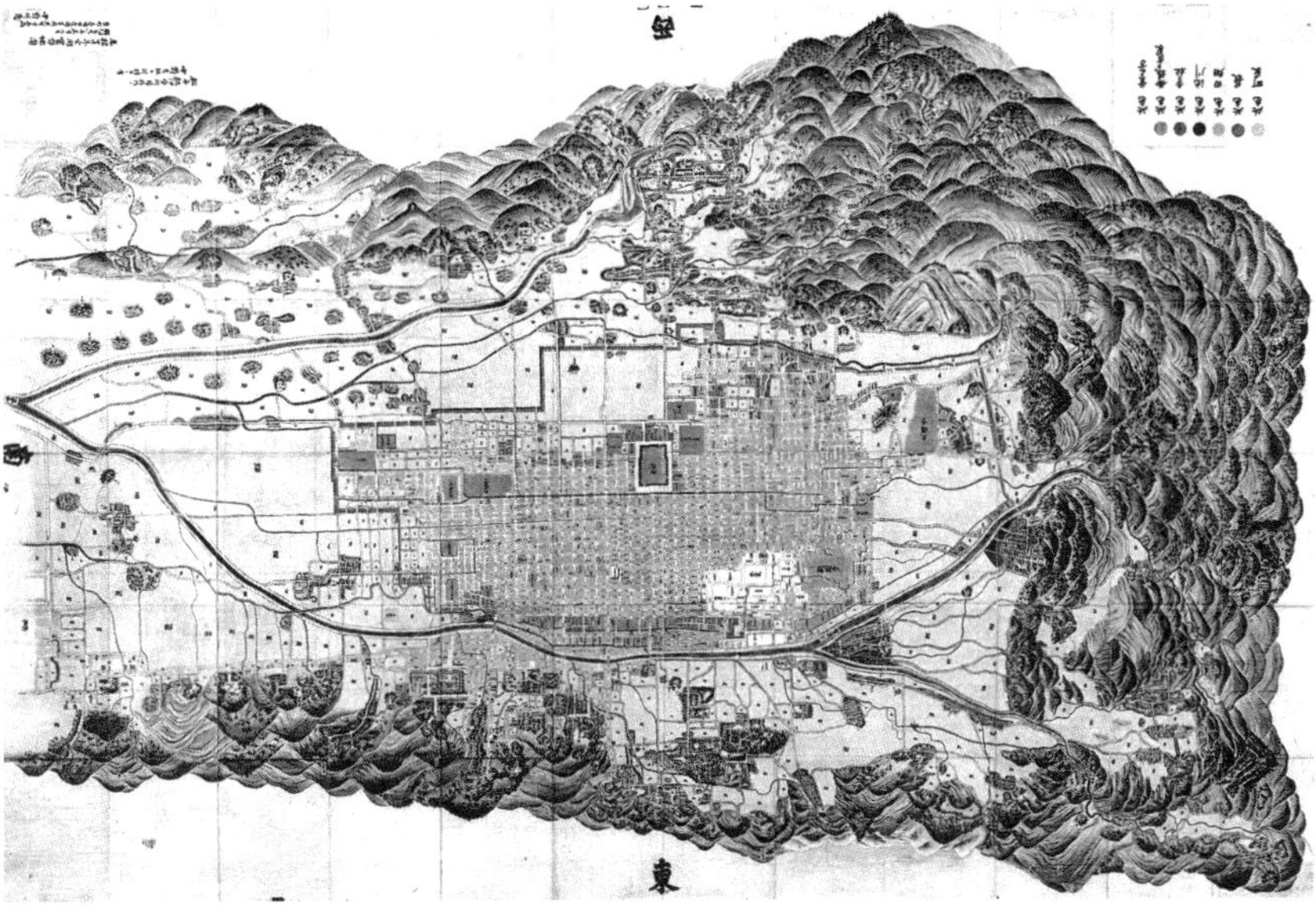

図15　洛中洛外大絵図（1700～1701年頃、慶應義塾大学図書館蔵）

木関係などの図の大部分が精緻で写実的な描写となっていることなどからも、洛中洛外の状況を正しく記録することは、それらの絵図の目的であったものと思われる。

大絵図に描かれたハゲ山の例

ここに、「洛外図」と一八世紀に制作された三種の大絵図について、ハゲ山として描かれていると見られる箇所の例を少し示しておきたい。

一八世紀に制作された三種の大絵図では、「洛外図」と同様に、ハゲ山と思われる山地の部分は、白か茶系統の色で描かれていると考えられる。それは、そうした彩色が、「洛外図」に関する考察(5)や明治期の地形図などからわかるかつてのハゲ山の位置と一致する場合が多いことによる。

北白川城跡付近とその背後の山地

図16は「洛中洛外大絵図」、図17は「京都明細大絵図」、図18は「洛中洛外絵図」にそれぞれ描かれた比叡山から如意ケ嶽のあたりである。その比叡山と如意ケ嶽にはさまれた部分の山地上部には、いずれもハゲ山とみられる部分が広く見られる。

「洛中洛外大絵図」では、比叡山中腹の音羽川の谷の南

図 16　洛中洛外大絵図（京都北東部）。口絵 1 も参照　（慶應義塾大学図書館蔵）

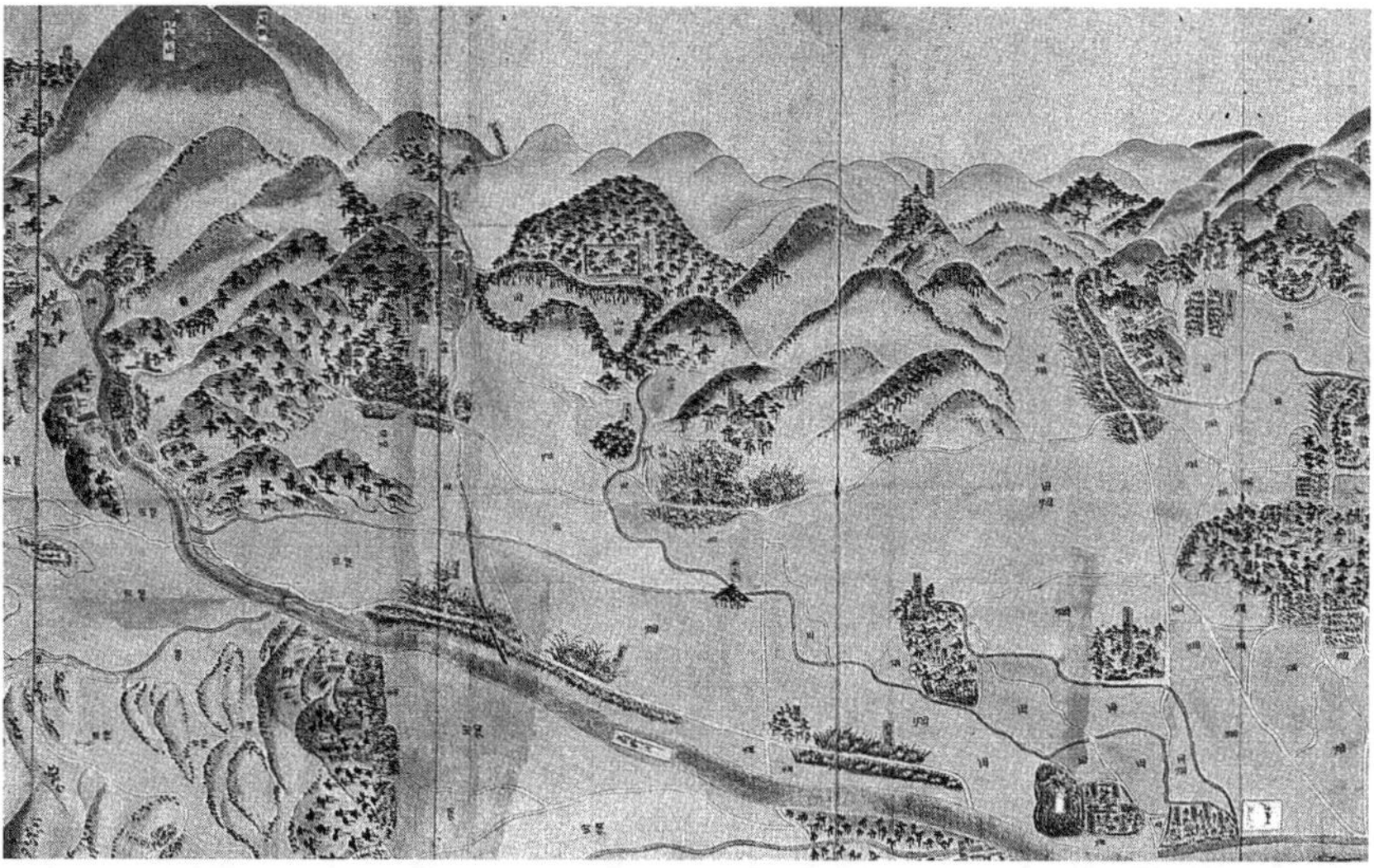

図 17　京都明細大絵図（京都北東部）。口絵 2 も参照　（京都市歴史資料館蔵）

図18　洛中洛外絵図（京都北東部）口絵３も参照　（京都大学附属図書館蔵）

側より如意ケ嶽のすぐ北側まで、白色を多く使う形で、ハゲ山が広く描かれているものと思われる。これほど白色を多用してハゲ山を示している例は、ここで扱う他の絵図にはないが、その地は花崗岩地帯であるために、ハゲ山となっている部分が遠方から白っぽくみえていたものと思われる。ちなみに、そのハゲ山のあたりは、かつて比叡アルプスとよばれていた。「アルプス」とよばれたハゲ山は、近畿ではほかにも神戸の六甲アルプスや滋賀県の湖南アルプスなどがあるが、いずれも花崗岩地帯のハゲ山であったところで、草木がなく雪が降り積もっているように白くみえることもあったことから、そのような名前がついたものと思われる。

「京都明細大絵図」では、そのハゲ山の部分は農地と同様の茶系統の色で表現されている。ハゲ山の広がりは、上述の「洛中洛外大絵図」とほぼ同じであるが、よくみると比叡山に近い側に、薄緑色で塗られている山もみえ、前の時代よりもハゲ山が少し減っているように思われる。

「洛中洛外絵図」では、ハゲ山と思われる部分は濃い茶色で描かれている。そのハゲ山の面積は、「京都明細大絵図」の頃よりもさらに減っているような描写となっている。また、ハゲ山の付近にやや高い樹木がだいぶ増えているよう

図 19　洛外図（岩倉南西部から上賀茂神社付近）。口絵 4 参照　（個人蔵）

図 20　洛中洛外大絵図（岩倉南西部から上賀茂神社付近）。口絵 5 も参照（慶應義塾大学図書館蔵）

図21　京都明細大絵図（岩倉南西部から上賀茂神社付近）。口絵6も参照　（京都市歴史資料館蔵）

な表現となっている。

なお、これら三種の一八世紀の大絵図を「洛外図」（図11）と比べると、「洛外図」では右方（南方）の山の上部が金雲で隠れてはいるが、その雲の下に見られるハゲ山の描写などから、ハゲ山の位置・範囲は一八世紀の三種の大絵図に近いと思われる。ただ、「洛外図」では、図の手前（西側の山麓に近いところ）にもハゲ山的表現がみられるところが小面積のところも含め少なくないが、一八世紀の三種の大絵図にはその部分にはハゲ山的描写はまったくみられない。それは、図の精度のためかもしれないが、実際に一七世紀から一八世紀にかけて、その付近ではハゲ山がしだいに減少していったことも考えられる。

岩倉南西部から上賀茂の山地

図19は「洛外図」、図20は「洛中洛外大絵図」、図21は「京都明細大絵図」、図22は「洛中洛外絵図」にそれぞれ描かれた岩倉南西部から上賀茂の山地付近である。「洛外図」では図の下方に、その他の図では図の左下方に上賀茂神社が見える。また、「洛外図」ではみえないが、各図の右上方に岩倉村がある。

「洛外図」、「洛中洛外大絵図」、「京都明細大絵図」では、

図22　洛中洛外絵図（岩倉南西部から上賀茂神社付近）。口絵7も参照　（京都大学附属図書館蔵）

岩倉村と上賀茂神社の間のあたりに、広くハゲ山と思われる描写をみることができる。ただ、そのうちの「京都明細大絵図」では、ハゲ山と思われる部分の稜線付近などに、さほど大きくないと見られる樹木がやや多くみられる。また、「洛中洛外絵図」では、他の図で広く描かれていたハゲ山の部分が緑色に塗られていることが多く、ほぼ確かにハゲ山と思われる表現部分は、岩倉村に近いところに、ごくわずか描かれているだけである。ただ、その図では上賀茂神社の右上のあたりに、少しではあるが、ハゲ山を表している可能性が高いやや濃い茶色の彩色部分がみられる。その付近は、明治後期の文献でも一部にハゲ山が残っていたことがわかる部分である。(6)

これら四種類の絵図の比較から、一七世紀から一八世紀にかけて、その付近では実際にハゲ山があったことは確かと思われる。また、そのハゲ山の面積は一八世紀にしだいに減少していったものと思われる。

江戸時代における京都盆地周辺のハゲ山地帯

一八世紀の洛中洛外を描いた三種の大絵図と一七世紀の「洛外図」をもとに、江戸時代における京都盆地周辺のハゲ山地帯を図示すると図23のようになる。それらの図の

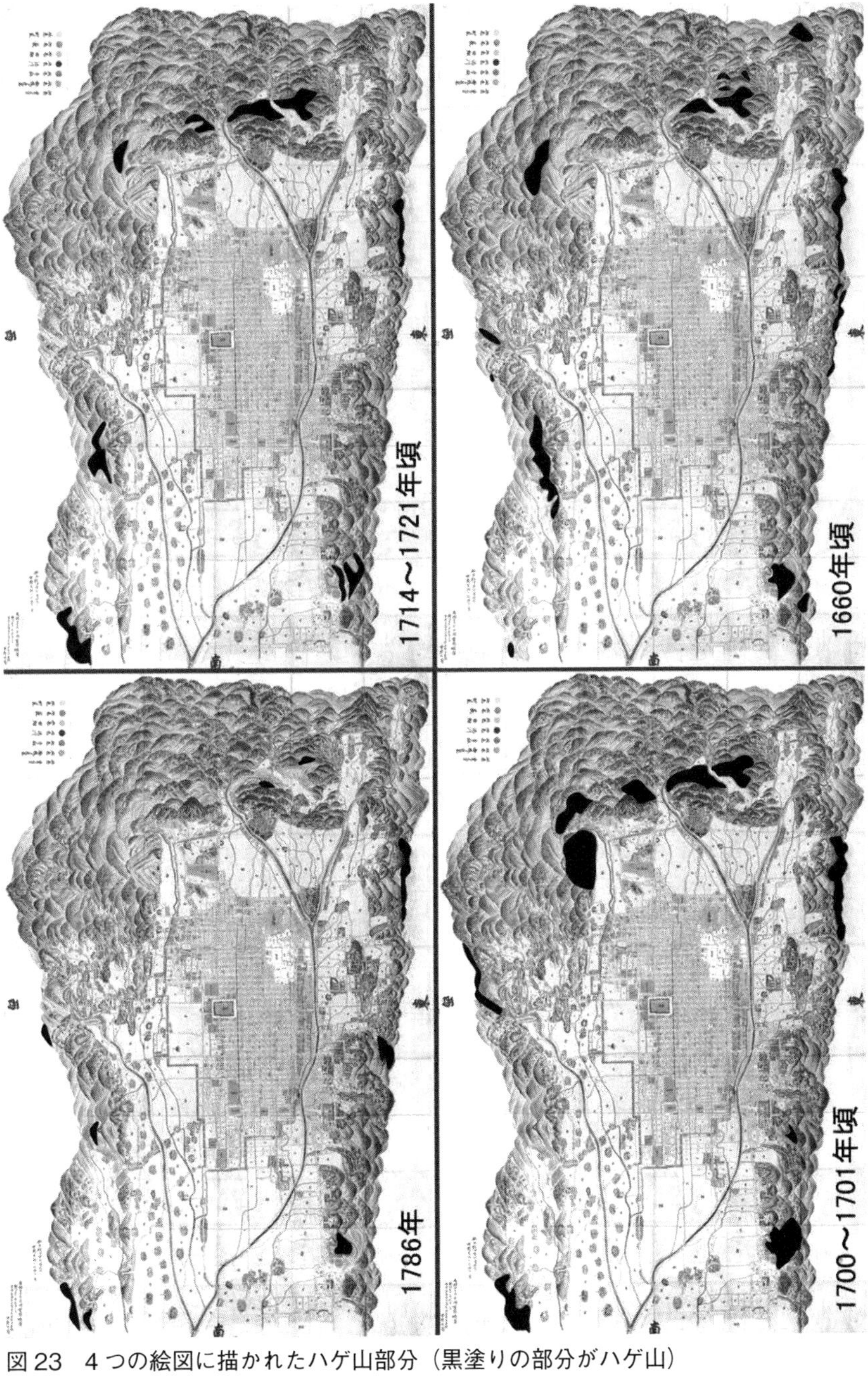

図 23　4 つの絵図に描かれたハゲ山部分（黒塗りの部分がハゲ山）

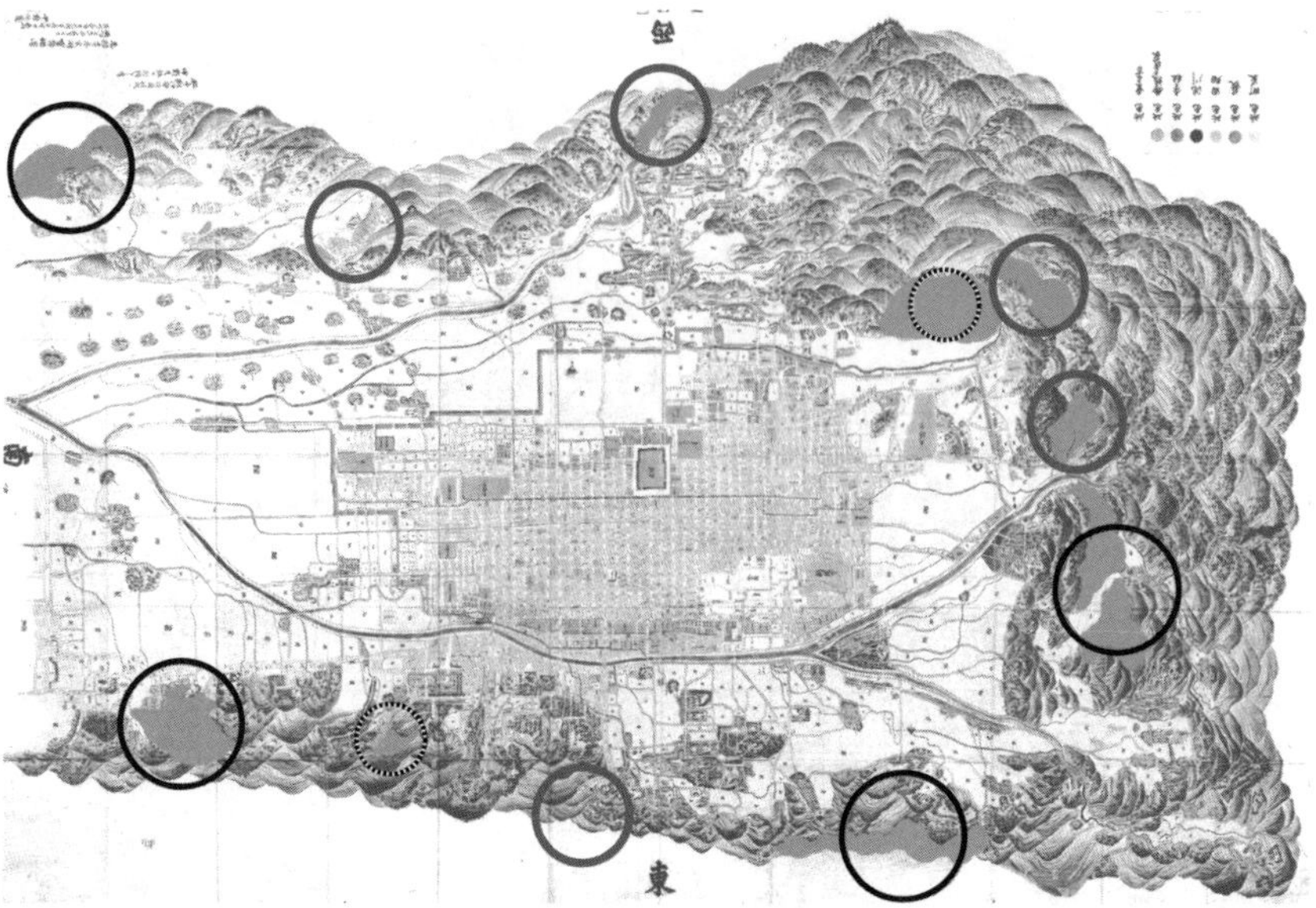

図24　江戸時代の京都周辺のハゲ山の位置

ベースとして、「洛中洛外大絵図」を用いた。「京都明細大絵図」、「洛中洛外絵図」は構図がそれとほぼ同一であるので問題はないが、「洛外図」については、一八世紀の三種の大絵図との比較のために、それらの絵図の構図に合わせる形でハゲ山の位置を示した。そのため、「洛外図」については一部にやや不正確なところがあるかもしれないが、図の位置関係を慎重に判断してハゲ山を示した。

それら四種の図では、ハゲ山が共通して描かれているところもあれば、そうでないところもある。図24は、それら四種の図に描かれたハゲ山の位置を丸印で示したものである。そのうち、黒色の円で示したところは、四種の図に共通してハゲ山が描かれているところであり、少なくとも一七世紀後期から一八世紀を通してハゲ山の状態が続いていた可能性がきわめて高いと思われる。また、灰色の円は、二～三種の図で共通してハゲ山が描かれている部分、黒色破線の円は、一種の図のみに描かれているハゲ山の部分を示している。

なお、上述のように、これらの図がそれぞれの時代の洛中洛外の状況を正しく記録することが目的であった可能性が高いことから、共通してハゲ山として描かれていないところも、少なくとも江戸時代の一時期は荒廃度の高いハゲ山状態が見られた可能性が高いように思われる。また、明治期の国有林関係文書などには、一九世紀末から二〇世紀初期頃の京都盆地周辺の植生の状況について記しているものがあるが、それらの情報なども含めて考えると、いずれかの図で一つでもハゲ山として描かれている部分は、程度の差こそあれ、草木の乏しいハゲ山に近い状態が長く続いていた場合が多かったものと思われる。

むすび

ここでは紙数の関係であまり詳しく述べることができなかったが、以上のように、江戸時代の頃、京都近郊の里山には高木の樹木が少なく低植生地が多かったというだけではなく、草木がほとんどない荒廃したハゲ山さえも珍しくはなかったものと考えられる。ただ、そのハゲ山の位置は、必ずしも固定的であったのではなく、ある程度変化があったことは、前述のとおり四種の京都近郊の里山までも詳しく描いた大絵図の考察からも考えられるところである。

そのことは、部分的にではあるが、文献からもわかる。たとえば、一八世紀の初めにまとめられた『京都御役所向大概覚書』[(4)]には、「洛外図」の描写などから、江戸初期頃まではハゲ山か、それに近いところが少なくなかったと思われる大文字山に近い鹿ケ谷村の多頭山と善気山について、「山ハ百姓持山ニ候得共、先年従公儀木苗植候様被仰付、林山ニ成候」と記されている。これにより、それらの山は村の百姓の持山であったが、一八世紀初頭の頃、先年幕府から木の苗を植えるようにとの達しがあり、森林の山になったことがわかる。

このように、里山景観の変化があったところもあるとはいえ、江戸時代の間、常に京都近郊の里山にはある程度ハゲ山が見られるところがあり、また低い植生のところが多かったことには変わりなかった。そうした当時の里山景観は、明治前期の仮製地形図の考察[(5)]などから、京都近郊に限らず、現在の滋賀県や京都府南部をはじめ、瀬戸内海沿岸地域など、かなり広範に及んでいたものと思われる。かつて、燃料確保のために落ち葉までも利用されるなど、植生に大きな人為的圧力がかかる状況があったのは京都近郊に限らなかった。

大都市である京都の燃料などの確保はその近郊だけではまったくままならず、かつて丹波や摂津などからも炭などが多く入ってきていた[(2)]。そうしたことからも、京都近郊の里山には、特に大きな植生への人為的圧力がかかりやすい状況があったと考えられる。

ところで、江戸時代の間にも、京都近郊では里山景観に変化がみられるところもあったが、それは幕府の対応によるところもあったと思われる。里山に関係するとくに大きな幕府の対応としては、一六六六（寛文六）年二月の山川掟之覚《さんせんおきてのおぼえ》の発布がある。[3] それは、当時、山の草木の根まで掘り取られていたため、雨により土砂が川に多く流出し、問題となっていたことから、草木の根の掘り取りを禁じることや、木のない山に木の苗を植えつけ、土砂流出を防ぐことなどを定めたものである。京都近郊では、上述のように、その後間もない時期から植生の回復傾向が見られることになる。日本の他地域では、必ずしも京都と同様ではなかったようであるが、[1] 京都は江戸幕府にとって重要地であったことから、その掟がより遵守されやすかったのかもしれない。

なお、江戸時代の後、明治期に入ると、京都近郊を含む淀川流域で、森林の濫伐禁止、山野への火入れの規制・禁止、草刈・採草の禁止など、明治中期頃まで、山地・山林の保護政策が強く推進された。[7] そうした政策もあって、ハゲ山は急速に減少していったものと思われるが、初期の地形図などから、明治の中頃でも、京都盆地周辺には、まだハゲ山も結構あったことがわかる。[5][6] また、その頃の比叡山や鞍馬などには、人の背よりも低い柴草地が多く、人里近くにあったマツ林も樹高が五メートルにも満たない比較的低いものが多かった。そうした明治期の京都盆地周辺山地の景観は、江戸時代の名残をまだ色濃く残していたものと思われる。

コラム１　西日本の里山生物のルーツ

佐久間大輔
伊東宏樹

近畿地方の構成要素として重要な草原・林縁的環境

近畿地方の絶滅危惧植物を概観してみると、園芸採集圧で減少しているラン類などを除けば、その多くは決して深い森林の植物ではない。むしろ明るいナラ林林床や草原・林縁的環境、湿地環境の植物であることに気づく。『近畿地方の保護上重要な植物――レッドデータブック近畿』[14]では、生駒《いこま》山系から京阪奈《けいはんな》丘陵、さらには岩湧山《いわわきさん》の草地、北摂、大和高原などを、草地・湿地性の絶滅危惧植物の集中する地域としている（図1中のO4、O8、O1、N2など）。このレッドデータブックでは、里山周辺の草地環境を「里草地」と表現し、これらの植物が現在人里近くに存在していることを強調して表現している。もちろん、これらの植物は人間が植栽してきたわけではない。しかし、日本の草地環境の成立には、本シリーズ第2巻で詳述されたように、人間が深く関与している場合が多い。ここでは区別せず里草地の植物も含め草地性の植物として表現していきたい。

さて、近畿地方のレッドデータブックの中で、明るいナラ林や草原・林縁的環境、湿地環境の植物が多いことから、近年の開発や管理放棄で、これらの環境が大きく失われつつあることが読みとれるのだが、一方でそれは、温帯性のナラ林の植物群、乾燥草原の植物群、湿地に関連した植物群が、近畿地方のフロラの重要な構成要素であることを再認識させてくれる。この「温帯性の乾燥草原の植物群」には、中国東北部から朝鮮半島、そして西日本に共通するものが少なくない。[8][11] タコノアシやイソノキなどの低地湿原の植物にも、同様の分布型のあることが指摘されている。[4] ま

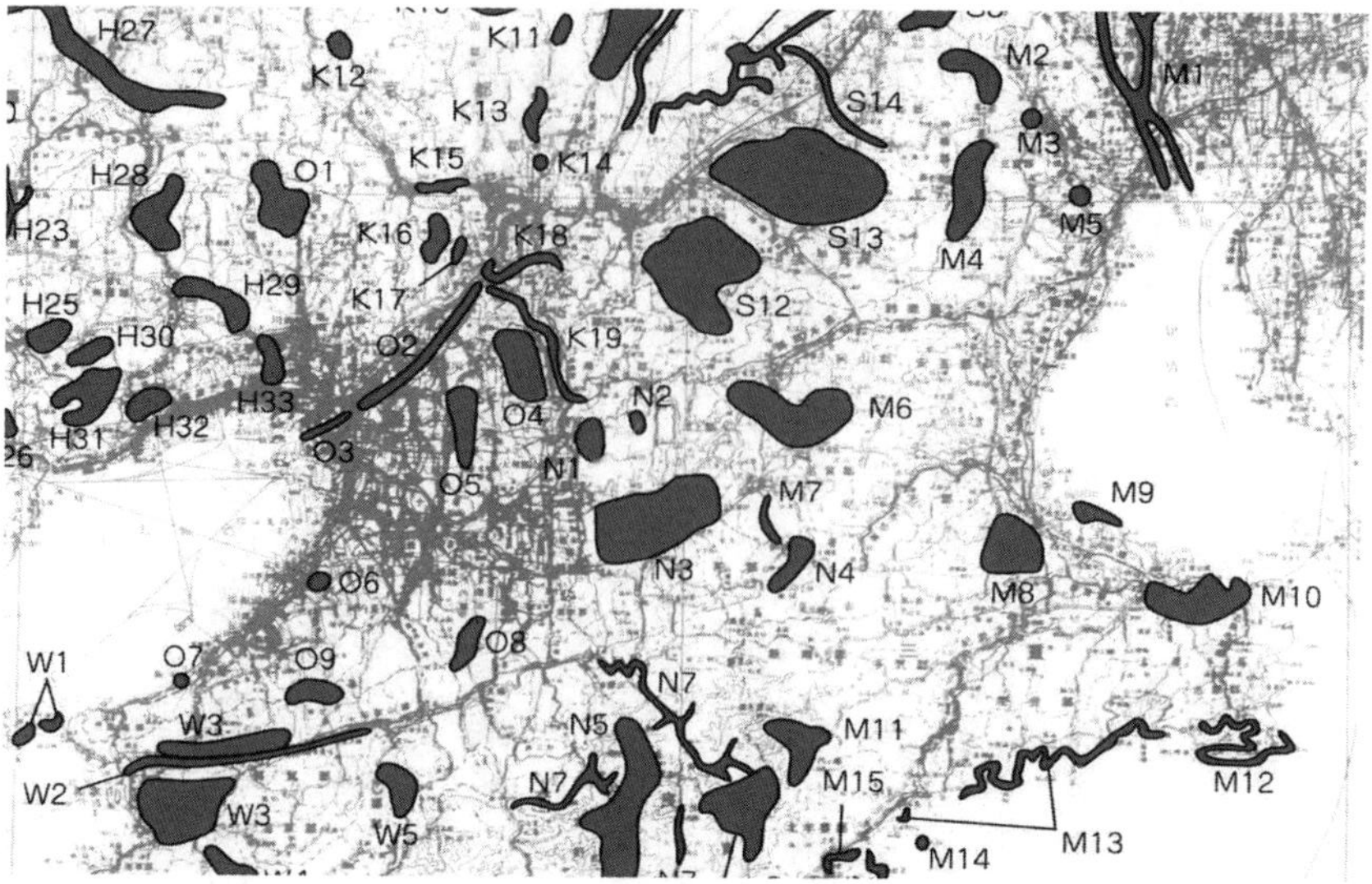

図１「近畿版レッドデータブック」にみる絶滅危惧植物の多い地域
絶滅危惧種の多い地域は決して「良好な森林」や「湿原」ばかりではなく、京阪奈丘陵や大和高原のような、一見開発され尽くした里山地域もあげられている。

た、昆虫についても同様の要素が検討されてきた。(3)

近畿は古代から国家の中心的な都市が広がる場所であり、強い収奪を受けてきたため、全体としては貧弱なフロラであることがわかっている。そのなかで、強い収奪を受けた京阪奈丘陵の里山には、数多くの絶滅危惧植物が水田周辺や林の縁に分布する。なぜこの地域の里山が豊かな生物相を抱え続けているのか。ナラ林や温帯性の草原、湿地を軸に考えてみたい。

この問題を考えるには、二段階に分ける必要がある。第一は、本シリーズでも繰り返し述べられている人間活動による撹乱が、こうしたナラ林や草原を生息地とする生物種にも生活の場を与えたことである。後述するように、現在も利用が継続しているクヌギ萌芽施業地の林床植生では、周囲の放置林よりも林床植物の種数が豊富であった。同様に、生駒山系全体でも、草山管理が草地植生を維持してきた。これらの話はわかりやすいが、しかし、それは生き延びるプロセスを述べたにすぎない。草原性の種の多様性を理解するにはもう一つ、それ以前の時代に、元々こうした生物種が生きていく環境が人為的環境以外にも近畿に広がり、草原性の生物種が自然分布していたという地史的背景を理解しなければならない。これがより根源的な第二の課題だ。
　近畿地方の温帯草原性の生物種は、北方性のものと異なった生息地特性を持つものも多い。広大な草原に成育するのではなく、「林縁性」あるいは疎林環境の種とでもいうべき植物群が少なくない。谷の斜面や落葉樹林の林縁などで直射日光を避けつつ、かといって林床ほどの暗い環境では耐えられない植物だ。小泉が例示したリンドウ、キキョウ、オケラ、シオンなどの温帯草原性の要素[8]、さらにはササユリ、ミズギボウシ、キンラン、ギンラン等々。これらの植物の生息場所は図鑑などに「半日陰」「林縁」「疎林」と表現されるものも多い。小泉のリストは、この他にアベマキやコバノチョウセンエノキを、村田はさらにイワシデやカシワを、堀田はノグルミなど[11]をというように、樹木も大陸と共通する要素としてあげている。[4]
　こうした樹種の立地も、草原性と表現するには無理があるが、林縁や疎林として括れば、包含させてしまうことが可能だろう。草原性の生物種が生きていく環境には、広大な草原だけでなく、こうした林縁的環境を視野に入れる必要がある。つい五〇年ほど前にはこうした景観こそが里山の大部分だったのだ。[19]

クヌギ樹下の草本層

　実際に林縁的環境で生物相を調査した例は実は多くない。そこで第4章で紹介する、現在も萌芽林管理が続き林縁的環境が維持されているクヌギ萌芽林において、林床に出現した植物種を調査した。図2に結果を示すが、どの林齢のクヌギ萌芽林でも、周囲の放置広葉樹二次林や放置アカマツ林と比較して、より多くの林床植物が出現した。放置林では、高木が葉を茂らせるだけではなく、低木、特にヒサカキのような常緑低木が増え、それによって林床に届く光が制限されて、林床植物の種数が減少するのであろう。伐採直後から数年後のクヌギ萌芽林では、ダンドボロギク、ベニバナボロギクのような伐採跡地によく見られる植物の他、タニウツギ、ミヤコイバラ、クサイチゴといった陽性の低木が多かった。ヤマジノホトトギスやヒキヨモギといった林縁や明るい林床でみられる草本もそのような林分に出現した。一方、伐採後五年程度を経過し、除伐を経過した林分では、ヤマシロギクやオオカモメヅルなどが多くみられるようになっていた。[6] こうした結果を過去の薪炭林のものと比較したいところだが、残念ながら当地においては比較できるようなデータがみあたらない。ただ、放

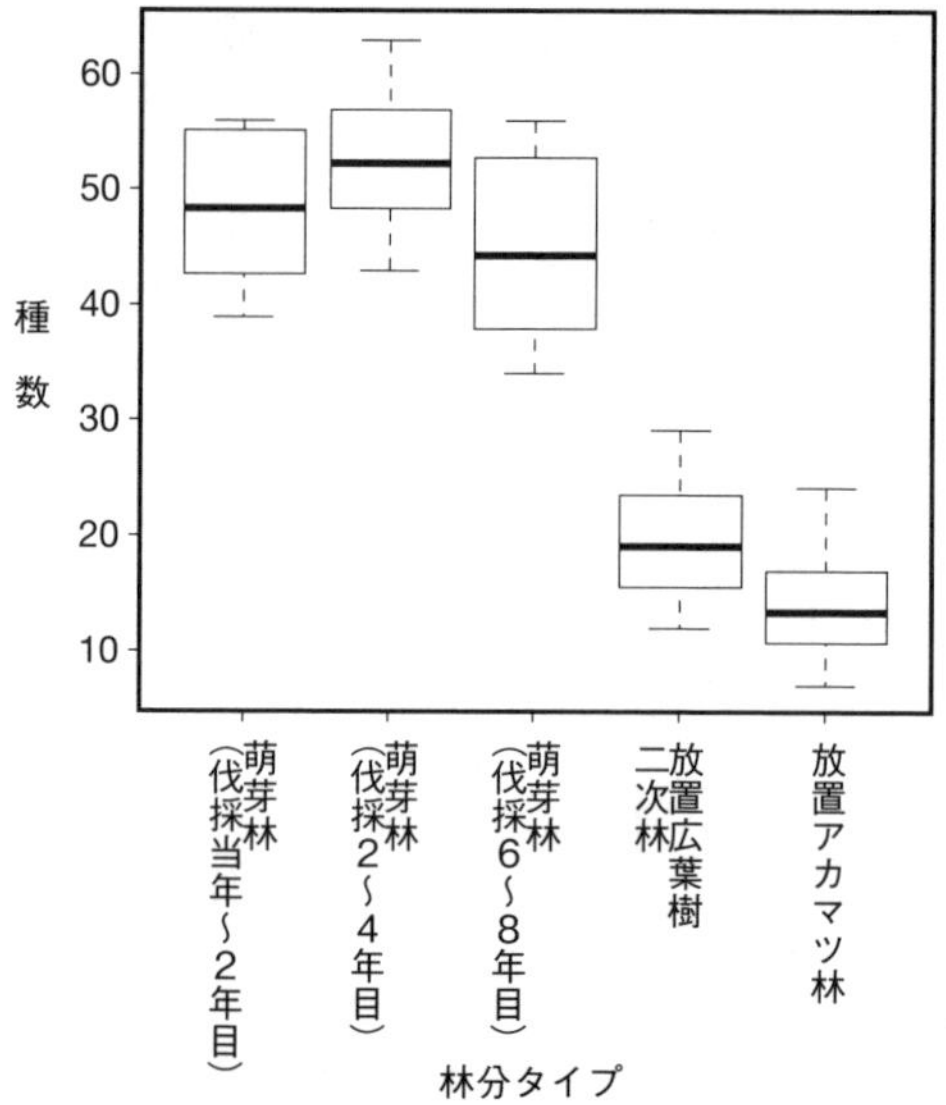

図２　猪名川町のクヌギ萌芽林とその周辺の放置林の林床に出現した維管束植物の種数（25 m² 方形区の値）
グラフは、最大値・上側四分位・中央値・下側四分位・最小値を示す。

置されるよりは薪炭林として維持されている方が、多種の林床植物が生息できることは確かなようだ。

このように、柴山、あるいは短伐期のクヌギ萌芽林では、林内すべての場所がこうした「林縁」あるいは「疎林」とでもいうべき状態だ。現代なら北摂のクリ園の景観を参考例にあげることができよう。疎林状に植えられ、収穫や花つきをよくするために枝の剪定を受けるクリが広がる景観は、今も各地でみることができる。そしてこのような場所では、林床の草本層が豊かである。かつての台場クヌギの萌芽林も同様であったのではないか。現在の森林イメージでは林縁性と表現される植物群は近世・近代の環境では「柴山・萌芽林依存性」と表現すべきものだったのかもしれない。さらには周辺に水辺や草地もさまざまな形で広がっていたことで、さまざまな草本植物の生育環境が近接して存在しえたのだ。

過去の疎林環境はどこに

それでは、こうした環境は人為の影響がない条件下では、いつ頃、どこにどのように存在したのだろうか。大陸と比較しても種分化がそれほど進んでいないことから、遠い過去ではなく最終氷期を有力視する見解は多い。那須により花粉分析から復元された最終氷期最盛期の日本列島の植生図(12)（図3）によれば、最終氷期最盛期に瀬戸内地方を覆っ

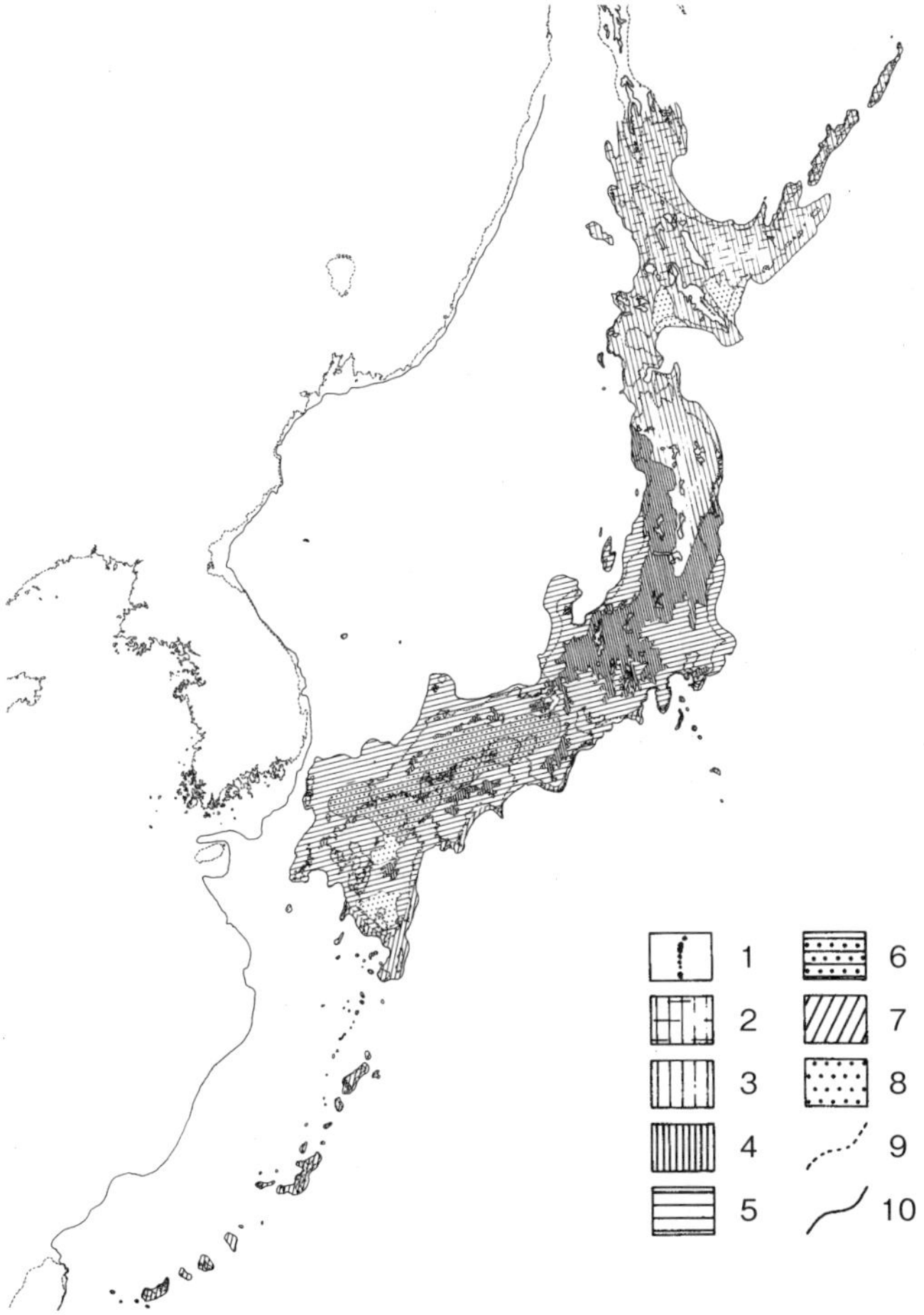

図３　那須による最終氷期最盛期の日本列島の古植生図(12)

瀬戸内周辺には「ブナをほとんどともなわない冷温帯針広混交林」が広がる。

1　氷河（黒）および高山の裸地、草地（ハイマツ帯を除く高山帯に相当する地域）
2　ハイマツ群落および亜寒帯性の疎林
3　グイマツをともなう亜寒帯針葉樹林
4　グイマツをともなわない亜寒帯針葉樹林（中部地方および近畿地方では一部にカラマツをともなう）
5　冷温帯落葉広葉樹林（ブナをともなう）
6　ブナをほとんどともなわない落葉広葉樹林
7　暖温帯常緑広葉樹林
8　火山砕屑物が厚く堆積した地域で、土地が著しく乾燥し、草地が発達した
9　現在の海岸線
10　ウルム氷期最盛期の海岸線

ていた植生は、「ブナを欠く落葉樹と針葉樹の林」であったという。瀬戸内から近畿内陸が温帯性針葉樹と落葉樹の世界だったことは、他の花粉研究者[18][19]もほぼ同一の見解だ。さらに高原は、近畿地方の瀬戸内沿岸地域が、最終氷期最盛期にブナを欠いていただけでなく、その後の後氷期初期から中期にかけて、やはりコナラを中心とした落葉広葉樹が優勢だったことを示し、その原因が乾燥気味の気候にあることを指摘している。[16] このような気候条件は、草原や疎林の形成されやすい条件であり、花粉分析でもシダ胞子や草本の花粉が多く、草地の存在も示唆されている。このナラ林の分布に、「温帯性の乾燥草原の植物群」の分布を重ね合わせて考えることができるのではないだろうか。

現在の気候条件のもとでは、ブナ林や常緑樹林の代償植生として考えられることの多いナラ林は、二万三〇〇〇年前の寒冷かつ乾燥した環境のもとでは、極相の自然林として広く存在したはずである。大阪湾岸などでは、このコナラ・マツを中心とした植生は、後氷期になってもしばらく続くという。[16] 朝鮮半島には、「極相としてのナラ林」が現在でも明確に位置づけられている。朝鮮半島のナラ林も古くから続き、およそ一万年前以降、連続して分布しているという。中国東北部から朝鮮半島にかけての文化と、それを支えたナラ林の生態系をふまえ提唱されたナラ林文化は、日本の縄文文化との関連も指摘されている。[20] 最終氷期のナラ林は草地環境との接点を示し、さらに人為の植生への干渉が予想できる時代にまで十分つながるのだ。

かつて守山は、里山環境に適応した植物群のルーツとしてブナ林の林床植物群を仮定した議論を行った。[10] しかし、西日本に関していえば、ブナ林ではなく、最初からナラ林とその周辺の植物群がルーツだったのではないか。

人手の加わらないナラ林、温帯針葉樹林の代替としての里山

近畿地方の平野部や低山帯の潜在自然植生は照葉樹林であるとされるが、[9] これをもって照葉樹林のみが、保全の対象だと考えるのは誤っている。もちろん縄文晩期の温暖な時期に、照葉樹の森が低山を広く覆っていたことは明らかだ。しかし、照葉樹の繁栄は、それ以前の植生、たとえばナラやマツの林の影響をまったく消し去ってしまうほど圧倒的だったのだろうか。現在の熱帯高地のカシ林や、宮崎県綾《あや》町に残る照葉樹林などを見ても、尾根や攪乱を受けやすい場所に温帯性針葉樹や落葉樹を交えている。実際辻本

らは、遺跡発掘の際の花粉分析や植物遺体の分析から、縄文晩期の海退にともない発達していく崩壊地や扇状地などに、照葉樹だけでなく、モミやツガ、コウヤマキ、スギ、ヒノキの温帯性針葉樹が侵出する状況を検出している。[17] また、ケヤキやムクノキ、ヤナギ、ナラ類などの落葉樹も、流路周辺に確認されている。照葉樹の時代を生き延びて、しっかりとその前の時代の要素として残っているのである。現在の温帯針葉樹林やナラ林の生物相の豊かさは、その結果とも言える。

野嵜が重要性を指摘するように、ナラ林の自然は、西日本の森林において構成要素の一つであり、先に指摘したように草原性要素を多く含む西日本型の里山のルーツは、氷期以降に存在していたナラ林や草原に求めることができるだろう。[13] 同様に、温帯針葉樹林などの生物相も、照葉樹林の生物と同様に、しっかりとルーツをもってこの地域に分布し、気候の変化によって失われた生息環境の代替として里山に生育する。現在私たちが目にするナラ林やマツやコナラ、さらにヒノキやスギなどの林や草地環境は、確かに人間活動の影響を受けて形成されている。しかし、そこに住む生物相や、でき上がっている生態系は人間が作り上げたものではない。そう考えると、里山のナラ林やマツ林も、失われた環境要素の生物たちの避難場所としてとらえることができ、それらが抱える生物相から保全的意義が明確になってくるのではないだろうか。わずかながら残存する自然性の高いマツ林やモミ林、ツガ林、さらにはトガサワラやコウヤマキの林などの意義と合わせて、改めて確かめていきたい。

里山のモザイク性のルーツ

里山の生物の豊かさ、多様性を語る時に、狭い地域に多様な環境があること（モザイク性）がひとつの理由とされる。しかし、小面積な環境要素が幕の内弁当のように詰め込まれていても、通常は貧弱な生物相にしかならない。もともとこうしたたくさんの環境が詰め込まれていた自然としては、たとえば河口低地に広がる低湿地環境や河畔林などがある。現在の日本では多くの場所で失われてしまった豊かな生態系だ。里山は、たくさんの環境が詰め込まれて豊かだというだけでなく、かつて広く存在した河畔林などの代償環境として機能している、ととらえたほうがその重要性が理解しやすいだろう。たとえば複数の環境が存在することで生活史を完結させる水生昆虫は多いが、これらの種は、里山成立以前も同様の生活史を営んでいたと思われる。本来近接して存在しセットになって機能する生態系でなければ、箱庭のように詰め込んでも、長期に生物相を維持できる生態系としては機能しないであろう。

　モザイク性は、人間の土地利用によって生み出されるものだけではない。土壌などの構造自体がもたらすモザイク性は、こうした里山の多様性のルーツとして重要な要素の一つだ。京阪奈丘陵の京都側は堆積層である大阪層群が分布し、どの堆積層が地表に現れるかによって、環境が細かく変化する。分厚い砂層や、大住礫層《おおすみれきそう》とよばれる玉砂利のような礫層の間に粘土層がはさまり、その粘土層がどのように傾き、どこに露出するかによって水分条件が大きく変化する複雑なものとなっている。[1] このような地質条件は、時に小湿地を形成する。波田・本田は、同様の構造を、海《かい》上《しょ》の森のシデコブシなどが分布する湿原について指摘している。[2] 礫や砂の分布自体も複雑な環境の基盤となっている。伊東ほかは、この地域の二次林について、アカマツ―ソヨゴタイプの林分は、コナラタイプの林分よりも土壌硬度指数の大きい、礫の多い場所に成立する傾向があることを示した。[5] 堆積層の丘陵にはモザイク性が内包されているのである。

氾濫原や崩壊地の植生も、里山のひな形となる環境だったのかもしれない。田端は中国東北部に広がる草甸《そうでん》の植生と、日本の水田畦畔の植生との間に類似性を見出している。[15] 近畿地方での河川流路の固定や扇状地の開発は、中世になってのことだというので、流路固定前の河川周辺に存在したであろう草甸のような環境の代替生息地として、里山は十分避難所の候補になるだろう。里山の林縁環境と周辺の水田や小湿地などの組み合わせによって形成された、「半日陰の湿地」や「半日陰の水辺」などの多様な微環境は、避難所として有効性を高めたであろう。モザイク環境を生息場所とした生物は、人間の利用や農耕による改変が代替の生息地を作り出し、あるいはモザイク性に拍車をかけたことで繁栄したとは、広くいわれるところであるが、具体的な生活史とからめた研究は少ない。ぜひとも今後の魅力的な研究を期待したい。

　このように、京阪奈丘陵の里山の生物相の豊かさは、単に人が維持しているから多様なだけではなく、地史を背負ってそこに住む動植物がいることが大きな要因となっているのである。第４章で示すような文化的景観としての価値だけでなく、生物相のルーツを考えてみても、里山の多様性は魅力的であり、大切な日本の自然の構成要素なのだ。

第2部

商品経済からみた森林

第4章　里山の商品生産と自然

佐久間大輔
伊東宏樹

はじめに

近畿の植生の現状には、それぞれの村での山林利用といった共同体スケールの視野からだけではなかなか理解しきれないところがある。なぜその村がその形態の利用になったのかを理解するためには、その山林に対して、村内部そして外部からどのような需要がつきつけられているのかを知る必要があるだろう。外部からの需要として最大のものは近隣の都市から寄せられる需要である。近隣といっても必ずしも都市からの同心円的な距離ではなく、河川での筏《いかだ》搬送や海上輸送といった流通機構を勘案した近さが大きな要素となる。都市により近い里山であればより多く資源が収奪され、荒廃するという単純な図式ではない。需要地に近いために初めて生産可能になる商品もある。このた

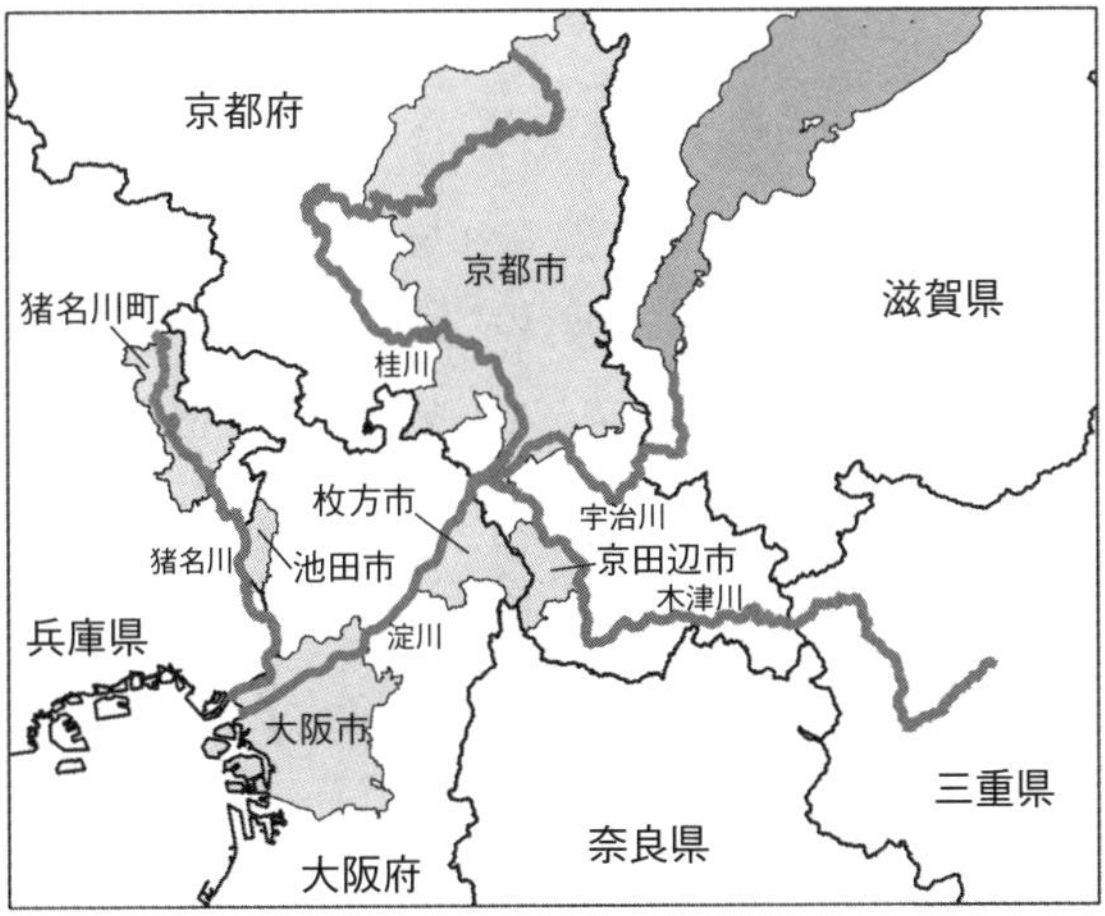

図１　本章で取り扱う地域の地図
この地図の作成には、国土交通省の国土数値情報（行政区域データ）および主要水系調査（一級水系）利水現況図 GIS データを使用した。

め都市近郊の里山はより多様な経営が可能になり、資源利用が高度化している側面もある。

本章では、都市需要との関係を軸に組み立てられた里山経営から、京都・大阪周辺の里山環境を読み解くことを試みたい。

一　京阪奈《けいはんな》丘陵から里山生態系を俯瞰する

京阪奈丘陵

「京阪奈丘陵」は、地質学あるいは地理学的には、生駒《いこま》山《さん》北縁に延び、花崗岩を基盤とする枚方《ひらかた》丘陵と、その東側に厚く堆積した大阪層群の田辺《たなべ》丘陵となる。しかし、花崗岩の基盤はしばしば東側にも露出し、連続したランドスケープを構成している。この丘陵はマクロには、三重県方面から西に流れる木津川《きづがわ》を北と迂回させ、三川合流点まで導く障壁である。そして、古くから山城と河内、大和の国境、つまりは現在の京都、大阪、奈良の府県境になってきたランドスケープでもある。紀伊半島の山地から生駒山地に続く南部、そして北摂山地から丹波、丹後へ続く近畿北部の山地の間をつなぐ軸ともなるような、地域の自然景観をとらえるうえでも重要なまとまりである。しかし、京阪奈丘陵という名は地理学上の呼称というよりむしろ、関西文化学術研究都市開発に関連して開発の対象とされた際に、府県および財界を連携させるために意図的に使われた呼称であり、この地は今なお開発による大きな変貌の途上にある。

私たちのグループは一九九〇年代以降、京阪奈丘陵の里山に着目し、研究をしてきた。京阪奈丘陵を対象としてきた理由は、その時期に大規模開発が行われていたからということもあるが、そこが豊かな生物の生息場所になっていたからにほかならない。なぜこれほどに豊かなのか。地史的な背景については別項（コラム1）で述べるが、さまざまな生息場所が組み合わさり、それを多様な生物がつなぐ景観生態学的な精巧さ・微妙さに目を奪われた。ため池や草地、森林や水田が隣り合う複雑な生息場所の構造と、人間の農業活動により創り出され、その営みの中で季節ごとに、あるいは数年単位で変化をしながらも、全体としては維持されている動的なランドスケープが広がっていた。これはナチュラルヒストリー（自然史）としてだけでなく、生態学的にも大変興味深い世界だった。台風による倒木や地滑り、洪水といった、自然の営力だけで維持されている生態系とは異なり、研究として読み解くのはなかなか難しい部分もあった。一方で水田や畑のように人間活動が圧倒的かというとそうでもない。地質構造によって山裾に小湿地ができたり、土壌条件の差によって異なった植生が成立するなど、隠された環境要因に影響された生態現象も数多い。直感的に、京阪奈の丘陵には里山の生物多様性を読み解く鍵が、いや大きく言うなら日本の生物多様性を理解するためのヒントがたくさん隠されていると感じた。生態学者にとっては非常に魅力的な研究対象として、この成果は田端[45]、伊東ほか[16]、鳥居・井鷺[56]などによりいくつかの著書や論文にまとめられた。同じ頃、愛知万博の会場候補となった海上《かいしょ》の森などを対象にした研究が広木[13]らによってなされるなど、二〇〇〇年前後の日本生態学会では里山研究が多様に展開されていた。

生態学だけではわからない里山

これらの研究は、ノスタルジーを感じさせる里山の風景の中に隠された秘密を探るようなもので、魅惑的でもある。しかし研究を進めていくうえで、その時代にまで生き残ってきた生物の経てきたプロセスに思いが至ると、私たちが見ている里山像が過去のある時代、せいぜい戦後から一九六〇年代までの時代についてのみ通用する里山像だということを意識せざるを得なくなってくる。たとえば、今日多くの人が普通に雑木林の木だと思っているクヌギは、関西圏では人工林の木なのではないか。[41] 京阪奈中部の京田辺市でも戦前に炭を焼いていたという地域があると聞くが、明治の地図をみるとほとんどアカマツの疎林だ。土壌の発達などをみても、長く安定的に炭を焼くことができたとはとても思えない。明治末以降あるいは戦中から戦後の一時的な活動ではないか。大阪側の交野《かたの》市域・四條畷《しじょうなわて》市域など生駒山にかけての地域は現在はすっかりアベマキやナラガシワの茂る景観だが、かつては薪炭林ではなく草原状の場

図２　明治～大正期と思われる四条畷神社と生駒山系。屋根筋にマツの木が単１本ずつわかるような草山が広がる。

所が多かった。[17] そのうえ、六〇年代の里山景観の代表ともいえるアカマツ林ですらマツ枯れにより失われて久しい。

各地の里山林の現在の姿が異なっている以上に、過去の里山の実態は地域・立地によっても大きく異なる（第8章参照）。人間の営みに依存する里山の生息場所の構造や維持機構は人間の営みが大きく変わるとともに姿を変えてきたはずだ。とりわけ京阪奈丘陵は荘園として古くより開かれている。薪炭も、さらには柴でさえも長く収奪されてきた歴史を抱えている。[25] これは近畿中部に古代から国家が成立し、都城がおかれ、経済的中心地であった歴史と不可分だ。これらの歴史を直視せずに、京阪奈の里山を理解することはやはり難しい。こうした認識のもとで行われた私たちの研究は、里山の変遷を検討するために、生態学者が門外漢ながら民俗や歴史について検討をしたものである。このため、史料の解釈は多くの場合、既存研究に依拠していることをご容赦いただきたい。

二　京都・大坂を支えた広大な里山はどこか

里の生活に欠くことのできない存在だからこそ「里山」とよばれる。言い換えれば利用主体である里あっての里山である。ならば、京阪奈丘陵の利用主体はどこであったのか。山を利用し、木や草を刈っていた作業者は周辺集落の住民であることは間違いない。しかし、実際にそれらを燃料や建築用材として利用していた主体となると、集落ではなく、京都や大坂（大阪の明治以前の表記）といった都市部の住民になる。集落の需要を支えるために改変された周辺の植生を里山と考えるのであれば、京都という巨大な都市を支えた京都の里山は京阪奈丘陵を含めどれくらいの範囲になるのであろう。

京都を支えた里山

後に述べるように京阪奈丘陵は実質的に京都の需要に応えるための物資供給拠点であった。もちろん京都には東山をはじめ周囲に里山を抱えているのだが、これらの地域はすでに過剰な利用を受け、早くから疎林状の景観になっていたことはよく知られている（第3章参照）。これら京都三山では巨大な都市の需要は賄いきれず、大量の森林資源が周辺部から京都に流入している。建築材の場合と薪炭および他の林産物の場合とでは事情も異なる。建築材についてでは多くの研究がなされており、本書でも山国荘《やまぐに》を事例として水野により第2章に述べられているが、ここでは薪炭という観点から考えてみたい。

　中世以前の情報は建築材に付随して散見される。この時期、すでに特に大径木の枯渇は激しく、特に大規模な寺院の造営にあたって海上運送や河川搬送によって運ばれたという事例は数多く知られている（たとえば(3)、(4)を参照）。水野が第2章に書いたように中世文書からは山国荘など北山地域から建築材が大量に京都へと筏搬送によって流入したことがよく知られる。筏は丸太を運ぶだけでなく他の物資を載せもしていたが、その積み荷は薪や柴が主であった。現在の南丹市日吉《ひよし》町・八木《やぎ》町などの中丹波地域、さらに京都市右京区北部・旧京北《けいほく》町にかけての広大な地域が大堰川《おおいがわ》（下流部は桂川）を物流経路として用い、薪炭面でも京都を支えていたのである。これらの地域には木材生産から薪炭専業へと特化した村もみられる。[30][31][32]

　中世以前の時代、京都へ送られる薪柴は荘園からの年貢であるだけではなく、すでに一部は市場での販売という形でも流通していたようだ。これは、山国地域にかぎらず、他の地域も同様だ。京都の北東側では大原女《おはらめ》による柴売り、大原薪や小野炭（雲ケ畑《くもがはた》・京北・美山方面）などがすでによく知られていた。献納品の余剰が京中で売られ、次第に商品生産に移行したといわれる。[63]京阪奈丘陵でも京田辺市薪《たきぎ》など、薪（たいまつ用松割木と推測される）供給地であった荘園が知られている。大住《おおすみ》荘が隣接する荘園との間で起こした柴の採取を発端とする相論などは有名であり、すでに領域内の薪柴を貴重な資源として争っていたことがわかる[25]（また第2章で詳述）。大堰川、宇治川など淀川水系の他の河川とともに木津川の水運も笠置《かさぎ》より下流側の地域で発達しており、各河川沿川の柴や薪炭がすでに市内に流通していたことは想像にかたくない。[43]

　では近世以降はどうだろう。豊臣秀吉による過書船制度の確立、つまり関料免除の手形を持つ大型船の運行や、角《すみの》倉了以《くらりょうい》による河川の整備などを含め、一六〜一七世紀頃までには近畿の流通網は高度に発達する。またこの頃、鋸《のこぎり》の導入によってアカマツやクリも板材や柱材などに適用可能になるなど利用樹種が拡大し、各地で炭焼きの技術も向上をみせる。そして何より市場が整備され、問屋仲間が強国になる。この結果、薪柴、炭も材木、竹同様に流入量、流入範囲ともに拡大をみせる。

　まずは薪・柴についてみる。近世以降、八瀬・大原・鞍馬・洛北からは陸路で、山国地域や亀岡方面からも大堰川を介して嵯峨方面へ大量の薪が運ばれている。その規模は藤田[6]によれば文化期（一九世紀初頭）に年間一〇万束（一束一二キログラムとして、約一二〇〇トン）、安政期（一九世紀中頃）には五〇万束（六〇〇〇トン）まで拡大していたという。さらに琵琶湖沿岸からも湖岸を結ぶ水運により多量の薪炭が流通していたことが知られ、京都へも搬送されていた。

木津川沿川地域もまた、水運の発達により薪供給地として組み込まれていた。一七世紀初頭には過書船《かしょ》が淀から笠木、和束《わづか》まで及んでいた。現在の南山城村地域からの荷出しを担う和束の浜からは、近世初期（一七三〇年代）の段階で「年中毎日百七八十駄」の薪類が搬出されたという。後にはさらに上流部の現在の三重県西北部までが京都への柴・薪の供給範囲となったという。(43)木津水運は五〇〇艘を超える淀二〇石舟、幕末には各郷合わせて二五〇艘近い地元船「六ヵ浜舟」が運用されており、うち六七艘は薪柴を京都方面へ運ぶ柴舟だったという。(43)江戸後期の絵馬には、柴を満載して京都へ運ぶ柴舟が描かれるなど、当時の物流の規模がうかがわれる。途中の各浜からも茶などと並んで多くの薪・柴が搬出され、近代になっても木津、精華、田辺などからも多くの薪柴が内陸からも最寄りの浜（積み出し拠点）まで牛や人力で運ばれたことが聞きとり調査で記録されている。(24)

一方で、軽いために運送を河川に頼らずにすむ炭の供給範囲はさらに広く、江戸期にはすでに丹波全域を含んでいたという。これらの炭は鷹峯《たかがみね》、貴船《きぶね》や嵯峨《さが》などの問屋に集められ、市中へ売られた。岸本(21)によれば、明治初期の府県別統計からは京都府の炭の生産量は全国の二四％を占めるほどに突出していた。京都は都市生活による巨大な需要地でもあり、漆工芸や染め物、織物など近世、近代の一大工業地帯でもあった。薪炭の供給は京都の生活と産業を支えるライフラインであったといえよう。さらに、炭の一部は大坂港陸揚げの土佐や日向のものが淀川経由で運ばれ、高級品として扱われていたという。

京都周辺地域の里山は、担い手は地域住民であっても、需要地は京都であった。古く中世以前にまでさかのぼる時代から、京都に売りさばくための里山経営を行っていた地域である。集落利用を目的とした自給自足の里山ではなく、京都広域経済圏とでもいうべき地域を支える里山だったのである。いくらほとんど禿山になったとはいっても、東山の社寺周辺に照葉樹林要素が残り得るような状況をつくったのは、社寺の権威による規制と禁忌だけによるのではなく、この広域化した里山による供給により、近郊社寺林への利用圧低減によるところも大きいのではないだろうか。

大坂を支えた里山

数多くの古墳群や七世紀の難波宮遷都などをみても、大坂が古代から栄えた地域であったことは疑いない。淀川と旧大和川に涵養された豊かな低湿地という立地の上に、瀬戸内の主要港として国家の表玄関であり、平安鎌倉期を通じ大坂は重要拠点であり続けた。しかし、人口が集中し、巨大都市化するのは大坂が商都として拡大する桃山期以降だろう。淀川中流域に立地して周囲に山林を抱える京都とは異なり、大坂の周囲は河内平野がとりまく。市中には上町台地などの小丘もあるが、図会《ずえ》などからみるかぎり、中世から近世にかけてすでに樹林の陰はきわめて薄い。最も近在の森林は生駒山となる。江戸期に大阪周辺、特に生駒山系や北摂の千里丘陵などの森林植生はほぼ破壊され尽くされていたことは、近世以降の多くの水害資料や、山留めなどの禁令によってよく知られているところだ。辻本・辻[59]や高原[46]の花粉ダイアグラムによれば、本格的な植生の破壊が起こったのは中世以降のようである。「摂津名所図会《せっつめいしょずえ》」などにも、疎林状になった金竜寺《きんりゅうじ》山（高槻市成合付近）などでの松茸狩りの風景などが描かれている。このような景観は周辺山地に一般的な姿であったであろう。その一方で、大坂市中に近在から柴売の子どもが来ている様子が風俗画や市中の屏風などに描かれていることから、このような柴山も自家用だけでなく商業利用にさらされていたと思われる。

しかし、京都同様に広域からの供給がなければ、さらなる商業・工業集積のある近世の都市大坂を支えることは難しい。大堰川や木津川で供給された木材、竹材などは淀川の水運によって京都を越えて大坂市場まで流通していたことが知られている。しかし、薪炭についてはほぼ京都で消費され、大阪方面への移出はかぎられたようである。淀川水運を担う過書船の中に大坂住薪炭舟が相当数みられる[23]が、実態はよくわからない。北摂山系からの供給は猪名川《いながわ》経由のものが相当量見られるが、芥川《あくたがわ》など他の水系からの供給については管見の限りでは資料を得られなかった。大坂にはこの他、後述のように大和川・石川水系の水運により南河内方面からも薪炭が供給されている。北摂の池田炭、南河内の天見《あまみ》炭、光滝《こうたき》炭、泉南の横山炭は平安期から名が知られる炭の産地である。引き続き江戸期にも名産地であり続けるが、これについては後に詳しく述べる。

しかしこれらの周辺山地を圧倒的に上回る規模で流入したのが、海上運送による大坂港から運び込まれる薪炭で

表１　大坂への薪炭の供給地[18]

国名	山城及び池田村	紀伊	播磨	備前	安芸	淡路	讃岐	阿波	土佐	伊予	豊後	日向
炭	8	178	20	7	—	—	—	18	188	43	44	132
薪	—	15	15	—	155	15	15	39	39	78	15	15

（単位：千円）

表２　1857（安政４）年の鹿児島藩の製炭とその送付先[28]

炭種	生産	送付先						残
		肥前	筑前	大坂	江戸	鹿児島	地元など	
大白炭	70,620	48,994	6,945	4,220	254	1,197	1,018	8,041
小白炭	150,473			96,882	1,920	770	6,584	44,317
小鈴炭	3,236			2,210	300		98	524
正極炭	175			10				165
丸大炭	242			10				232
計	221,510	48,994	6,945	103,332	2,474	1,967	7,700	53,279

輸送船の難破などで合計が一致しない　　単位（俵）

ある。一七一四（正徳四）年の資料によれば、大坂港に荷揚げされたの炭は実に七六万七八一四俵（一俵一五キログラムとして一万一五〇〇トン）、価格にして銀二五〇四貫相当にのぼり、池田炭が六万四八一〇貫（二四〇トン）価格にして銀七四貫がこれに加わる。薪は、掛木（目方に値段を掛けて売られる薪）が三一〇九万二三九四貫（約一一万七〇〇〇トン）、銀価格にして九一二五貫、さらに結木（束で売られる薪）は一七四八万五四六四把（一把一二キログラムと仮定して二一万トン）、銀にして一六〇五貫にのぼっている。[35] その多くは瀬戸内地域を中心とした西日本一円からの薪炭である。[54][55] 明治初頭の資料によれば、薪は伊予（愛媛）や阿波（徳島）、炭は土佐（高知）や日向（宮崎）や紀州（和歌山）から多量に流入していることがわかる[19]（表１）。なお、桃山期には讃岐（香川）、淡路周辺からの供給が主であったものが江戸期に入って拡大したという。明治期の大阪商議所資料[38]によれば薪は、ウバメガシ（おそらく掛木がこれに相当するのであろう）が最も値がよく、カシ、クヌギなどが続いたという。炭も樹種は同様であり、白炭が多かったようだ。

これらの地域は余剰の薪炭を大坂へ売ったのではなく、大坂への薪炭供給が産業として成立していた。瀬戸内各地には、大坂へと供給するための薪炭地域が点在していた（もちろんそれだけでなく、地域の鉄生産や塩田のために相当量の薪炭林もあった）。現在でも、南紀だけでなく淡路島南部や小豆島などにも密植された純林のウバメガシ林がみられるのはその名残りだろう。愛媛県西部や香川にも広いクヌギ林が見られる。これらの多くは明らかに人の手で維持され、おそらくは造林されたものだ。

この経営の様子を史料でいてみよう。たとえば、日向炭の産地であった鹿児島藩で一八五六（安政四）年に製造された炭についてみると、各種の炭合計生産量二二万俵あまりのうち、地元へはわずか七七〇〇俵、鹿児島へは二〇〇〇俵弱であるのに対し、大坂へは実に一〇万俵を超える炭が送られている(28)（表2）。つまり、日向をはじめ九州・四国各地などのウバメガシ林やクヌギ林は、地元消費の里山ではなく、大坂へ売るための炭をつくる大規模な生産の場であったのである。京都が河川沿いの地域を自らの里山として薪炭供給を依存していたのに対し、当時国内最大の港湾都市大坂は、海上輸送という低コストの流通経済をつなぎ手として、広く西日本各地を里山化していたことになる。一七世紀半ばには各藩と薪炭問屋が大坂市場での価格決定の主導権を争っており「土佐薪をめぐる紛争(61)」などの事件が知られる。大坂市場へ向けての薪産地間のかなり激しいシェア争いがあったことは明白だろう。

明治以降も、昭和初期に至るまで、大阪へ販売するための各地の薪炭生産業は規模の変化はあれ、おおむね変わらない。林野庁(40)によれば、昭和三〇年での大阪府の木炭の移入依存率は九五％以上、薪は六五～八〇％程度（ただし府内産には製材所からの端材の薪を含む）と低い。供給地側から見れば、高知県産の木炭の八九・五％、薪の七一・五％までもが大阪に出荷先をもつのであった。このように流通経済により大阪周辺山地の里山への需要圧がより遠方の地域へと分散されたという構図は近世から薪炭利用の末期に至るまで、おおむね同一だ。里山林からの局所的な過剰収奪による生態系の崩壊という事態は、供給地域の広域化という経済的な調整メカニズムにより補完されることで部分的には回避され、都市需要は満たされたともいえよう。もちろん、経済による自律調整などという簡単な話ではなく、淀川水運の整備、大坂の港湾と市場の整備という桃山～江戸時代にかけて確立されていく都市政策の成果ともいえる。さらには都市経営の要として流通体制をつくり、また流通が富を生んで集積していく近世の貨幣経済発達と無縁の話ではない。ただし、京都の例で示したように中世以

図３　1960（昭和35）年の大阪府各市町村の薪炭生産量(42)

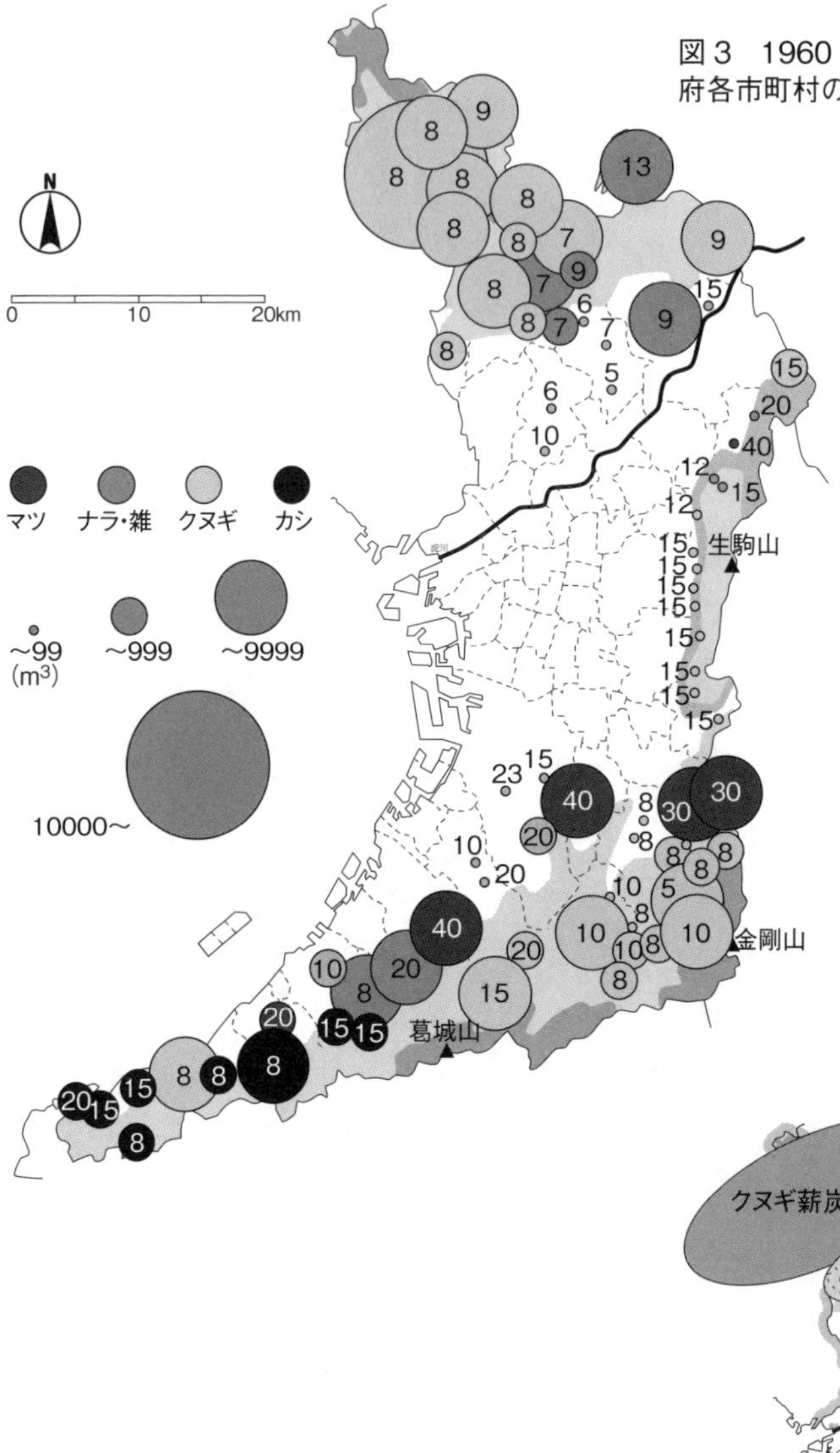

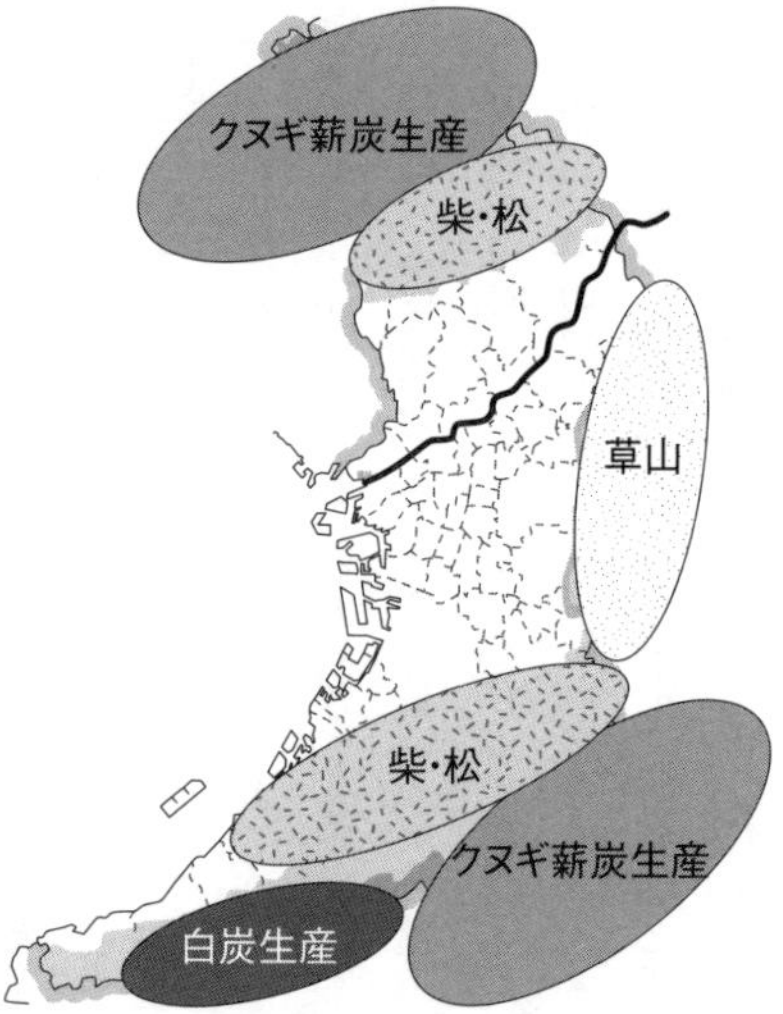

図４　大阪の里山経営概略図

前からも市場への薪炭商品供給が行われており、近畿周辺ではこれら流通経済システムの萌芽が古くからあったことは着目すべき点であろう。

大阪の里山の多様化

では、供給圧力から開放された大阪周辺の里山生態系はどうなったのだろうか。薪炭が広域から供給されるという事態は、逆に近郊の里山経営からいえば、単に薪炭を供給していたのでは激しい価格競争に巻き込まれることを意味する。それまでの利用により、過剰利用された後の状況である。資源が枯渇し、経済的に無価値な土地になったのかというとそうではない。それぞれの地域で、周辺産業との関係から、草山としての経営、棚田・畑地・竹・果樹などの生産の場としての経営、さらに付加価値の高いブランド化した薪炭の生産へと経営は分化していく。それぞれの土地利用のもと、各地に独特の里山生態系が経営されていくのだ（図3・4）。図3は一九六〇（昭和三五）年の大阪府農林統計をもとにしている。この時期は、戦後の需給混乱をほぼ抜け、さらに大阪周辺の農村部においてプロパンガスが普及する直前の時期にあたる。統計は昭和の合併前の旧市町村単位での薪炭生産量を示している。森林面積が少なく、統計のない市町村は除かれているが、主要な樹種（円の色で示す）と標準的な伐採間隔（円内の数字）、生産量（円の大きさ）が示されており、大阪の近傍での里山での薪炭生産状況がよく示されている。図4はその概略的傾向を示したものだ。ただし、クヌギ薪炭生産地域であっても、江戸期にはかなりの草山が広がっていた（後述）し、草山にも当然マツ材利用のためマツ林として維持された場所もある。図は地域全体のトレンドを示したにすぎない。

この土地利用区分の基本構成は、江戸期にほぼ確立され、明治になってその傾向が強まった後、昭和三〇年代になっても続いたものと考えている。各種の民俗的な聞きとりや史料ともよく合致する。以下図4に区分したゾーン毎にみていこう。

大阪府東部の生駒山系は極端に生産量が少ないが、これはこの地域が「草山」[25]として経営されてきたことの反映である。農業肥料用、また農耕用の牛などの飼料として、「草を削る」と表現されるほどの採草活動が生駒山系では展開されてきた。生駒山系を含む河内地方や周辺地域では入会は「野山《のさん》」とよばれ、各地に確認されている。[36] 草木を積み重ねて作った肥料である「ホトロ」はこの野山の産物である。近世・近代の肥料といえば金肥・下肥と発想しがちだが、草もまた里山が供給する自給的な肥料として旺盛な需要があり収奪され続けていたようだ。自給的な零細農業が中心でもあったことを考えれば当然でもあろう。各村への草の供給には村が権利を持つ入会山が供給源として大きな役割を果たしたが、その不足から江戸時代から近隣の村との資源争いとして山論に直結していた様子がうかがえる。[26] 茶の生産などの需要もあったのであろう。ホトロは木津川を船で運ばれる流通商品としても各地で記録されている。[24]

生駒山東側（奈良県側）および北部（京都府境域）は、山地部まで棚田が広がり、また畑地や竹林が広がる。この地域には「ヤマバタケ」「シラバタケ」などの語彙もみられ、入会地を一時的に畑利用することは日常的に行われていたようだ。入会地の畑利用に関する近世の村文書も多い。一六六六（寛文六）年に大坂町奉行が出した山川掟には新たな焼畑を作ることを禁ずる文言が盛られており、草山を焼いて、畑として利用する慣行が広がっていたことがうかがえる。[35]

北摂山地の前山にあたる千里丘陵や泉南の丘陵群もやはり薪炭は少なく、生産されている樹種も図3に示されるように五年伐期のナラなどであることから草山・柴山として利用されていたことがうかがえる。当然ながらこれらの地域で生産されていたのは薪炭だけではない。谷奥部まで棚田が入り、畑や畦、時には林地にまで換金作物が生産され、果樹や竹材が商品として生産されてきた。竹材も淀川や大和川から、大阪や堺の市場へと流送され、市場と直結していた。竹による茶器、素麺や寒天、高野豆腐や酒などの加工品など各村落でブランド化された「商品」を京都や大阪の周辺で数えあげればきりがないほどだ。こうしたブランド「商品」が生産されることと、地域の里山の経営は切り離すことができない。

一方で北摂山地や南河内ではこれら換金作物の生産とともに、高度な製炭技術にもとづく炭の計画的、かつ高付加価値での生産が行われていた。商品として高く売れるので、計画的にクヌギやナラガシワの林が維持あるいは植栽され、経済的価値を認められるがゆえに林地として経営された。しかし、それは自然林としての雑木林ではなく、スギやヒノキの造林とあまり変わることのない、クヌギの造林という姿が実態であった。池田炭の生産はまさにそうである。

脇田[63]は京都の室町期の市場構造について、全国から商品が京都に流入し始め、ようやく商品経済の浸透してきた諸国と京都という関係と、一方で商品経済の発展のとりわけ著しい畿内においてその中心都市としての京都という二つの構造があると指摘する。さらにそのことが商品生産に新しい局面をもたらし、絹製品などを例に、畿内の商品が高級品化・特産品化していく状況を描いている。京都や大阪周辺でブランド炭が成立していく過程や、生駒市高山や京都乙訓《おとくに》などで高級竹製品などが成立していく過程も、こうした域外からの薪炭や竹材が流入するなかで畿内の生産が生き残るための必然的な変化だったのではないだろうか。こうした観点から、次項に高付加価値のクヌギへとシフトする南山城の割木生産と、さらにブランド炭の代表格ともいえる池田炭について詳しくみていきたい。

三　木津川船運を基盤とした南山城地域の割木生産

クヌギ割木生産の合理性

地域での聞きとりによれば京田辺市田辺では、明治期においては社寺林も含め、アカマツ疎林にツツジなどの低木が茂る柴山であったという。これは仮製地形図などでも読みとれる、この時期南山城地域に広くみられる景観だ。現在のコナラ林やアラカシの常緑樹林は昭和三〇年代末以降、プロパンガスの普及とともに薪柴の伐採が停止され回復した後に、さらにマツ枯れによって変化し成立したものである。回復以前の貧弱な植生状況下でも、柴は売り物であり、日常の燃料は専らゴモク（落葉・落枝）であったという。しかし、この貧弱な植生の南山城地域からも大量の薪（割木《わりき》とよばれる）が産出されている。この多くがクヌギの萌芽林経営によるものである。京阪奈丘陵を含む南山城地域でも谷奥の安定した南向き斜面など、土地条件のよい場所であれば商業的なクヌギ割木の生産が行われていた。苗木は畑で栽培あるいは周辺の植木産地から購入して植栽し、計画的に伐採され、薪として販売される人工林であった。

南山城地域のクヌギは、割木（薪）として木津川沿いにある船運の港へと集積され、木津川船運によって京都（伏見）へと出荷された。炭に焼かれることはほとんどなかったようだ。明治以降も炭を焼いたのは外部の住人だけで、昭和にいたるまでこの地域での生産は「割木」であったという。[24]「割木」は炭に比べれば加工度の少ない商品であるために、粗放的な生産と考えられがちであるが、「四貫束でホウソ（コナラ）が七円のときに、クヌギであれば一〇円」

			淀川に近い	
	花崗岩		花崗岩	
田辺	天王	穂谷	津田	交野（神宮寺）
興土の山は1月15日まで入れなかった。16日朝6時に太鼓が鳴ると18日まで3日間柴を採れた		5貫束8束で2円モズエ（クヌギの枝柴、生で4貫目ほどの束、8束で1駄という）・マツバ（松の枝柴）	柴の方は特に割当てはなかった、採った者勝ち	
		マツ	ほとんどマツ（入会）	ほとんどマツ（入会）
竹問屋があった	竹屋に売る、伏見方面へ・茶筅《ちゃせん》職人		昭和50年代まで森《もり》（交野市）で売っていた（枚方市方面へ）	森ではマダケを売っていた
	3～40年前		裾の方は植えている	昭和20年以前に植えた
伐採時に苗を用意。山主は畑で30～50本の苗木を育てる			クヌギを植えた植えていない	植えていない
			昭和初期には学校林という制度があり、植林した	ヒノキやマツを植えた
○	○	○	○	○
○	○			
○	○	○	○	○
○	○	○		○

というように樹種による品質差の認識がしっかりと市場にあり、このために市場から嫌われるアベマキを切り倒し、積極的にクヌギを植林するといった植生改変が木津川沿川の南山城地域の各集落で行われている。南山城地域において、炭ではなく割木生産が盛んであったのは、水運のおかげで割木のままで市場に十分に流通しえたこと、そしてその中での品質評価を受けて割木としての商品競争力を持っていたことが大きいだろう。「乾燥しすぎず火持ちがよい」などと京都の菓子屋から評価されていたなどというエピソードは、消費地から生産地がブランドとして差異化されていた状況をうかがわせる。

聞きとり調査では「炭に焼いてもそれほど値のいい物ができるわけでなし」と、むしろ歩留まりなども含め、本格的な産地に比べて技術的な不利が大きいという冷静な経営判断で積極的に割木を選択している様子を感じた。

京田辺市天王《てんのう》や木津川市鹿背山《かせやま》などでは、販売目的の薪を生産した林分は「割木山」とよばれ、私有あるいは複数の住人で構成される「講」

表3　京阪奈各地での山林資源利用

	木津川沿岸（木津川で出荷）				
基盤	花崗岩		大阪層群		
地名	和束	鹿背山	市坂	東畑	
柴	柴は長さ6尺4貫で束にし、カサギシバとして出荷	宮山で割り当て、生なら4貫束。鹿背山束は小さく根も低かった	地上権を買って割木とともに柴を採取。カサギシバのブランドで	個人所有の山で生産	
マツ		宮山に多かった	宮山、割山には少々	わずかの村山にマツ	
マダケ	木津川の竹筏は材木筏がなくなった戦後もみられた	木津の竹屋に出した	自家用、出荷は田辺へ	高山へ出荷	
モウソウチク		奈良へ出荷。戦後に植えた	昭和40年以降		
クヌギ苗	加茂、上狛、伊賀上野、四日市から買い入れる	加茂から買って植えた			
その他植林					
コクマかき	○	○	○	○	
ホートロ（草木の堆肥化）		○	○	○	
畦のカキ	○	○	○	○	
畦のクヌギ		○		○	

＊近畿班による聞きとり調査および(24)を元に作成

の財産として維持されていた。所有者と実際に伐採して出荷する住人はしばしば異なり、所有者に利益の半分を渡す、といった決済がとられていた。

流通を基盤とした生産の体系は、景観的な構造にも影響する。集落背後の山裾にクヌギという関西の里山に多い景観構造は、果樹などと同様、換金作物を土壌条件がよく、しかも出荷しやすい場所を選んだ結果だろう。実際、炭を生産する北摂や南河内のクヌギは山道沿いの山腹や水田のすぐ後背に植えられている。水田後背の丘陵地において、確実な現金収入の手段として割木生産を確立していたことは、これらの集落の収入安定に寄与したのではないだろうか。八年に一度の収穫を小面積の林班ごとに順次伐採していくことで、毎年果樹などと同様に、いや天候に左右されにくい分、果樹以上に安定した収入を確保できていたわけである。これは現代林業にもほとんどない、安定した生産方式だろう。

里山を利用した多様な収入源確保と景観・民俗

その他の集落景観にも人為的な要素が強く影響している。木津川沿川のどの集落でもクヌギが生産できたわけではない。平野部の集落や、土壌流出の激しい砂質の丘陵しかもたない地域では、やはりクヌギの植林は難しい。これらの地域でも棚田の畦などにカキ（果物としてまた柿渋原料として）やクヌギなどの換金作物が植えられ、水田に不適な場所ではマダケやチャ、スギさらに時代が下ればモウソウチクなどと、多様な作物が追求されている。こうした要素も景観に反映されているだろう。

アカマツの割木や柴はもちろん、ときには土壁用の粘土やホトラも商品化された。立地条件や都市との距離などが異なるため商品化も多様化している。表3に示したとおり集落ごとに少しずつ山の利用法も異なり、商品として重視する対象も変わっている。それは商品化と出荷が、村落の生業としてのかかわりの中で営まれ、特定の外部資本に支配されていないことにもよるのではないか。土地の所有者と伐採・加工し出荷する人間とが異なるなかで利益を配分している様子には、吉野の杉林とは違って、都市側の強い需要が実際に資本となって生産具を所有するという支配関係は見られない（第5章参照）。伏見の問屋や笠置の木柴屋仲間など中間の流通システムはあり、これら問屋が薪生産者に貸し金をしたり、先払いをすることも多かったようだが、こうした貸し金による流通支配はしばしば村からの訴えや藩の介入によって崩れた例もあったようだ。[53] 村落側での作物の選択、土地利用などにみられるこれだけの変異幅は、各村落での試行錯誤が自立的に進められたことに起因するのではないかと考えている。

四　池田炭など里山の商品生産と流通

池田炭とは

白炭の備長炭と並んで黒炭ブランド炭の代表格ともいえる池田炭は、大阪府北部と兵庫県との境、北摂地方で生産される炭で、大阪府池田市が集散地となったことからその名がある。当地で生産される木炭の中でも、特にクヌギの切炭を指す。[8] 池田炭については、一九五〇年代以降の浜口隆による一連の研究[8][9][10]があり、野堀[33]が生産技術と用具についてまとめている。各市町史[15][20][34][57]にも記述がみられる他、最近では服部ら[11]が文献資料をまとめている。これらの先行研究を引用しつつ、まずはその概要を紹介したい。

池田炭の生産が行われているのは兵庫県（川辺郡）、大阪府（豊能《とよの》郡）の両府県にまたがり、奥川辺、奥能勢あるいは奥郷と称せられている地方であって、兵庫県側では一庫《ひとくら》、国崎、黒川、横路、（元東谷村）内馬場、阿古谷《あこたに》（元中谷村）仁部《にんべ》、槻並《つくなみ》（元六瀬村）などの部落が主で、元西谷村は面積は大きいが、生産は少ない。大阪府側では止々呂美《とどろみ》（元箕面町）吉川（元吉川村）川尻（元東能勢村）下田尻《しもたじり》（元田尻村）長谷、片山（元西能勢村）など、林業を主とし農業を副とした山村部落が生産多く、伏尾《ふしお》（池田市）は生産が古いが、面積が小さく原木が少ないのでわずかである。[9]

池田炭の生産地は、奥能勢（単に「奥郷」ともいう）および奥川辺と称する大阪府豊能郡と兵庫県川辺郡にまたがる地域である。とりわけ主産地は、妙見山（海抜高六六二メートル）の西南地域で、止々呂美（箕面市）、川尻・吉川・高山（豊能郡豊能町）、下田尻・片山・長谷・旧歌垣村（豊能郡能勢町）、一庫・国崎・黒川・横路（川西市）、内馬場・阿古谷・槻並・仁部・栃原《とちはら》（川辺郡猪名川町）などの山間集落である。伏尾（池田市）では、古くから木炭が生産されてはいたが、山林面積が少なく量的に生産高は多くない。広域にわたって生産地が広がっているが、一般に妙見山から距離が離れるにしたがって、炭質が悪くなるという。

「池田炭」という名称は前述の地域で焼かれた木炭の集散地が池田であったための呼称で、千葉県の佐倉炭と同様な命名である。

また、一定の寸法に鋸で切って使われるため「切炭」ともよばれる。さらに、その切断面が菊の花に似ているために「菊炭」とも言われ、古くから茶の湯炭として珍重されてきた。[33]

池田炭の起源は、通説としては一五七四（天正二）年とされているようだ。この年は室町幕府が滅亡した翌年、長篠の戦いの前年であり、戦国時代のただ中である。『総合年表日本の森と木と人の歴史』[29]によると、「摂津で池田窯（黒炭）が新しく開発される（この頃から都市家庭での良質な木炭需要が増すなかで、一六八三年には**備長炭**、一七九三年には**佐倉炭**の完成があり、わが国の**製炭技術**は**白炭製炭法**・**黒炭製炭法ともこの頃完成へ**向かったとされる）」（強調原文）とある。もっとも、北摂地域での製炭自体は、実際はそれよりもさらにさかのぼるようだ。浜口[10]は「池田炭は一五七四（天正二）年に摂津国能勢郡吉川村（今の大阪府豊能郡能勢町）の人中川勘兵衛が創始したというのが定説だが、当地の口碑や窯跡らしいものがあることからさらにさかのぼった中古から焼かれていたもののようで、利休が前記のようにことのほかに賞用したことがその名を全国的にした第一の要因でなかったかと思われる」と述べている。さらに野堀[33]は、岸本定吉の論考を紹介しつつ、その起源が室町時代にまでさかのぼれる可能性を指摘している。

岸本定吉「茶の湯炭産地のこのごろ」（『茶道の研究』一七三、昭和四五年、茶道之研究社所収）には、「池田炭の歴史は古く、建仁のころから、茶に用いられ、長享年間（一四八七～八八）に池田の椋橋屋次郎助から足利義政に池田炭を献上した記録があるという」と記述されているが、筆者はこの記録を確認していない。しかし、箕面市の勝尾寺領内で、鎌倉時代に粟生村（箕面市）の者が木炭を焼いており（島田竜雄『立会山史』立会山史編集委員会、昭和五三年）、また、粟生村の木炭生産は平安時代にまで遡れるので、池田周辺での木炭生産が室町時代まで遡れても何ら矛盾しない。[33]

古文書にみえる記録としては服部ほか[11]も、勝尾寺文書にある、一一八二（寿永元）年に粟生村（箕面市）で炭焼きが行われたとの記録を最初のものとしてあげており、北摂地域での製炭は鎌倉時代よりも前にまでさかのぼることができるようだ。

池田炭の文献における初見は、川西市史[20]や野堀[33]によると松江重頼《まつえしげより》編の俳諧書『毛吹草《けふきぐさ》』（一六四五（正保二）年）であるという。服部ほか[11]も『毛吹草』を、書籍にみられた最初の例としている。該当部分を『毛吹草』（新村出校閲・竹内若校定、岩波文庫）から引用すると、「一倉炭　此所ヨリ池田ノ市ニ出テ賣ナリ　故ニ是ヲ池田炭共云」とある。そして『毛吹草』以後、『東海道名所記』（一六五六（明暦二）年）・『雍州府志《ようしゅうふし》』（一六八六（貞享三）年）・『大和本草《やまとほんぞう》』（一七〇八～〇九（宝永五～六）年）・『和漢三才図会《わかんさんさいずえ》』（一七一五（正徳五）年）・『摂津名所図会』（一七九八（寛政一〇）年）・『本草綱目啓蒙《ほんぞうこうもくけいもう》』（一八〇三（享和三）年）などから『重修本草綱目啓蒙』（一八四四（弘化元）年）に至るまで二九の書籍に池田炭が記載されているという。[11]

池田炭とクヌギ

池田炭の炭材となるのはクヌギである。その苗木はかつては自家栽培で育てられていたが、次第に外部から供給されるようになっていたという。野堀[33]は、「古くは、クヌギの苗木は自家栽培を行う場合が多かったが、近世における細河（池田市）、山本・長尾（宝塚市）などの植木生産地の成立の影響を受けて、漸次、これらの地から苗木の供給を受けて植栽することが多くなった。箕面市止々呂美では、昭和の初めごろまでは、自家栽培する家があった」と述べている。近年の聞きとり調査においても、兵庫県川西市黒川集落の生産者から、明治の頃は山本から買っていたとの証言が得られている。今日でも造園業の町として知られている宝塚市山本地区は、江戸期までは山林苗も大規模に扱っており[47,59]、クヌギやカシを扱っていた記述もみられるが、現在では山林苗を扱う業者は不在で、今のところ筆者らは過去の流通実態を十分に掘り起こしできていない。とはいえ、最近の遺伝学的研究からも、日本のクヌギの遺伝的多様性は低く、集団間の遺伝的距離に地理的傾向が認められないことから、種子や苗木が過去に盛んに人為的に移動されていたことが示唆されている[7,14,44]。

明治期に入り、クヌギの栽培は田中長嶺《たなかながね》らの努力により全国普及が図られる。田中は、菊炭製炭の手引書である『炭焼手引草《すみやきてびきぐさ》』[51]や、日本初のシイタケの菌糸接種による人工栽培手引書『香蕈培養図解《こうじんばいようずかい》』[50]でもクヌギに触れており、『散木利用編第二巻』[52]では、クヌギの紹介から苗木の作り方、植えつけ、管理について詳しく述べている。ちなみに江戸末期の多くの農書とともに、田中による著作は各地に大きな影響を与えるとともに、田中、およびそこで学んだ講師により、普及講習が各地で明治末頃に積極的に開催されている。この時期にクヌギの植えつけが各地にいちだんと拡大した可能性が高い。クヌギの生産地域は北摂など一部に限定されていた一六世紀、良質な薪炭を市場が求めた江戸後期、そして明治末の技術一般化、という三段階で拡大していたのではないかと考えている。[40]北摂においても、大正期に盛んに造林されたとの記録があり[57]、田中の活躍した三河地方では、明治二七年に『櫟《くぬぎ》の栽培』[5]というクヌギ植林の手引書が発行されている。関東地方でも多摩丘陵にて、明治三四、三五年以降、クヌギを原木とした黒炭が「桜（佐倉）炭」の名で通るようになっていたという。[49]これは同じく関東における古くからの江戸近傍の良質茶炭である千葉の佐倉炭[12]にあやかったものだろう。

原木となるクヌギ萌芽林の伐採周期は七、八～一〇年の範囲である。[11,62]これは筆者らが猪名川町のクヌギ萌芽林で確認したところでも同様であった（後述）。この伐採周期は他の地域の一般的な萌芽林と比較するとかなり短く、[15] この地域の萌芽林の特徴のひとつである。

北摂のクヌギ萌芽林と言えば、台場クヌギがよく知られている。その起源は定かではないが、幕末に大蔵永常が著した農書『広益国産考』にも台場クヌギの記述がある。[1] 日本農書全集に収められた『広益国産考』（飯沼二郎校注）からその部分を引用する。

此くぬぎの木といへるハ野山に生立て元の廻り一トかゝへ又一トかゝへ半もありて、壱丈ほどの上より数百本枝出たり。此枝といへるハ元株より出たるハ廻り五寸より壱尺位になりたるを、冬に伐はらひ、炭に焼出すに池田炭とて世間茶の湯ニ用ふる也。

ただし、すべてのクヌギが台場クヌギとして仕立てられているわけではない。実際には根本から伐られているものも多い。

これら炭材の伐採は「ダイギリ（台切り）」とか「ネキリ（根切り）」といって、できるだけ根本から鋸（テマガリノコ）で、今はチェーンソーを使って切る。二回目以降は、根本の株から萌芽したヒコバエ（蘖）を切るため、ヒコバエ法と呼ぶ人もいる。このダイギリに対して、幹の途中から伐採する方法もあり、これを「チュウギリ（中切り）」といっている。古くは、このチュウギリを行なっていたらしく、地上から高さ一メートルほどまでが非常に太くなったクヌギの木を、山の中でみることができる。（中略）

このように炭をダイギリ（引用者注「チュウギリ」の誤りか）する理由として、止々呂美ではクヌギの新芽を鹿に食べられないようにするためであるという。[31]

台場クヌギとして仕立てた場合、風や虫害などにより、再生してきた萌芽が台木からとれやすくなるという問題がある。[54] 京阪奈丘陵においても根切りが好まれる地域があった。

天王では山を買ったら、細い木も柴になるので皆切ってしまった。ただ山城町神童子村辺りでは雑木を皆伐するとシシ（猪）が出て木の芽を全部食べてしまうので、一つの株に一本のこしておくとか、択伐するようにしていたという。この辺りでは雑木を根切りするのが一般的であったが、それでも一度伐採して七～八年から十年もすれば次の伐採期を迎えた。根切りにはノコギリだけでなくヨキで根から伐る人もあったが、いずれにせよあまり低く伐ると芽だちが悪くなった。しかし日当たりのよく土質のよいところでは根切りしても芽が出たという。根切りすると芽が三本くらいしか出なかったので木がよく太ったのである。逆に上切りすると株が太くなりすぎてまるで牛が寝ているようになったうえ、芽が五本も七本も出て太くならなかったため、上切りするソウマシ（引用者注、杣、木材生産者）は素人とされた。[25]

一方、台場クヌギに仕立てる理由としては、上記のシカ対策の他、萌芽枝の良好な成長、萌芽枝の管理、土地の境界の印、道沿いの空間の有効利用などがあるとされる。[1][11] 米田[59]によると、萌芽枝がおそくまで間引かれることなく成長するので、柴用に利用していたとのことである。いくつかの背景が複合的に作用してこのような仕立て方に合理性が生まれたのではないだろうか。

池田炭の流通についてもみておこう。前述のとおり、「池田炭」の名は、現在の大阪府池田市がその集散地となったところから名づけられたものである。池田は木炭のみならず北摂の産物の集散地として栄えていた。

池田は地理上大阪府豊能郡、兵庫県川辺郡等の、現地の産物を大消費地京阪神その他諸国に出すのに絶好な中継地の位置を占めるため古くから種々の産物の市が立ち大変な賑わいを呈する町であった（中略）。

奥地の柴・薪・炭等は夫々の方法で池田の市に運ばれたが、そのさまは人倫訓蒙図彙（三の巻）にあるように人の頭肩、馬の背等に載せて市に持ってきた（中略）。

木炭類の市は特定の場所（西本町、薪町）に設けられた。此処の炭商人は、特権を持つ株組織の仲間であって、他処での炭の売買を禁じ或は「出買」と称し途中の他の場所で買留め、市を立て利益を得るような行為が出来ない制度を作って、独占的に中間利潤を得て生活していたもので、相当な勢力を持っていた。[8]

池田の炭問屋が生産された炭を安く買いたたいたため、生産地の村々はこれに対抗し、文政年間には、独自に定めた仲次人を介して大坂の商人に炭を出荷するようになった。この背景には生産者側が力をつけてきたことが指摘されている。[20][57] ただし生産地の村々も一枚岩ではなく、また池田炭問屋からの巻き返しもあって、しばらくごたごたが続いたが、幕末期に向け、自由売買とされるようになっていった。[8][19]

池田炭生産クヌギ林の状況

クヌギ林・薪炭林の面積と炭の生産はどうだったのだろうか。服部ほか[11]が、延宝年間（一六七〇年代）の延宝検地帳から、猪名川上流域の植生（「草山」「クヌギ山」といった単位で記録されている）を集計したところ、クヌギを含む植生の合計は三二五二ヘクタールのうち四二一ヘクタール、率にしておよそ一三％であった。なお、最も広かったのは草山で一二七六ヘクタール、ついで柴山の一一五八ヘクタールであった。また、浜口[9]が、池田炭生産地域の当時（一八五〇年代）の森林現況をまとめたところによれば、薪炭林面積は一万二四二三町歩（一万二三二〇ヘクタール）で民有林面積三万一五九二町歩（三万一三三〇ヘクタール）のおよそ四〇％を占めていた。草山や柴山が薪炭林に転換されたのではないかと思われ、前述の明治末からのクヌギ植栽の拡大とも矛盾しない。同じく浜口[9]から、所有形態についてみると、一町歩未満の小森林所有者が多く、人数比で五〇・七％を占めていた（面積比では四・九％）。また、薪炭林の蓄積量は四二万五一四石（約一一万七〇〇〇立方メートル）であった。この蓄積量はヘクタールあたりに換算すると、およそ九・五立方メートル／ヘクタールとなる。三〇年生のスギ林ではおおよそ三〇〇〜四〇〇立方メートル／ヘクタール程度の幹材積があるので[2]、森林の蓄積量としてはかなり小さい値である。短伐期の萌芽林であるので小さいのは当然ではあるが、後述のように現在クヌギ萌芽林（六年生）の値と比較してもこの値はかなり小さいものである。

池田炭は現在も生産されているが、その量はかつてと比較すると激減している。最近の池田炭の生産量は[*1]、一九九九年には大阪府で二〇トン、兵庫県で五二トンとなり、二〇〇二年には大阪府で九トン、兵庫県でも三八トンにまで減少した。二〇〇三年には兵庫県で五四トンに回復したが、大阪府ではさらに減少し四トンにまでなっている。浜口が一九五六年四月に製炭事業者に調査を行ったところでも、当時から高齢化が進展しつつあったことがうかがえる。

これによると製炭者は兼業はほとんど全部と言って

図5　猪名川町のクヌギ萌芽林

よいほどで、薪炭林を所有している者も面積が小さいので買山により製炭を続けている状態である。従事者は若い者もいるが多くは四〇代から六〇代の年輩の者で、従って経験年数も長く三〇〜四〇年の者が多く、若い世代の者には、作業が原始的な割に重労働である上に熟練もある程度必要とするし、他の社会経済上の事情も手伝って嫌われる傾向にあるようだ。[9]

二〇〇四年の時点では池田炭の生産者は六名、そのほとんどが七〇歳代後半という状況になっていた。このため、同年一〇月に「池田炭づくり支援協議会」が設立され、池田炭の復興をはかることとなり、さらに二〇〇六年四月には、NPO法人池田炭振興協会が設立され、収益事業を含む諸活動を推進することとなった。[39] このような取り組みにより、ボランティア参加により技術の伝承や普及活動が行われている。

現代の池田炭生産林

さて、筆者らは最近、兵庫県猪名川《いながわ》町にある池田炭の

＊1　池田炭づくり支援協議会のウェブページ（http://goodlife-selection.jp/ikeda-sumi/seisanchi.html）の記述による。

原木を生産するクヌギ萌芽林（図５）を調査する機会を得た。(16) ここからはその結果を紹介することとしたい。

二〇〇六年春に猪名川町内馬場地区のクヌギ萌芽林に調査地を設定した。翌二〇〇七年には、ちょうど伐採が行われた林分があったため、そこも調査地に追加した。結局、①伐採当年、②伐採後二年目、③伐採後六年目の林齢の異なる林分において調査を行うことができた。調査地内の胸高（一・三メートル）以上の高さのすべての木の種類と株の数・シュートの数を記録し、胸高直径・樹高を測定した。その結果、まずクヌギの株の数については、①で九株／一〇平方メートル、②で一一株／一〇平方メートル、③で九・五株／一〇平方メートルと、ほぼ同様の数となっていた。

一方、萌芽幹の本数は、①で九七・五本／一〇平方メートル、②で一五三・五本／一〇平方メートル、③で二二一・五本／一〇平方メートルであった。①の伐採当年の本数が②よりも少ないが、萌芽幹のほとんどは伐採当年に発生すると考えられるので、これは林分間のばらつきによるものであろうと推測される。以上から株あたりの萌芽幹（胸高未満含む）の本数を求めると、①で一〇・八本／株、②で一四・〇本／株、③で二・四本／株となる。また、各林分のクヌギの最大樹高は①で三・〇メートル、②で四・四メートル、③では一一・二メートルであった。同じ場所にあったコナラなどと比較しても明らかに成長が速いことがみてとれた。ちなみに、クヌギ以外に炭材として利用されている樹種はこの萌芽林では上記のコナラの他、ナラガシワやクリがあった。

続いて、③の六年生の萌芽林について、毎木調査の結果から樹高と胸高直径（高さ一・二メートルでの直径）の測定値を利用し、高瀬(48)の関係式を使用して各クヌギ萌芽幹の材積を求めた。なお、高瀬(48)では胸高を一・二メートルとしていたので、比例配分により高さ一・二メートルでの直径を推定してから関係式を適用した。各萌芽幹の材積の推定値を合計し、この林分のヘクタールあたりの蓄積量に換算すると、その値は三三・二立方メートル／ヘクタールと推定された。この値は高瀬(48)の愛媛県のクヌギ林と比較すると六年生林分の最も幹材積の大きいものに相当する。さらにこの林分では二年後（八年生）にも再度測定を行った。その結果、ヘクタールあたりのクヌギの幹材積蓄積量は四三・七立方メートル／ヘクタールとなっていることがわかった。この値は、六年生のときとは逆に、高瀬(48)の愛媛県のクヌギ林の八年生のものと比較すると小さい部類に相当した。

ここで得られた幹材積蓄積量を過去の値と比較してみると、前述の浜口(9)から求められた当時のヘクタールあたりの蓄積量九・五立方メートル／ヘクタールと比較しておよそ三〜四倍となっている。つまり、現状の六〜八年生の林分と比べて、かつての地域全体での面積あたり蓄積量は三分の一〜四分の一ほどだったということになり、林齢の構成を考慮に入れても、かつての蓄積量の方が少なかったと推定される。その理由としては、現在よりも利用が激しかった、下草や落葉の持ち去りがあったために土地がやせていたなどといった理由が考えられるが、実際のところは証拠に欠けるため、不明といわざるを得ないところである。かつての萌芽林施業の持続可能性について議論するには、こうした情報を集めることも必要であろう。

台場クヌギと南山城割木生産の相違点

南山城の割木生産と北摂の池田炭生産は同じクヌギの人工林施業であり、しかも同様に七〜一〇年といった非常に短いサイクルでの伐採期間をもつ。また萌芽幹の切り口の処理など技術的にも似たところが多い。しかし、前述した萌芽の維持の仕方だけでなく、他にもいくつか違いをあげることができる。ひとつは、立地の問題だ。炭生産は、炭窯の立地場所を確保さえできれば、日照や土壌条件が許すかぎり、比較的山の上部であっても利用できたのに対し、割木山は川への搬出などに制限され、比較的標高の低い丘陵部にかぎられていた（なかにはウシの背で最寄の川の船着場まで搬出した地域もあったが、輸送コストは収支に直結しただろう）。さらに、一回の伐採面積も異なる。これは制限要因が異なるためだろう。北摂では明治以前では炭窯の大きさに制限され、一反程度と比較的小規模であったのに対し、炭を焼く必要がない南山城は一組の作業チームの仕事量に制限され、五反（およそ五〇アール、五〇〇〇平方メートル）程度であったことがあげられる。これは、この地域での割木山の基本ユニットを示す。生態学的には定期的に伐採され、若い林へと更新するギャップの面積と置き換えることができるが、台風などによる倒木ギャップに比べると相当大きな攪乱単位といえる。二つの地域の間の攪乱単位の大きさがどのように生態学的な差となっているのかはっきりとはわからない。しかし、一回一〜五反を八年に一度という周期はコラム1に示したような草地性の生き物を考えるうえで、一つの参考指標となる攪乱単位と頻度になるだろう。北摂でも明治以降には窯が大型化し、南山城他の割木生産地域でも、技術の近代化によって伐採面積は拡大していっていたようだ。また、二つの地域では栽培の歴史も異なるのかもしれない。南山城地域には北摂のような大きな萌芽株が存在しないためだ。しかし、これは前述の根切りなど株の維持に関する栽培管理の違いによるものかもしれない。「講」など江戸期の制度と結びついていること、木柴の流通などから見ても案外に古い歴史を持つ可能性も残る。筆者の印象としては、農業と山の利用が複合した多角的な経営としてしっかりと村の体系の中に位置づけられている様子から、両者ともにクヌギ栽培の先進地として古くから確立しているのではないかと考えている。

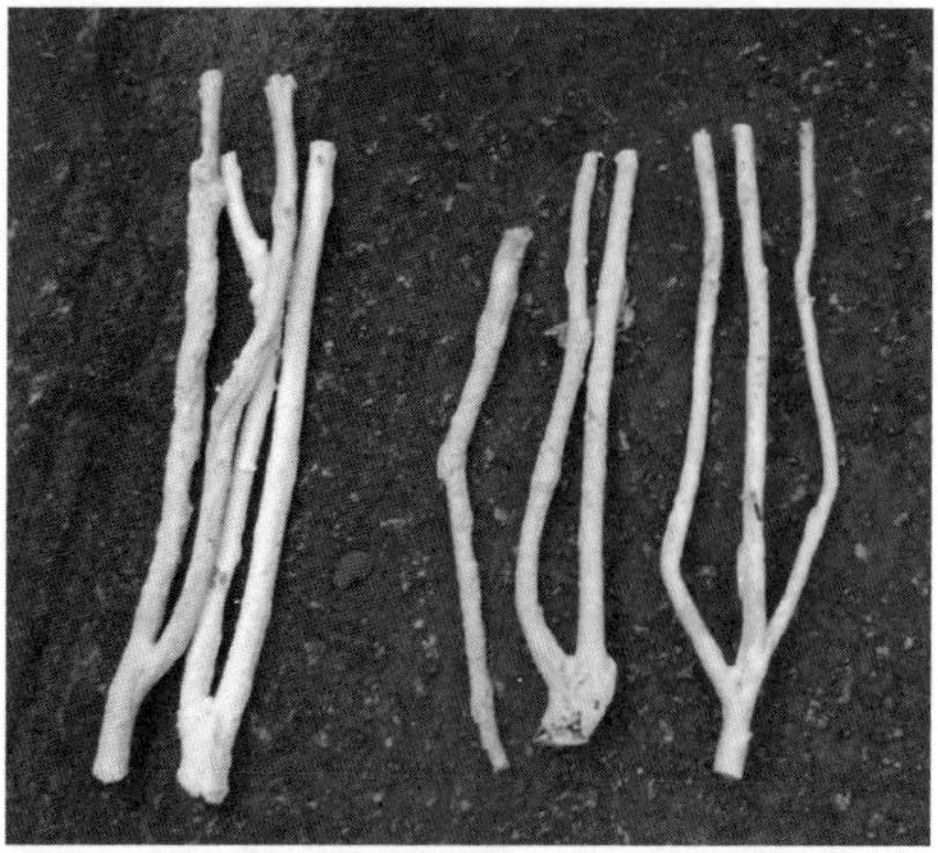

図6　河内長野市天見で作られていた枝炭
アラカシ、またはクヌギの枝で作られた白炭に漆喰を施したもの。茶室で菊炭の上に載せて熱して使う。炉の異なる夏と冬では、用いる枝炭も太さなどが異なる。

天《あま》見《み》炭《ずみ》——もう一つのブランド炭

北摂の他、河内長野市の天見や光滝、和泉市横山もまた古くから知られる炭の産地であった。[12] この地域では菊炭以外に、白炭も生産していたが、天見などでは京都・大阪・堺という市場を抱えた立地を生かし、やはり高い付加価値をもつ炭を生産していた。それが、飾炭として使われる枝炭だ（図6）。

この枝炭は一六世紀以降の茶道の興隆にともなって市場を拡大し、堺や京都からの需要があったという。この地域では、少なくとも明治以降上質の菊炭が生産され、七～八年伐期という北摂同様に早いサイクルのクヌギ萌芽生産が行われており、これらも市中へと高い価格で出荷されていたが、枝炭はこれらと比較にならないほど高価な商品として出荷された。天見炭、光滝炭など、地域名を冠した特殊商品、ブランド化商品として地位を確立している。聞きとり調査によれば、中間の仲買を通さず、直接間道などを伝って、山中で京都の商人と受け渡しが行われたといい、集落内の多くの家がこの枝炭で財を成したといわれる。炭の製法などについては近畿大学文芸学部[22]による詳細な調査がある。特殊な産品ではあるが、市場に直結し高品質とブランド化で高い利益を生んだ京都大阪周辺の林産物を象徴する事例といえよう。このような構図は、基本的に野菜などの商業的農業と同様である。特殊化した商品、高品質化した商品でブランド化をはかり、競争力を高めているものだ。

おわりに

鳥羽[55][56]は、大坂は林産物においても交易の全国的中枢であったことを示し、四国産の木材が大坂を経由して中国地方へ、大坂に集まった炭も一部は江戸へと移送されたことを示している。さらに苗木の交易についても触れている。実際、一七一四（正徳四）年に大坂から移出された植木の額は銀三五貫にのぼっていた。クヌギの拡大にもこうした「上方苗」の流通が大きく影響しているのかもしれない。大阪市内の植木流通拠点や前述の宝塚市山本など、周辺にも古くからの苗木生産で知られる地域がある。苗木需要はクヌギばかりではなく、実際淀川水系をはじめとして、江戸後期から明治にかけて大規模な砂防目的の植林が各地で行われ、大量のマツ・カシ・ナラなどの苗木が用いられている。これらの苗木がどのように確保されていたのか。クヌギという商用樹種が特殊なのか、それとも現在私たちが抱いている自然植生としての里山林が私たちの予想以上に人工的なものととらえ直す必要があるのか。山林苗については今後の研究が必要な部分だろう。

近畿の農村史をひも解くと中世にはすでに商業的農業が主流となり、営農行為の質的な変化があちこちで指摘されている。これらは、油や綿にとどまらず、野菜や果樹に及ぶ。ここに示したように、近畿の里山経営は、これもまた商業的な営農行為の延長としてとらえたほうがよほど理解しやすいものだといえる。森山[26]は、商業的農業の発展にともない、肥料の不足から採草地や薪炭林の割山が進むことを指摘している。「旧幕時代から…（中略）…金肥を用いて商業的農業の展開を示した一部の先進地帯を除き」明治維新によりその状態となったとしているが、まさに畿内はその先進地域であった。同時に森山は薪炭林の旧藩時代からの商品化やクヌギ立木の私有化について宮崎や大分の事例を紹介しているが、こうした事例は少なくなかったのであろう。

商品としての果物、タケノコらとクヌギ割木との違いは、生産・経営する市場でいえば扱う仲買の違いでしかない。経営者からすれば、その土地での生産に適し、販路が確保できる作物の確立こそが大切であったろう。多くの果樹やマツタケ、葦簀《よしず》、藺草《いぐさ》や萱などにはじまり、タケ、スギ、ヒノキ、さらには石、壁土に至るまで里山周辺の生産物で江戸期を通じて盛んにブランド化が進む。さらに、高野豆腐や寒天などの加工食品や陶器が集落で作られるようになれば、薪や炭は、そうした産業用途の需要を得て生産されるようになる。里山の利用体系は、都市の需要を中心に住民によって計画され、需要や社会構造の変化により、つまりは都市の変化とともに揺さぶられる。この経営は河川などの物流により、早くから物理的には遠い近畿各地の山村へも浸透し、近世の大坂市場の拡大とともに、広く西日本・瀬戸内一帯へと拡大していくことになる。

競争力をもち、安定した生産体系が確立されていたクヌギやタケを最たるものとして、南山城地域をはじめとする京阪神地域においては、里山林にはあらゆる土地利用に市場の需要や流通機構の影を感じるのである。この地域において、里山の景観構造は自然のプロセスのみの産物と解することは難しく、まさに文化的景観ではないかと考えさせられるところである。

今私たちが目にしているもの、あるいは過去の里山の姿を読み解くには、その変遷を知る必要がある。人間による利用の変化と対比しながら、どのように環境が変化してきたのかを知ることが不可欠だ。なぜ里山がそのような環境になったのか、なぜそのような植生管理がなされているのかという背景には、人間がかかわっている以上必ず何らかの動機がある。経済的動機は社寺林の宗教的禁忌や幕府の権威による山留めが伐採を禁ずるのと同様か、それ以上に無視できない。本章ではそれら禁忌や権威と経済的動機の衝突については十分に言及できていないが、これらがぶつかり合っていた歴史資料には事欠かないだろう。また植林や森林管理は、経営目的以外には防災的観点が大きかったはずだ。本章は商業的農業の影響下にある里山利用の側面に特に注目したため、それらについては十分に扱えなかった。

経済的動機の重要性は、過去同様に、現在でも重要で無視できない要素だ。集落住人や都市住民があらためて環境管理のために里山経営をしようという場合に、困難ではあっても経済的に合理性のある里山施業を検討すべきだ。こうした発想は、里山の生物相の成り立ちや特性を理解するため、さらには将来の里山管理を考えるヒントを得るためにも役に立つはずだと信じて本章を閉じたい。

第5章　奈良県吉野地方における林業と木地屋

森本仙介

はじめに――吉野の林業と林産加工――

奈良県南部の吉野地方における林業は、吉野川（紀ノ川の上流）流域、北山川（熊野川の上流）流域、十津川（熊野川の上流）流域に区別される。「吉野林業」という場合、広義には以上のすべてを含む吉野郡一帯の林業を意味することもあるが、狭義には吉野川流域におけるスギ、ヒノキの先進的民有林業を指すことが一般的である。すなわち、奈良県の中央部を東西に流れる吉野川の上流域である川上村、東吉野村、黒滝村の三村で構成されている地域である。

これらの地域は従来の天然林の利用から、スギ、ヒノキを植林して育て、伐採した材木を筏《いかだ》に組んで吉野川へ流す育成林業に早くから移行した地域でもある。最大の木材消費地である大坂市場に近く、吉野川（紀ノ川）の水運によって和歌山を経由して、幕藩制中央市場のひとつである大坂への輸送が発達したことが、材木、林産物の商品化を進展させ、育成林業の発展を促した要因でもあった。間伐材を消費する市場を有したことも、吉野地方の特色であり、これによって集約的な育成林業が可能となった。

吉野の材木が多量に搬出されるようになったのは、天正年間、豊臣秀吉が当地を領有し、大坂城や伏見城をはじめ、畿内の城郭建築その他、神社仏閣の普請用材に需要が増した頃からといわれている。しかし、本格的にスギやヒノキの造林が進展するのは、伊丹や灘の酒造業の発展により酒樽材である樽丸《たるまる》がその主たる生産目標となった近世中期の元禄期（一六八八～一七〇三年）以降である。

一町（一〇〇メートル四方）に一万本〜一万三〇〇〇本という極端な密植と短期間の間伐（三〇年で八割近くを間伐する）を繰り返し、八〇〜一二〇〇年生の長伐期とするところに吉野林業の特徴がある。特に植林の密度を高くすることで若い時期に木があまり成長せず、年輪幅が広くならない。これは樽丸材に最適な年輪幅が狭く、均一なスギ材が尊重されたためであり、商品価値の高い優良材を得るために、密植・紐打ち・除伐・枝打ち・間伐・皆伐を経て筏流・造材へといたる独特の林業技術体系が生み出された。

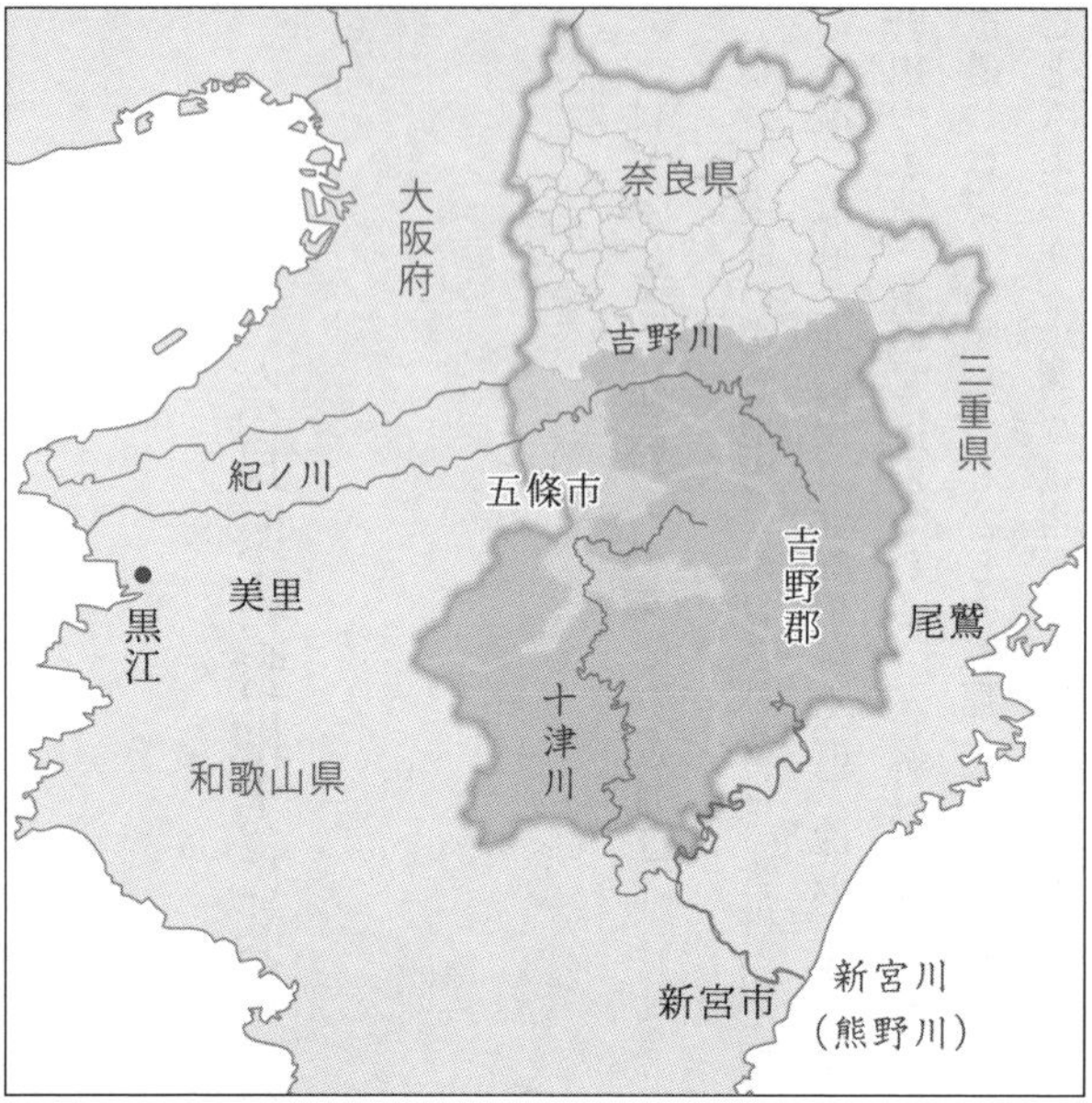

図１　吉野地方の位置

一九世紀には立木や山林の所有権の村外者（主に県平野部の豪農層）への移譲が進んだが（借地林業）、元の所有者は山守となって、自らが売り渡した山を実質的に管理することとなる（山守制度）。山守は、山主から伐採時の収益の一部を受け取るとともに、自分が管理する山を山主から優先的に買い取る権利を有していた。多くの村人は林業労働者として山守などに雇われることになる。

吉野林業が発達し、早くから木材の商品化が進んだ川上村を中心とする吉野川上流域の吉野地方東部に対し、吉野地方西部は十津川流域の深い谷に遮られたために皆伐による集中的な出材が難しく、木材の商品化が遅れた地域である。そのため、ここでは東部とは異なり、天然林を含めた近世以来の多様な山林利用が遅くまでみられた。

東部の黒滝村、川上村、天川村の樽丸（スギ）、下市町の割箸（スギ）や漆器・折敷・三宝（ヒノキ）などは、吉野林業が生み出す優良なスギやヒノキを材料にしたものであるのに対し、西部では西吉野村の漆、野迫川村中南部の丸箸（ミズキ・モミ）、野迫川村北部の経木（アカマツ）、十津川村や天川村北東部の曲物（ヒノキ・アスナロ）、天川村西部の平杓子（ミズメ）、大塔村東部の坪杓子（クリ）、十津川村の薬籠（ケヤキ）など、広葉樹を主体とした天然林の樹木を利用した林産物の生産が、昭和三〇年頃まで継続していた。[*1]

本章では、木地屋《きじや》と総称される人々の中から、その代表的な職人である轆轤師《ろくろし》と杓子屋《しゃくしや》を取り上げる。近世から近代にかけての吉野地方における彼らの生産活動の動向を追跡することで、明治期以降における木地屋による天然林と人工林の利用形態を分析してみたいと思う。

一　木地屋と吉野の杓子屋集落

椀や杓子のような木工製品を作る職人は木地屋とよばれる。近代以前、彼らは材料の木を求めて、数年から数十年単位で奥深い山中を点々と移住した。彼らは定住地をもたず、里人との接触もほとんどなかった。そのため江戸時代に入ると、山間に散在する木地屋を組織的に把握し、統制する「氏子狩《うじこがり》」（氏子駈）とよばれる制度があらわれる。その中心となったのが、近江愛智郡小椋庄《おぐらのしょう》を本拠地とする蛭谷と君ヶ畑で、お互いに勢力を競いつつ木地屋の全国支配を拡大していった。両支配所は、通行や伐採の自由、諸役免除といった木地屋の特権を保護するため、木地屋の由緒書である惟喬親王《これたかしんのう》縁起をはじめ、天皇の綸旨、為政者の免許状の写しなどを下付し、氏子狩料や初穂料・奉加金などを集めて、諸国の木地屋を訪ね巡り歩いた。この廻国の記録が「氏子駈帳」「氏子狩帳」である。[*2]

豊富な森林資源を有する吉野山地も、古くより轆轤師や杓子屋のような木地屋が活躍した場所であり、近江からの氏子狩でも多くの記録が残されている。さらに近代では日本最大の杓子山地を形成していた。

＊1　概要については須藤護「吉野の木霊」『あるく みる きく』二一〇（日本観光文化研究所、一九八四年）を参照。なお、平成一七年より大塔村・西吉野村は五條市に合併したが、本章では合併前の町村名で統一する。

＊2　蛭谷の「氏子駈帳」は、正保四年（一六四七）から明治六年（一八九三）までの記録三四冊、君ヶ畑の「氏子狩帳」は、元禄七年（一六九四）から明治六年（一八七三）までの記録五三冊が現存する。

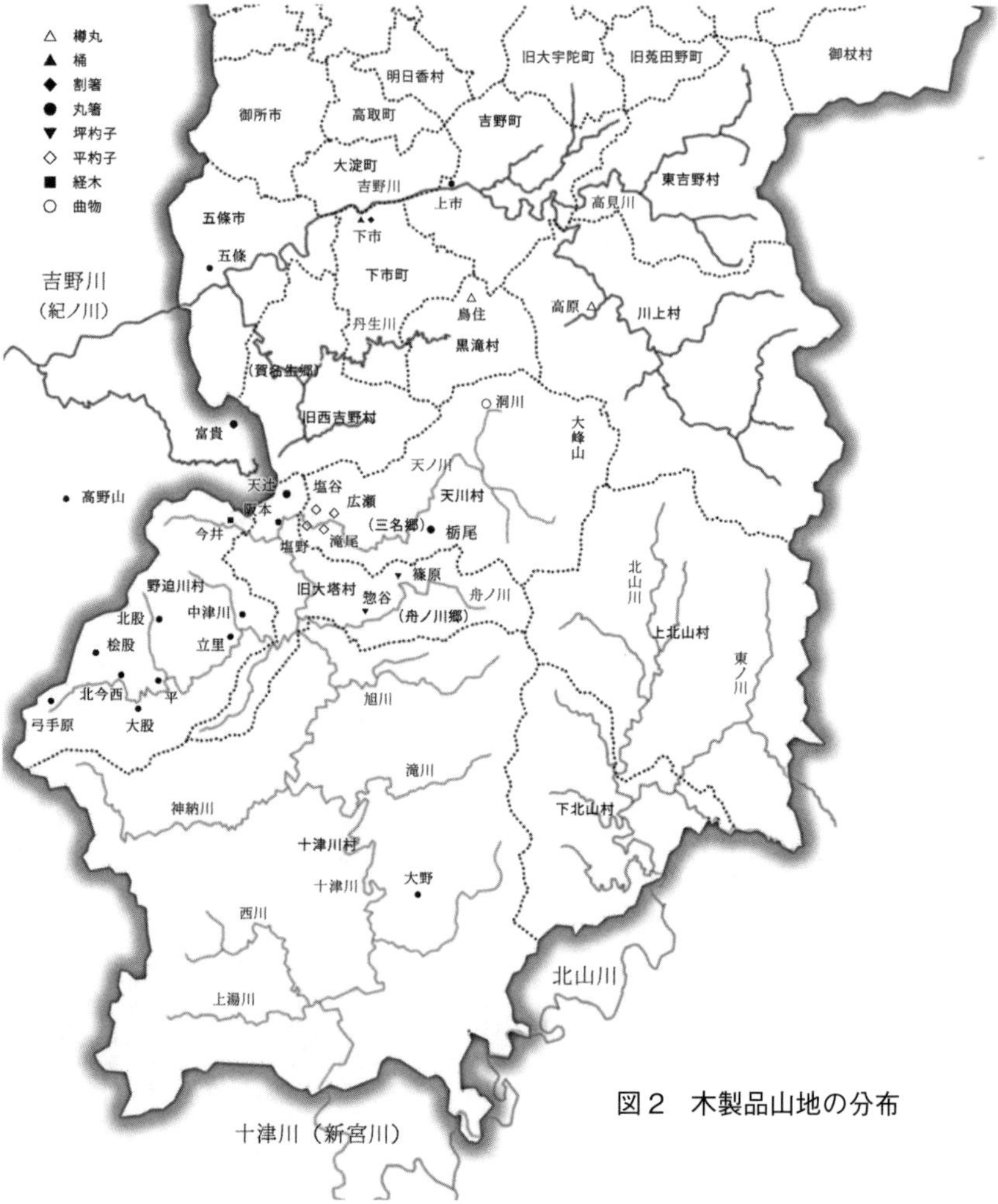

図２　木製品山地の分布

『明治七年府県物産表』（一八七五年）によれば、奈良県における杓子の年間生産は三九〇万二〇〇〇本で、二位の広島県の二四万三九一八本、三位の富山県（新川）の二三万八〇〇〇本をはるかに超えて、生産量日本一を誇っている。その内訳は平杓子三八三万本、坪杓子七万二〇〇〇本である。この統計数値には信憑性が乏しいが、全国的にみて奈良県が圧倒的な生産量を誇っていたことは、ほぼ間違いないであろう。大正六年刊の『吉野郡名勝写真帖』（一九一七年）に記載された吉野郡の杓子生産は二二一八万三〇〇〇本であり、大正一四年度の「吉野木材三郷同業組合産出材」（一九二六年）でも、平杓子が二五三万四四〇〇本（一四〇八丸を一丸一八〇〇本換算の場合）、坪杓子が一七万六四〇〇本（四四一丸を一丸四〇〇本換算の場合）となっており、大正期を通じて、あいかわらず高い生産量を誇っている。

上記「吉野木材三郷同業組合産出材」の「三郷」とは天《てん》川《かわ》郷・三名郷・舟ノ川郷のことである。奈良県の杓子のほとんどは、大塔村旧舟ノ川郷の篠原《しのはら》・惣谷《そうたに》（現在の五條市大塔町篠原・惣谷）、そして山を北に一つ隔てた別の谷筋である天川村旧三名郷西部の、塩野・塩谷・滝尾・広瀬といった吉野北方西部の村々で製造されたものであった。

急斜面にしがみつくように家々が建つこれらの村々では、雑穀をはじめとした畑作を中心に自給的な農業をしながら、換金のための杓子作りを生業としており、舟ノ川郷は粥や汁物をすくう坪杓子（汁杓子）、三名郷は御飯をよそう平杓子（飯杓子）を専門につくっていた。最盛期の明治初期には、男性のいるほとんどの家が杓子をつくっていたという。

職人は四人ほどのグループで山に入り、原料となる木の多い場所を選び、柱を地面に突き立てて藤蔓で結い、樹皮や枝で壁や屋根、床を作り、作業と寝泊まりのできる四畳半ほどの広さの作業小屋である杓子小屋を山の中に建てた。まだ薄暗いうちに小屋から木の伐採に出かけ、夜は一〇時頃まで石油ランプの灯りの下で、四人がお互い競うように黙々と杓子を削り続けたという。数か月から一年もの間、山で仕事を続け、村に帰るのは盆か正月、あるいは女手だけでは間に合わない農繁期だけであった。

個人で山（立木の伐採権）を買って杓子をつくることもあったが、多くは物産商を営む資金力のある村人などが親方（オヤカタ）となって山を買い、五條や下市《しもいち》、高野山《こうやさん》の問屋と製品売買の契約を結ぶ。あるいは直接、問屋が山を買い、職人を雇う場合もあった。職人は製品一本につき、いくらの賃労働の契約を結ぶ。親方や問屋から送ってもらう日常品などは掛け払いで、杓子代とあわせて年二回盆と暮れの節季に精算された。

二　大塔村舟ノ川郷と天川村三名郷の杓子生産

大塔村では旧舟ノ川郷で坪杓子の生産を行っていた。舟ノ川郷では篠原と惣谷の両集落が坪杓子生産の中心で、村の男たちは山で泊まり込みをして杓子をつくった。やがて

図３　坪杓子のナカウチ（中打ち）
ナカウチでツボの内側を荒掘りし、薄く削る。この作業には熟練が必要とされ、弟子は最初の間はナカウチばかりをさせられた。大塔村惣谷（新子薫氏）。

村の男たちの中には、仕事先に家を持って定住する者も出現した。あるいは、出稼ぎ先の村人たちからも、弟子入りする者が出て来た。これによって、天川村の庵住《いおずみ》、籠山《こもりやま》、中谷《なかたに》などの近隣の村々をはじめ、遠くは野迫川《のせがわ》村の桧股《ひのきまた》や北股《きたまた》、和歌山県有田郡の上湯川《かみゆかわ》、三重県松阪市飯高町の蓮《はちす》や青田にも、篠原や惣谷出身の杓子屋が存在することになった。

坪杓子の原料は水に強く、腐りにくいクリの木が主に用いられた。他にはナラやブナなども多く、昔はコクルミ（標準和名サワグルミ。以下同）でも作った。

一日の製造量は一人一〇〇～一三〇本ほどである。[*3] 杓子仕事はシクハン（四工半）といって、四日半を一単位とした労働である。四日間はタマギリから仕上げまでを繰り返し、五日目の午前中は、次の四日分の準備のための原木を伐採した。午後は休憩であった。だが、実際は道具の手入れや水汲み、松明にする松のジンを取りに行ったりして、次の四日間の準備に費やされた。

大正期から昭和初期頃まで、製品のほとんどは川瀬峠を越えて天川村栃尾に運ばれた。村の女性がニモイチ（荷持）となって、林産物を扱う栃尾の荒物店へ坪杓子を運んだ。この荒物店を中継して、下市の問屋へと出荷されたのである。後年、大正期に大塔村阪本《さかもと》にまで索道が開通してからは、五條の問屋に出荷することが多くなった。

一方、天川村においては旧三名郷の西部で平杓子が作られていた。三名郷では塩野が平杓子作りの元祖で、それから滝尾、広瀬、塩谷に広まったといわれている。

戦後は、在所の家の近くに建てた杓子小屋に四〇〜五〇年生のヒノキを小切ったものを運び込んで、ヒバチ（桧撥）を作ることが一般的であった。戦後の物資不足の時代には、大塔村の簾《すだれ》や阪本、小代《こだい》でも、ヒノキを使ったヒバチが一時盛んにつくられた。

しかし、戦前は大塔村の篠原の奥、十津川《とつかわ》村の旭川や神納川の上流、野迫川村などに数か月から一年以上も小屋がけして、ハズサ（ミズメ）のアカバチ（赤撥）や、ブナやミズボソ（ミズナラ）を原料にオオジャクシ（大杓子）を中心に作った職人、シロキ（白木）とされるボヤ（サワグルミ）やハコヤ（ヤマナラシ）によるミヤジマ（宮島）を専門にした職人も多かった。なかには大正期に、三重県の尾鷲地方にまで杓子作りに出かけていたという職人の話も残っている。

この平杓子の中でも柄が真直ぐのものをスゴキ（直木）といい、安価なモミ製のモミジャクシ（樅杓子）はすべてスゴキである。長さ一尺（約三〇センチメートル）以上のオオジャクシもスゴキが多い。しかし、平杓子の一般的な形はバチジャクシ（撥杓子）といって、柄の部分が撥型に湾曲した杓子である。標準的な長さは七寸（約二一センチメートル）である。

撥杓子は原材料の違いにより、ヒバチ、アカバチ、シロバチなどがあった。アカバチはハズサで作るが、サクラ（ヤマザクラ）が材料となることもある。また、若いハズサは色が薄いのでシロバチ（白撥）とよばれた。上記の樹種以

＊3　坪杓子には、エナガ（柄長）、ダイツボ（大坪）、コツボ（小坪）の三種類があり、長さはそれぞれ一尺四寸、一尺五分、九寸五分であった。しかし、時代が下るにしたがい、短くなる傾向があり、柄長は一尺三寸五分、一尺三寸ぐらいが実際の標準になったらしい。戦後も一尺二寸五分、一尺二寸と徐々に小さくなっていったという。また、小坪についても、九寸五分以外にも、九寸、八寸五分などと、大きさにはある程度の幅があったようである。さらにマメコ（豆小。マメコシャクシ、あるいはマメツボともよぶ）という最小の杓子があり、これにも七寸五分、あるいは六寸五分と大きさの幅があった。製品は五〇本を一把に結束し、エナガが四〇〇本、ダイツボが五〇〇本、コツボが六〇〇本を一丸として問屋に送った。

図４　平杓子のキドリ（木取り）
キドリナタで杓子のカタを荒木取りする。キドリは弟子になるとタマギリの次にやらされる作業で、弟子の間はハカテ（ものさしのこと）で計ることもあるが、一人前になるとメハチブ（目分量）でできるようになる。天川村塩野（辰巳重治氏）。

表１　材料と製品の対応表

材料			製品		
標準和名	地方名	種類	坪杓子	平杓子	
クリ	クリ	カナギ類	●	●	
ブナ、イヌブナ	ブナ	カナギ類	●	●	オオジャクシ等
ナラ類	ホソ	カナギ類	●	●	
ミズナラ	ミズボソ	カナギ類		●	オオジャクシ等
ミズメ	ハズサ	カナギ類		●	アカバチ、シロバチ
ヤマザクラ	サクラ	カナギ類		●	アカバチ
キハダ	キハダ	カナギ類		●	
バッコヤナギ	ヤマヤナギ	カナギ類		●	
サワグルミ	コクルミ、ボヤ	シロキ類	●	●	ミヤジマ
ヤマナラシ	ハコヤ	シロキ類		●	ミヤジマ
タムシバ	コブセ	シロキ類		●	
ホオノキ	ホオ	シロキ類		●	
タカノツメ、コシアブラ	イモギ	シロキ類		●	
ハリギリ	ダラ	シロキ類		●	
ミズキ	ミズキ	シロキ類		●	
モミ	モミ	（針葉樹）		●	モミジャクシ
ヒノキ	ヒノキ	（針葉樹）		●	ヒバチ

外では、コブセ（タムシバ）、ホオ（ホオノキ）、イモギ（タカノツメ、コシアブラ）[*4]、ダラ（ハリギリ）、ミズキなどのシロキ（白木）類[*5]とクリ、キハダ、ヤマヤナギ（バッコヤナギ）などのカナギ（堅木）類の多様な雑木が平杓子の原料になった。ミヤジマ（宮島）とはていねいに削られた特別なシロキの撥杓子のことをいう。ボヤやハコヤのミヤジマは最上品とされたが、近隣の山には木があまりなく、加工するにも特殊な乾燥を施さねばならなかったため、誰でもがつくれたわけではなかった。[*6] また、撥杓子のなかには、問屋がわざわざ高野山や富貴《ふき》（和歌山県伊都《いと》郡高野町）にまで送って漆を塗らせたヌリジャクシ（塗杓子）があり、これには柄だけを塗ったエヌリ（柄塗）と全体を黒く、腹だけを赤く塗ったソウヌリ（総塗）があった。

ヒバチは一人一日四〇〇本できれば一人前といわれたが、アカバチやミヤジマなど材料が雑木の場合には、木目に沿って割ることが難しいこともあり、二〇〇～二五〇本

＊4　コシアブラはホンイモギともよばれ、牛耕のクビキ（首木）の材に適していた。また、タカノツメはニガキともいう。しかし、杓子の材料としてはそれほど区別はしなかったようである。

＊5　これらのシロキ（シロキとは材の白い広葉樹の総称）は、ボヤやハコヤに比べると値段も安く、山でボヤやハコヤがなくなれば使うこともあったが、あまり喜んでは杓子にはしなかったし、ボヤやハコヤがたくさんある山では使わないこともあった。山主から山（立木）を買うときにも、ボヤやハコヤの数を見て、何束ほどできるか計算して山を買ったが、そういう（ボヤやハコヤの多い）山は十津川村や大塔村の奥山であり、三名郷近辺にはほとんどなかったという。

＊6　普通、杓子は仕上げが終わってから最後に変色しないように陰干しをするが、ボヤとハコギはキドリしたカタ（粗型）の段階で特別な乾燥処理を施してからていねいに仕上げられた。たとえば、ボヤは生木のままではしなしなとして削りにくく、表面が毛羽立ったようになり、できあがった製品の色も悪い。そこで、杓子小屋のユルリ（炉）の上にキドリしたカタを井形に束ってつるしたり、火棚のサン（桟）をこしらえてその上に並べ、ユルリの煙でくすべて乾燥させた。これをセンでていねいに削って仕上げると真白になり、荷に結束するのが難しいくらいにつるつるとすべり、艶や光沢が出たという。また、ハコヤ（ハコギ）は「ハコヤたくより、大根たけ」と言われるように、水分が多く、乾燥しにくい。たとえば薪にして積んでおいてもなかなか乾燥せず、三年たっても新芽が出てきてしまうほどであるという。生木で削ると色がじじ黒く、値段も安いが、カタを直接日光に当ててテントボシ（天道干し）したものをセンでていねいに削ると真白になり、艶が出てきれいに仕上がった。

図５　セイタ（背板）の利用
セイタの外側を挽いて薄い板に加工しているところ。五條市は吉野からの索道の終着点であり、また吉野川の貯木場があったことから製材所が集中していた。五條市下之町（吉村辰夫氏）

図６　平杓子の天日干し
昭和 30 年代以降には製材所の多い五條でヒノキの角材の廃材である背板（セイタ）をプレス機でアラガタ（粗型）に打ち抜く機械杓子が始められた。昭和 40 年代／五條市二見（上迫操氏）。写真提供／上迫邦祐氏。

もできればよかったという。

運搬は舟ノ川郷と同じく、主に女性の仕事であった。[*7] 五條に出荷することが多いが、古くは高野山が出荷先であったともいう。

大正期以降には、製材所の多い富貴、五條、下市などでヒノキの角材をとった残りの廃材、すなわちセイタ（背板）を利用して平杓子をつくるようになった。辺材であるセイタは心材に比べると材の色も白く、臭いも弱い。このため安価であるだけでなく、平杓子の原料としては最適であった。阪本と五條を結ぶ索道の中継地点である富貴は五條への交通の便もよく、さらに五條や下市で製造すれば問屋にまで輸送する手間も省けるため、コストの面でも三名郷の平杓子では対抗できなかったという。富貴や五條の職人はほとんどが三名郷出身者であった。

三　杓子屋集落の起源

天川村三名郷の塩野には、「杓子作りは天皇に仕えるキンカン職のものでないと許可されない」という、職の特権を天皇の権威に求めた伝承が残っている。「キンカン職」の字義は「禁官職」（官によって他への伝授が禁止された職)、「勤官職」(官職を持つ郷士のような官に勤める者でないと許可されない職)、「金換職」(換金の手段として特別に宮中から許可された職)などと書かれ、内容は一定していない。しかし、いずれにしても杓子職の由来を天皇の権威に求めていることに変わりはない。*8

三名郷には近江(蛭谷)から発給された木地屋文書は残されていない。しかし、塩野には杓子職に関する天皇の書きつけがあったとも伝えられており、上記の伝承には、天皇の綸旨《りんじ》やその由緒に貴種流離譚を語る木地屋文書からの影響がうかがわれる。

一方、大塔村舟ノ川郷の篠原には、現在も慶応年間に近江から発給された木地屋文書が残されている。しかし、弘化三年(一八四六)の蛭谷の「氏子狩帳」に「往古巻物御綸旨有之杓子仕候」と記されているように、蛭谷から氏子狩の巡回人が大塔村の篠原を訪れた際、すでに舟ノ川郷では独自の「往古巻物御綸旨」が伝わっていた。氏子狩以前から木地職の特権について吉野によく見られる南朝崇拝を基礎にした別系統の由緒を、舟ノ川郷はすでにもっていたのである。篠原には、舟ノ川郷の杓子職に対し「諸職並ニ惣木役諸運上共」を免除するとした建武三年の後醍醐天皇の「御免書」と、これを根拠づけるための建武三年(一三

図7　林産物問屋で使用されていた杓子の看板
職人によって形も忠実に作られている。坪杓子は五條の小松商店、平杓子は下市の加藤商店で掲げられていたもの。

＊7　平杓子は四〇〇本で一束とする。まず半束(二〇〇本)を縄で結束し、これを三つ合わせて一束半とする。七寸の最も基本的な杓子はこの一束半を三つ合わせた四束半で、これを一丸として背負って運んだ。なお、一丸は六寸五分のアイバチ(間撥)で六束、七寸五分や八寸は三束にしたという。七寸の杓子でも洞川や高野山など遠方まで背負って行くときには一丸を三束にした。この方が軽くて運びやすく、傷つかないためであるという。

＊8　椀木地を作る職人や和傘の轆轤《ろくろ》を作る職人(轆轤師)などもキンカン職とよばれ、どこに行っても仕事ができたとも伝えられている。ちなみに和傘の轆轤にはチシャ(エゴノキ)が用いられたという。

三六）の由緒書が残されており、これが先の「往古巻物御綸旨」を指しているのであろう。蛭谷の氏子狩を受けた後の安政六年（一八五九）にも、この「御免書」を根拠に、舟ノ川郷の杓子にかかる口役（林産物移出税）を従来どおり免除されるべきことを、下市の口役方に訴えている。[4]

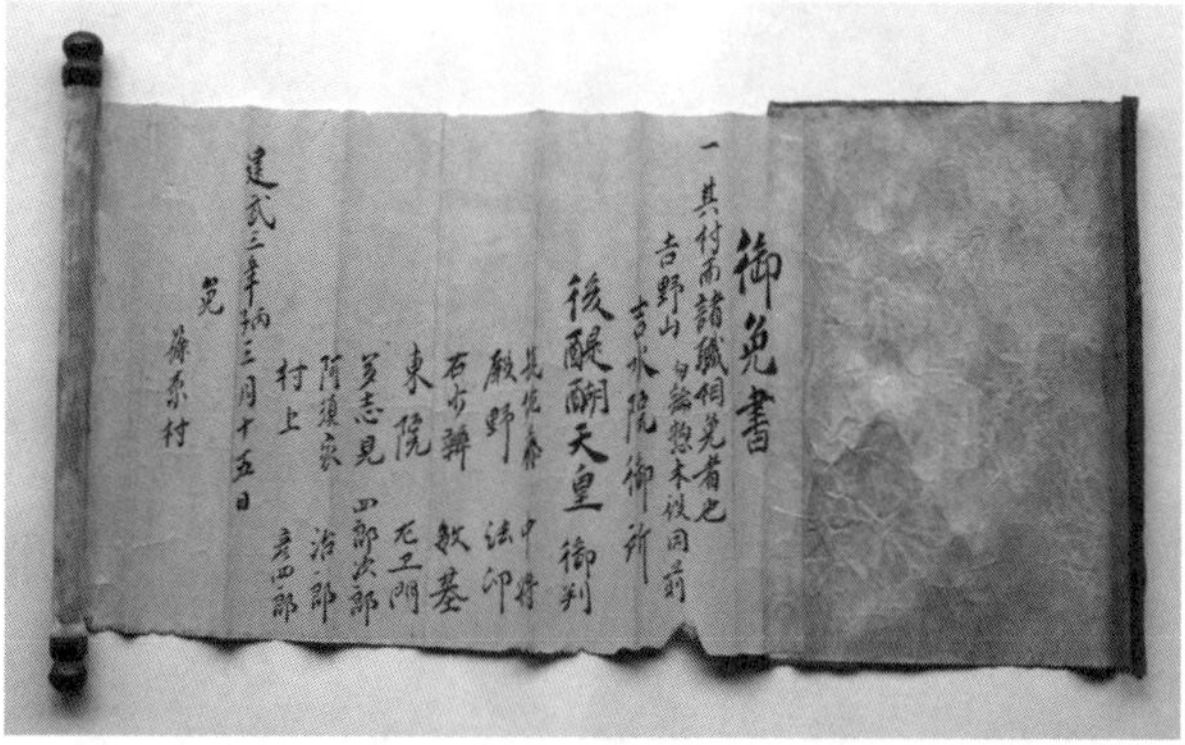

図８　後醍醐天皇の御免書
建武三年、吉野山の後醍醐天皇から出されたものとされる文書。篠原区有文書

大塔村舟ノ川郷の篠原、惣谷、中井傍示、中峰の村々は、弘化三年（一八四六）と慶応三年（一八六七）に蛭谷の氏子狩に応じている。藤田佳久が「村単位で初穂料をおさめており、明らかに定住集落であることを示している」と述べているように、[*9] この頃すでに定住型の杓子屋集落であったことがわかる。一方、三名郷西部の塩野・塩谷・滝尾・広瀬についても、弘化三年には四村から各一人が一律五人分の氏子狩料を、慶応三年にも初穂料や氏子狩料を一律に寄進している。ここから、村人全員が木地屋ではないとしても、一定数の村人が杓子作りを行っていたのではないかとの推測がなりたつ。あるいは「惣代」の名もみえることから、四村の杓子屋をまとめる組織が存在した可能性がある。

　吉野地方では、これら両郷の村々以外には、定住型の木地屋集落の存在が近世・近代を通じて認められない。[1] さらに、弘化三年と慶応三年は吉野地方における氏子狩巡回の最後の二回であり、吉野地方での氏子狩は野迫川村水ヶ峰の二人を除けば、残りはすべてこれらの村々であった。

　両郷の村々が集落単位で蛭谷の氏子狩に応じていること、村には小椋姓（氏子狩を受けて蛭谷や君ヶ畑の支配下に入ったことの標識）がほとんどないことなどから、それまで山々を小屋がけしていた杓子屋たちが定住し、形成した杓子屋集落ではないことは明らかである。

「氏子狩帳」によれば、江戸時代における大和国の木地屋（轆轤師や杓子屋など）の活動地域は、宇陀《うだ》郡御杖《みつえ》村を除くと残りはすべて吉野郡である。具体的には、吉野地方南部の川上村、上北山村、下北山村、十津川村、野迫川村の諸村である。古くより林産物の集積地であった下市に宝暦一二（一七六二）年の一例があるほかは、吉野川及び支流の丹生《にう》川流域、つまり吉野山地への入口である口吉野とよばれる現在の大淀町や吉野町、及び西吉野村や黒滝村といった吉野地方北部には、活動がまったくみられない。しかし、前述のように弘化三年と慶応三年の記録から、野迫川村の若干例を除き、近世末になると、川上村から十津川村にかけての吉野地方南部での氏子狩の記録がほぼ消えてしまう。それと同時に、「氏子狩帳」には西部の大塔村舟ノ川郷や天川村三名郷西部の村々のような杓子屋集落があらわれてくる。

おそらくこれらの村々は、幕末になってから新しく杓子生産をはじめた半農半工の集落であったと推測される。杓子作りも最初は農閑副業として行われ、小屋がけも付近の

＊9　川上村高原は定住型の木地屋集落であるとされてきたにもかかわらず、現在ではその痕跡を探し出すことは不可能である。高原は村内で最も木地屋に関する伝承の濃い集落であり、南朝崇拝に結びついた形での伝説が伝えられている。貞観九（八六七）年に近江の「君ヶ畑」から高原に来た「惟喬親王」を供奉、そのまま高原と井光に定住した近臣たちの子孫が、朝拝式への参加資格をもつ川上村の「筋目」「木地屋筋」の家柄（上層部）とされている（柳田国男「史料としての伝説」『定本柳田国男集』第四巻　筑摩書房　一九六八年）。しかし、木地屋文書と称される高原に残る「中世文書」のほとんどは自らの筋目（家格）を証明する目的で作成された近世以後の偽文書である。確かに高原には安永五年（一七七六）と寛政九年（一七九七）の二度だけ、君ヶ畑から氏子狩の巡回人が木地屋集団（杓子屋）のもとを訪れている。しかし、一一年後の文化五年（一八〇八）に、君ヶ畑の巡回人が紀伊半島を氏子狩に訪れた時には、彼らはすでに吉野を去り、伊勢地方（三重県松阪市飯高町舟戸）へ移住していた。実際、寺の過去帳によれば高原に「杓子屋」の記録があるのは天明、寛政、文化の時期（一七八一～一八一七）のみである。さらに、寛政九年に川上村高原に滞在していた上記の杓子屋へ君ヶ畑より発給された宗旨請取証などの木地屋文書が、三重県多気郡大台町岩井の小椋家に残されており、最後に彼らは旧宮川村方面へ定住したと考えられる。

図９　紀伊半島に残る江戸時代の奉納杓子
左から、下北山村池峰（奈良県）の池神社、飯高町小田（三重県）の薬師堂、飯高町宮前（三重県）の柳瀬家に残るもの。

山へ出かける程度であったようである。昭和一四年に舟ノ川郷を調査した宮本常一は、「最近栗が少なくなってからは、出稼ぎに出る風を生じたが、元来百姓仕事のひまな時に出かけるので、五〇日くらい近隣の山へ行く程度である。最も遠い所で丹波あたりまで行った」[3]と記している。[*10] 明治から大正頃には、線路の枕木として篠原の山で大量のクリが伐採されたともいわれる。枕木はスレッパとよばれ、周辺の村人だけでなく、芸州から来たニモチ（荷持）もスレッパ持ちとして五條駅にまで運んだという。近代以降の開発によって近隣の材が不足したことが、遠方への出仕事を促した要因であったことがわかる。戦前のように村全体が一年中、遠方の十津川村や野迫川村などの奥地にまで小屋がけをして出かけるような専業化は一時的なものであり、むしろ比較的新しいことであったようである。

四　江戸時代の杓子

下北山村池峰《いけみね》の池神社には、安政二年（一八五五）に天川村広瀬の源蔵が奉納した大杓子（長一〇八センチメートル・幅二六センチメートル）が残されている。この杓子は、明治から昭和三〇年代まで作られていた広瀬を含む三名郷の平杓子、あるいは舟ノ川郷の坪杓子とも、明らかに異なっている。

江戸時代に吉野地方で作られたと確定できる杓子は管見のかぎりでは、他に川上村瀬戸の大塔宮神社に明和五年（一七六八）に杓子屋小椋善太郎が奉納した大杓子がある。[*11] さらに、杓子屋（杓子木地屋）の拠点であった三重県の伊勢地方には、安永九年（一七八〇）に小椋善六の奉納した松阪市飯高町田引《たびき》（小田）の薬師堂の大杓子（長一七一センチメートル・幅三四センチメートル）、天保年間（一八三〇〜一八四四）に利助が製作した松阪市飯高町宮前の柳瀬家の大杓子（長一三九センチメートル・幅三四センチメートル）、杓子屋金助が奉納した多気郡大台町滝谷の雲母不動の大杓子（長一五二センチメートル・幅二九センチメートル）などのように、江戸時代に作られた大杓子がいくつか確認できる。

注目すべきは、これらの古い杓子は、汁用＝坪杓子と飯用＝平杓子に分化、特化する以前の、杓子の古い形態をとどめていると考えられることである。輪郭は舟ノ川郷の坪杓子に似ているが、掬う部分の窪みが浅く、内側に刳《えぐ》り刃物（坪杓子のウチグリガンナのような）で削った、細かい波形の跡が残っているのである。さらに、大台町滝谷の杓子以外はいずれもブナ（あるいはイヌブナ）製であり、『和漢三才図会』（一七一二年刊）に掲載された、「伊勢国多気郡藤小屋村」（現在の多気郡大紀町永会木屋地区）で作られていた同型の大杓子がブナ製であったという記述とも一致する。実は江戸時代においては、紀伊半島にかぎらずこのような形の杓子が一般的であった。たとえば岡山県美作市右手や岐阜県高山市久々野町有道といった木地屋集落で製造されていた杓子も、同様の特徴を備えている。

天川村塩野では、維新時代に安芸の宮島から杓子のつくり方を習ったのが杓子作りの起源であると伝えている。しかし、宮島と吉野の杓子とでは道具や製作方法がまったく

---

*10 新子薫氏によれば、かつては村の周囲のクリの木はすべては伐ってしまわず、若い木を残すようにしていたが、製造が増えるにしたがい、若い木までもすべて伐り尽くしてしまい、近隣の原木が枯渇するようになったという。

*11 前述したように伊勢地方と関係の深い杓子屋集団が吉野地方で小屋がけしていることもあり、江戸時代の吉野地方で作られていた杓子は伊勢地方に残る杓子と同系統であった可能性が高い。

異なるため、この伝説をそのまま信じることはできない。そもそも安芸国の宮島で飯杓子（平杓子）がつくられるようになるのは寛政年間（一七八九〜一八〇一年）以降であるといわれており、さらに新たに発案された撥つきの「宮島杓子」が作られるのは天保年間（一八三〇〜一八四四年）のことであった。(5)

平杓子の宮島起源説とは、従来の伝統的な型の杓子に代わり、三名郷の村々で近世末頃に宮島型の飯杓子がつくられるようになったということを語っていると理解すべきであろう。五條や下市、高野山の問屋、あるいは親方のような物産商も、荒物店の注文に応じて製品に「宮島」の焼印を押して全国へ出荷していた。シロキ製の上等の撥杓子をミヤジマというように、当時は宮島型の撥杓子が最新のタイプであったことをうかがわせる。さらに、舟ノ川郷の坪杓子も、古くは現在みられるような掘りの深い独自の形[*12]ではなかったと推測される。また、前出の篠原の建武三年の由緒書において、吉野山の後醍醐天皇に「平杓子坪杓子共」を献上したという記述があるように、近世には舟ノ川郷でも、坪杓子だけを専門にしていたわけではないようである。おそらく幕末から明治にかけて、平杓子と坪杓子の形状に用途に応じたより特化した改良が加えられ、両者の製造が集落ごとに専門化することで、効率的な生産が可能となったと考えられる。

多数の平面によって構成される舟ノ川郷の坪杓子にはエ、ツボ、エジリ、エバラ、ウノクビ、オシギリ、キリカタ、キリカタノサクリ、コシマキ、ビル、テッペー、ブマワシ、サメ、ナカスジなど十数か所にわたる部分名称が存在する（図12）。面を取って丸くしてしまわずに、角を残したままで製品にする製作方法は、効率性を求めた結果であろう。坪杓子や平杓子の製造では、どの部分をどの順序でどれだけ削るのかという工程が決まっている。[*13]規格化の目標とは、商品の均質性を保つことと生産の効率性を高めることである。一本一本の木の性質を見きわめ、少ない材料からたくさんの同じような商品を早く製造することが、職人としての腕前であると評価されていたのである。[*14]

五　吉野の轆轤師

「明治二六年木材需要供給額取調表」（一八九五年）には、県内五一戸の「木地師」内、宇智郡及び吉野郡（現在の五條市と吉野郡）の職人は四六戸であると記されている。「取調表」には「杓子師」の欄もあることから、ここでいう「木

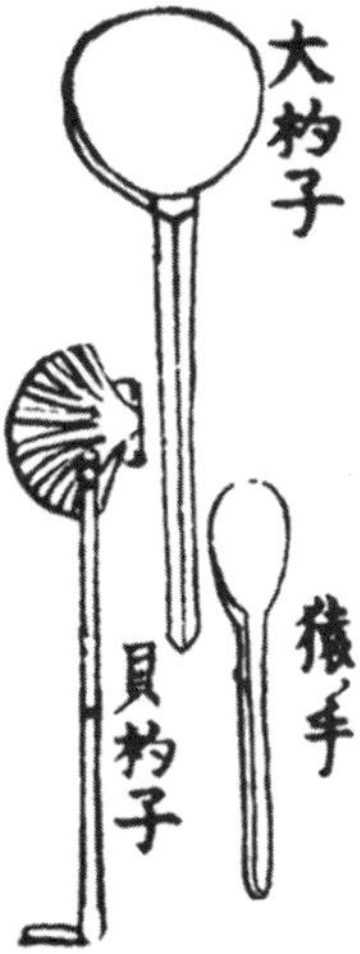

図10 『和漢三才図会』記載の杓子
猿ノ手は吉野地方ではウノクビ（鵜の首）とよばれているもので、漆を塗る。

図11 岡山県美作師右手の杓子
掬う部分の浅い窪みには細かい波形の削り跡が残っている。これはホウラツリという槍鉋の刃が鈎型に湾曲したような刃物で削られたものであり、岐阜県の有道杓子で使われるカンナとほぼ同じ道具である。一方、舟ノ川郷の坪杓子ではナカウチで荒掘りした後、ウチグリガンナという銑の刃をU字型に折り曲げたような刃物を使用することで深く削る（ウチグリする）ことが可能となり、窪みには真ん中にナカスジと呼ばれる削り跡を残すだけになった。

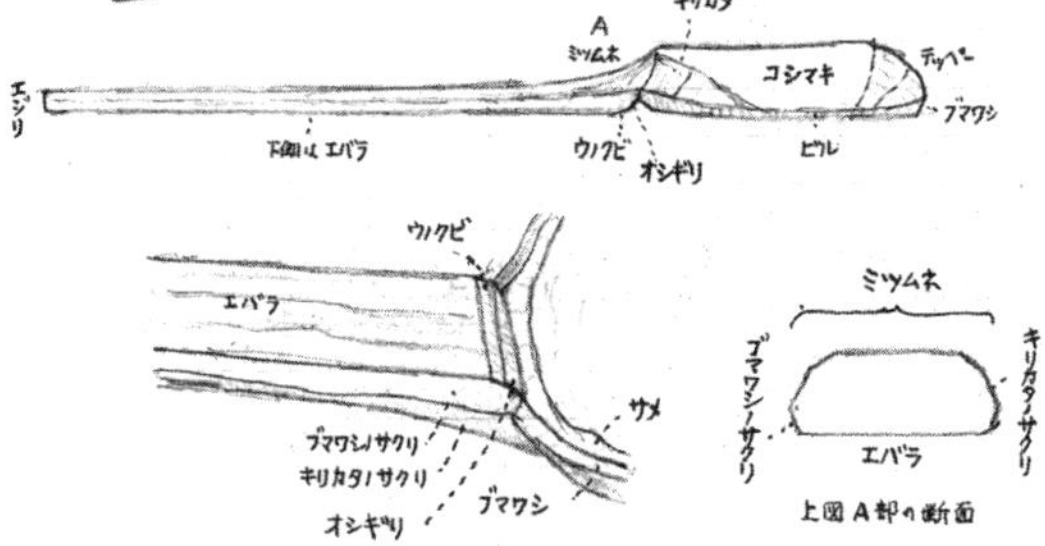

図12 坪杓子の各部名称 （⑼所載）

＊12 黒滝村鳥住の地蔵堂には明治三六（一九〇三）年に天川村中谷の中西粂吉・留吉の兄弟が作った坪杓子（長一二五センチメートル）が奉納されており、この頃にはすでに現在の坪杓子と同形であったことがわかる。これは地蔵峠でダルに憑かれたところを地蔵の霊験によって一命を救われたため奉納したと伝えられている。中西兄弟は親の代に大塔村篠原からクリの木を求めて、中谷の草庵谷へ小屋がけし、そのまま定住したという。

＊13 坪杓子や平杓子の製造工程の詳細については特別展図録『木を育て、山に生きる—吉野・山林利用の民俗誌—』（奈良県立民俗博物館、二〇〇八年）を参照。

＊14 坪杓子を一把に結束した場合、その表となる一本の杓子の柄には職人の焼印を押させ、雇主（親方や問屋）が製品の品質を管理した。

地師」が椀木地などの挽物を製作する轆轤師を指すことは間違いないであろう。あるいは、大正一四年度の「吉野木材三郷同業組合産出材」及び「川上、小川、中荘、西奥、黒滝組合産出加工材及陸送木材」（一九二六年）に掲載された「椀木地」（前者では「木地」と表記）の年間生産量を見ると、吉野地方における木地は、生産量の多い順に一三七五三才（四九駄）の「西奥」（西吉野村・下市町）、一〇九九〇才（三一四丸）の「三郷」（天川村・大塔村東部）、四八〇〇才（四八駄）の「中荘」（吉野町東部）、二四五二才（五〇駄）の「黒滝」（黒滝村）、四〇〇才（四駄）の「小川」（東吉野村西部）であったことがわかる。大正末期には、天川村、大塔村だけでなく、吉野地方北部の東吉野村、吉野町、黒滝村、下市町、西吉野村などの吉野川流域に轆轤師がいたことがわかる。聞き取りからも、大塔村小代・阪本、西吉野村桧川迫、黒滝村粟飯谷、吉野町山口・宮滝など、戦前から戦後にかけての椀木地の製造は、吉野地方北部がその中心であった。[*15]

一方、林宏《はやしひろし》によれば、高野山麓の野迫川村の谷々には轆轤師に関する伝承が色濃く残っており、明治から大正期にかけて、紀州那賀郡の毛原や猿川村、鞆渕《ともぶち》村（現在の和歌山県海草《かいそう》郡紀美野町美里地区や紀の川市桃山町）の出身であることが記憶されていた。紀州側との国境を走る龍神街道沿いに位置する笹ノ茶屋は、大正八、九年頃までこれら谷々の木地製品を集荷する中心地で、ここから椀木地が紀州黒江（和歌山県海南市黒江）に運ばれていたらしい。[(2)] また、十津川村北西部の神納川上流では、戦後しばらくまで黒江へ出荷するための木地が挽かれ、轆轤師たちは、親方である笹ノ茶屋の支配下にあったという。[*16]

轆轤師たちは広葉樹のハズサ（ミズメ）がある場所を求めて移動し、小屋がけして作業をした。ハズサはカバノキ科カバノキ属の落葉広葉樹で、紀伊半島では和歌山県の龍神村、奈良県の十津川村や野迫川村、大塔村などの山奥に多い。葉や樹皮がサクラに似ているため、紀伊半島の轆轤師の間では「花の咲かないサクラ」といわれた。緻密で粘り強く、狂い割れしにくい材質のため、木地にすると質のいい製品になった。そのうえ道具切れもよいという。「ハズサのワリハ（割端）」といい、シンを除いて製品にした。また、トチはミズメよりジョウモン（上物）で、ヨコモン（横物）といって横木地に加工した。[(6)]

一般的にシンモチ（芯持）の製品は、中心部分のシンから周辺にかけて亀裂が生じ、狂い割れしやすい。また針葉樹は加工が容易であるが、乾燥中に割れやすい。そのためシンを除いて十分に乾燥させた広葉樹を横木地に加工することで、時間が経っても変形せず、割れにくい製品を作ることが一般的である。

ところが、口吉野周辺の轆轤師は、間伐材などの若いヒノキをシンを抜かずに生のままで、あるいは乾燥した材の場合には十分に水分を含ませてから、縦挽きにする。シンを抜かず竪木に挽くため、椀木地には四〇年生までの間伐材が主に使われ、五〇年生ぐらいが最大であった。曲がったり、末と先で太さが違うような形の悪い間伐材は、彼らにとっては安く手に入る良材であった。原木は地元の山師（山行きの人）に間伐材の伐採を依頼したり、貯木場で自ら調達することもあった。

これは、明治以降に活躍した吉野の轆轤師のほとんどが、現在の和歌山県の海草郡紀美野町美里地区周辺から移住してきた、あるいは彼らから技術を習得した職人であったことと関係がある。美里地区一帯は、紀州黒江（和歌山県海南市黒江）へ椀木地を供給するため、明治以降に急速に発展した木地産地であった。[*17] 紀州黒江における民衆向け漆器の大量生産は、シンモチの「細い幹でも椀を作れるタツ（縦挽きの木地を多用[(7)]」したことにその特色がある。黒江では、かつては木地の材料としてはミズメやトチのような広葉樹が多かったが、材が少なく高価になるので、庶民向けの大

＊15 吉野地方における最後の轆轤師であった吉野町宮滝の辻本順三氏（一九〇九～一九九九）によれば、昭和初期、吉野町周辺では四〇人以上が椀木地作りの作業に従事していたという（『伝統産業技術保存記録　木工轆轤』、奈良県商工観光館、一九八八年）

＊16 大倉勲氏のご教示による。

＊17 冷水清一『海南漆器史』（光琳社、一九七五年）。明治初期、黒江で椀木地業を営んでいた日疋文七が従来の材料に替えて豊富にあるヒノキ材に着目し、旧美里町周辺に作業場を設けて多くの職工を常住させ、木地のアラガタを黒江に送る体制をつくったのがその始まりであるという。高野山の官行材の払下げを受けた奈良県川上村の林業家土倉庄三郎、名古屋の材木商長谷川糾七が伐採したヒノキの残木に目をつけた文七は、職工たちを現地に派遣し、木地の製作にあたらせた。彼らは猿川村、真国村方面から高野山下、大和の大塔村阪本、野迫川村今井、天川村洞川方面から十津川筋へ原木を買収して移動、伊賀の国境付近へと及び、吉野町上市から桜井近辺を最後に明治三一年頃引き揚げてきたという。

図13　足踏みロクロによる外側のアラケズリ（荒削り）
ロクロの軸端にマルメ材を装着し、軸を足で回転させ、カンナとよばれる挽物専用の刃物を材に当てて丸く削っていく。まずは椀の外側となる部分を、次に内側を挽く。外挽の方が難しく、これができると一人前であった。なお、木地製作は数人のグループによる分業制がとられていた。グループの長をオヤカタ（親方）といい、山主と交渉して立木を買ったり、弟子や職人を監督した。コギリはサキヤマシ（先山師）、アラキドリとマルメはマルメシ（丸め師）、カンナマエはカンナマエ（鉋前）がそれぞれ分担する。1970年頃／吉野町宮滝（辻本順三氏）。写真提供／辻本章氏。

量生産品に、安いヒノキの間伐材を主に用いるようになった。[*18]

吉野における木地の出荷先は、ほぼすべてが紀州黒江であり、製品も黒江の規格にしたがって挽かれていた。それは、彼らが黒江における漆器工業の分業システムの一端を担っていたことを示している。

おわりに

近世末から近代にかけて活動した吉野地方の杓子屋と轆轤師の実態は、中世から近世の、定住地を持たず深山を漂泊する自由な山民という従来の木地屋のイメージとは、あまり重ならない。むしろ、そこから見えてくるのは、消費社会の流通システムの中で生き残りを賭けて、時代に適応して変化する山村の姿である。

吉野北方西部において林産物の産地化が進展した背景には、古くから栄えた町場である五條、下市、高野山へのアクセスが容易であったという地理的な要因が大きい。これらの町場には多くの林産物問屋が軒を並べ、奥吉野と大阪のような都市を仲介する役割を担っていた。モノの流通というだけでなく、産地では問屋を通じて消費地の趣向、品質の向上や技術の改良に関する要望が伝えられることで、時代に即した素早い対応が可能となった。

近世末期に杓子生産を始めた吉野の村々は、幕末から明治期にかけて製品の種類に応じた生産地の分化と専門化、規格化を通じた生産の効率化と製品のブランド化によって日本一の生産地となったのである。

三名郷と舟ノ川郷の村々では、近代になり杓子生産が増えるにしたがって、近隣での原料の不足を生じ、奥山に広がる天然林の資源を活用する必要が生まれる。そこに問屋のような都市商人の外部資本が直接的・間接的に入ることで、賃労働による専業化が加速したと考えられる。同時に集落の周囲の天然林が伐採された跡には植林が進み、三名郷では在所における植林したヒノキを用いた平杓子の生産が盛んになる。大塔村小代や阪本における戦後数年の杓子生産も、このような環境下で生じた。さらに大正期以降には、吉野材の製材所の多い五條や下市にまで杓子生産が広がる。そこでは建築材の廃材である安価なヒノキのセイタが利用された。

図14　林産物問屋の絵葉書
五條の問屋である高井商店からの年賀状。看板用の大きな坪杓子と平杓子、結束された坪杓子、平杓子、割箸が見える。「宮嶋」印のある看板用の平杓子は天川村塩野の佐古伝作氏（1895～1963）の製作という。左上はタマギリから始まる坪杓子の製造工程を撮影用に再現したものであろう。昭和8年（1933）の消印。写真提供／岸本勇氏

＊18　旧美里町周辺の木地業の隆盛を山村における諸生業の地域的展開のなかで包括的にとらえた論考に、加藤幸治「近代における山地の諸生業の地域的展開—貴志川中流域における聞書きを中心に—」『近畿民具』二八（近畿民具学会、二〇〇五年）がある。

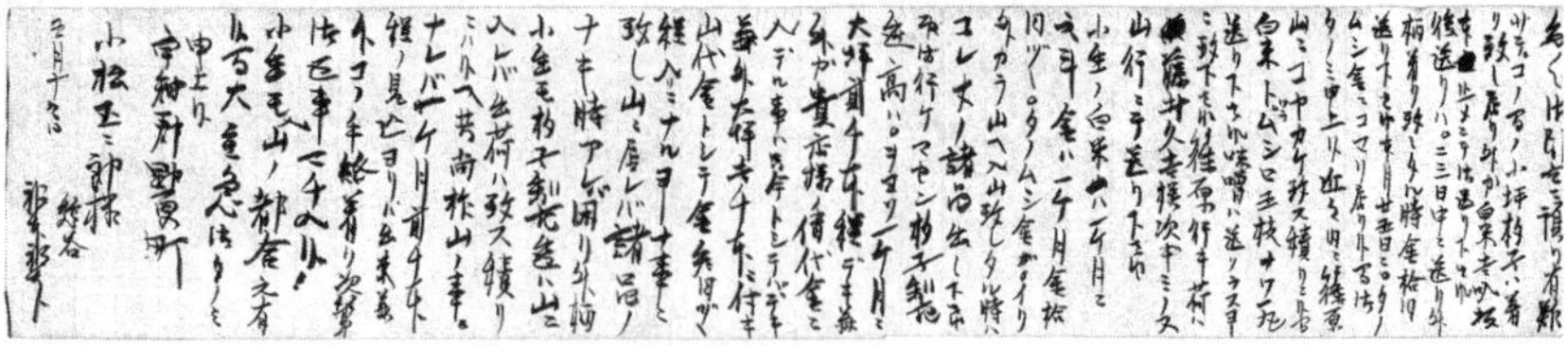

図 15　惣谷の職人から五條の問屋へ出された手紙
近々、杵山（ナラの多い山）へ小屋がけするので、白米、藁蓆、縄などを篠原の在所の家を取り次いで篠原の奥の三ノ又山へ送ってくれるよう問屋へ依頼する内容。頼母子金や山代金が必要であり、杓子山に入れば大坪だと 1 か月 2000 本ほどの製造・出荷の見込みがあるので、1 か月毎に白米 6 斗、金 10 円を送ってほしいと訴えている。大正 14 年 5 月 9 日。

一方、吉野地方の挽物（椀木地）生産は、明治以後に黒江漆器の木地供給地として台頭してきた旧美里町周辺出身の轆轤師によって担われていた。明治初期には野迫川村や十津川村の深山に生えるミズメやトチノキのような巨大な自然木を求め、家族で小屋がけを繰り返していた紀州黒江系の轆轤師たちは、時代が下るにしたがい、大塔村や西吉野村、さらに吉野地方北東部の黒滝村や吉野町といった吉野川流域に定住するようになった。

吉野林業に特有の密植における最大の発明は、皆伐が済むまで多くの間伐を繰り返すことで、スギやヒノキの間伐材を商品として毎年収入をあげるシステムを作り上げたところにあるとされる。轆轤師が比較的遅くまで活動したこれらの地域は、和歌山への吉野川水運が発達し、吉野林業が生み出す間伐材が豊富に手に入る場所であった。吉野地方におけるヒノキの間伐材を用いた椀木地生産は、その意味で角材のヒノキの廃材を原料とした平杓子、樽丸のスギの余材を原料とした下市の割箸などと同様、吉野林業によって生み出される林産物としての側面を強く持っていたのである。

コラム2　森林資源利用における萌芽の役割

大住克博

萌芽による樹木の再生

樹木は種子から芽生えて成長し、やがて森林をつくる。しかし、森林の再生は、種子から芽生えによるだけではない。伐り株や幹の下部から新たな芽吹きが成長し、次世代の幹を形成することがある（図1）。これを萌芽《ぼうが》という。

萌芽は、活動を休止して樹皮の下に埋もれていた芽（定芽）から芽吹くこともあれば、新たに成長点を形成して（不定芽）芽吹くこともある。萌芽が芽吹くタイミングは樹種によりさまざまであり、それぞれの樹種の生き方に関連していると考えられている。[2][3] 多くの樹種は普段は萌芽を持たず、幹が損傷を受けた時に一斉に発生させる。この場合の萌芽は、個体を存続させるための緊急な修復という役割を持ち、梢端部の損傷などをシグナルとして発生するものと考えられる。一方で、カツラやイヌブナなどのように、幹が損傷を受けなくとも常時萌芽を発生させているものもある。これには、幹が枯死した場合に、速やかに新しい幹で交代させる準備という役割があると考えられている。このような常時萌芽を発生させることには、さらに、幹を増やすことにより個体のサイズをより大きくしたり、個体の寿命を延ばすという役割もあるだろう。

里山管理の主流だった萌芽更新

萌芽により次の世代の森林を再生させる萌芽更新は、里山のような伝統的な森林管理において、広く行われてきた。ナラやカシ、シイの仲間が優占する薪炭林がその典型である。それらは、一般に一〇～三〇年に一回という短い間隔

図1　伐り株から萌芽するコナラ

図2　京都北山の台スギ

で繰り返し伐採され、その後の萌芽により維持されてきた。このような薪炭林には、長年伐採が繰り返されてきたために、萌芽能力の高い樹種が多い。たとえば近畿地方中部では、コナラの仲間、クリ、シデの仲間、サクラの仲間、ウリハダカエデ、ソヨゴ、ヒサカキ、マンサクなどがあげられる。

国内の伝統的な薪炭林管理では、地際に近いところで伐採し萌芽させることが常であるが、頭木更新《とうぼくこうしん》（「あがりこ」や「ポラード」ということも多い）といって地域や樹種により、地上数十センチメートルあるいはそれ以上の高さで伐採し、萌芽させることもある。本書の第3章で紹介され

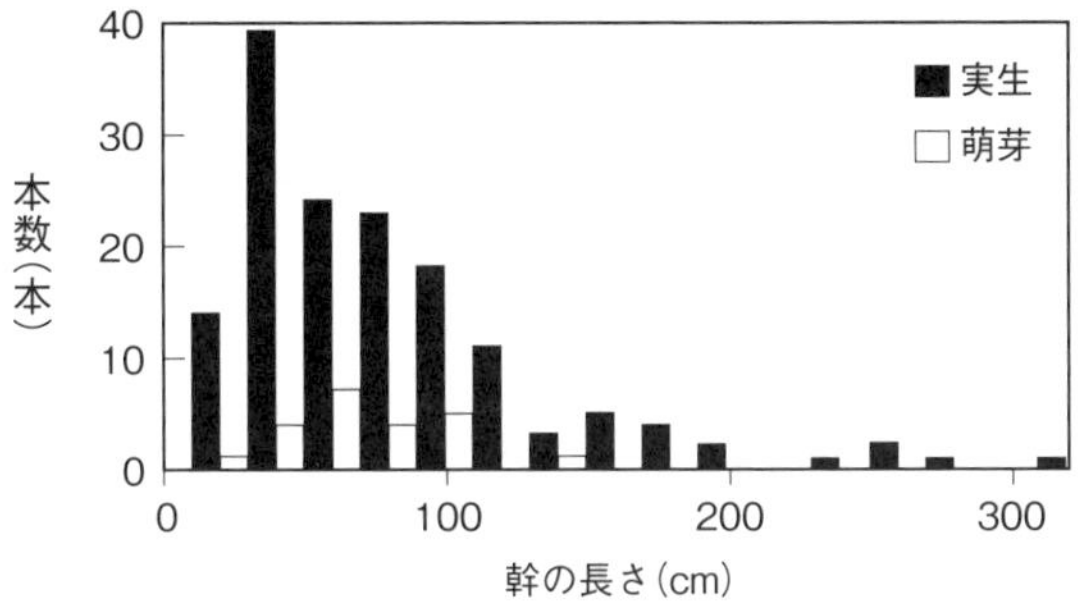

図３　発生後２年経過したアベマキの実生と萌芽による幹の生産量
それぞれ22個体について

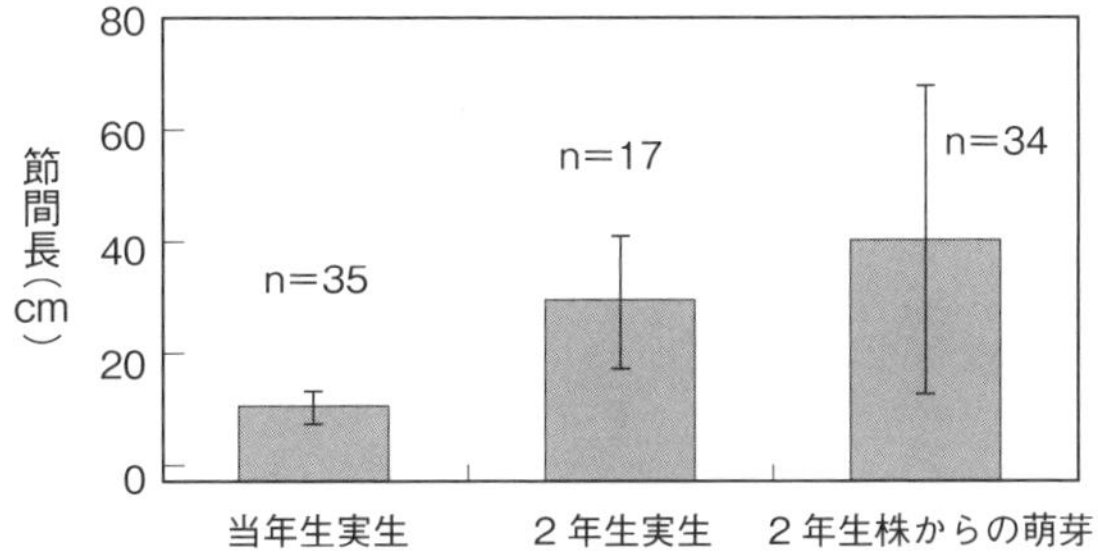

図４　アベマキの当年成長部分における節間の最大値
平均±標準偏差

ている、大阪北部から兵庫県にかけての菊炭生産のためのクヌギ林経営も、その一例である。なお、有名な京都北山の台スギ仕立て（図２）による垂木《たるき》生産も、この頭木更新を利用しているが、これは針葉樹を萌芽で管理するという点で、世界的にも数少ない例の一つである。

資源利用における萌芽の意義

過去、萌芽更新が広く行われてきたのは、種子からの芽生えを期待する下種更新や植栽に比べて、木質資源の生産や利用上の利点があったからであろう。

第一に萌芽更新では、一つの株から多数の幹が発生するので、多量の素材を供給することができる（図３）。柴や粗朶《そだ》の生産はもとより、行李《こうり》の素材となるコリヤナギ、台スギによる垂木の生産は、この特性を利用したものである。

次に、萌芽は素材としての品質において優れた点を備えている。萌芽は実生とは異なる伸長様式を持つことが多く、その結果、幹の節間、つまり枝と枝の間がより長く、より通直になる傾向がある（図４）。そのために、節を嫌う素材、たとえば高級な炭材、桐の家具材、耐水布や縄の素材とするオオバボダイジュやサワグルミなどの樹皮、編み篭の素材となるカエデ類の剥片などの生産は、皆、この萌芽の性質を利用して行われてきた。

　さらに、初期成長の大きさも、萌芽更新の利点であろう。図3から読み取れるように、アベマキの発生後二年経過した実生由来の幹は、最大でも一五〇センチメートルに留まるのに対し、萌芽由来の幹は二メートルを超えるものも多い。萌芽の大きな初期成長は、資源の生産効率上も有利であるばかりでなく、更新初期の周囲の雑草木との厳しい競争において、強い競争力となっている。前述したように、萌芽は多数発生するが、加えてそれらが大きな初期成長を持っているため、種子更新よりも確実に、伐採前と類似した種構成の森林が再生されていくのである。萌芽更新は、木質資源の安定的な生産を可能にする管理法であるともいえるだろう。

　萌芽更新は、多量で品質のよい木質資源を、短期間に安定的に生産することを可能にする。つまり、木質資源のより工業的な生産を可能にしてきたのである。

森林利用文化としての萌芽更新

では、過去の伝統的な森林資源利用において、人々はどの程度、萌芽更新の持つ特性について認識し、管理を行ってきたのであろうか。先にも述べたように、萌芽更新には、地域や樹種、利用目的により多様な様式がmiられ、たとえば伐採する位置、萌芽してきた幹の本数調整などの保育管理の有無、標準的な伐期などはさまざまであった。このような管理様式の多様性は、生産目標、商品生産への志向の度合いなどに応じて、生まれてきたものだろう。それらの中には、本書の第4章で紹介した池田炭[1]や紀州備長炭[5]のように、出荷時のサイズや萌芽の保育まで考慮して、完成度の高い管理方法を確立してきた地域も見られる。現代においてもなお、萌芽更新は高度な森林経営の手段として追求されている。[4]その一方でまた、人の影響の下に生まれてくる多様な森林の中から、たまたま都合よく萌芽していた林を選択して利用するといった粗放的な管理も、広く行われてきたことであろう。

　しかし、萌芽という仕組みが生み出す資源は、人の生活を支え豊かにしてきた。人の森林利用の歴史の中で、萌芽はかなり大きな役割を占めてきたように思われるのである。

コラム3　景観変化からみる都市周辺農民の心性

中井精一

奈良盆地の文化的景観の変貌

時として人は、子どもの頃のことを懐かしく思い出すことがあるが、私の場合はなぜか決まって早春のまだ底冷えのする故郷の暮らしと風景であることが多い。私は一九六〇年代後半から七〇年代にかけての少年期を奈良盆地西部で過ごしたが、郊外の農村部は日に日に変貌していき、気がつけば、私たちが鮒釣りを楽しんだため池やクワガタムシとりに夢中になった雑木林は宅地になっていた。

奈良盆地は近畿日本鉄道（近鉄）によって大阪市内と短時間に結ばれていて、七〇年代以降は大阪のベッドタウンとして宅地化が進行し、歴史的に形成された美しい景観は大きく変貌した。現在では実家から葛城山や二上山、三輪山や高取山も眺望できなくなってしまった。

近年、全国各地で、日本人の長い歴史の中で人々の暮らしによって形成された水田や雑木林といった里山の景観について活発に議論されるようになった。農山漁村地域における伝統的産業及び生活を基盤として、人間が土地とかかわり合うなかで形成されたこのような文化的景観は、その地域における生業の歴史や生活様式とも深くかかわるものである。里山に代表される我が国の文化的景観は、農山漁村地域に固有の歴史及び文化を反映し、その地域に独特の風土的特徴を表しているという点において、きわめて豊かな地域性を持っている。

また、里山は、人々の暮らしの中で多様な生物種が生息する生態系の維持に重要な役割を果たしていることが明らかとなり、これにともなって「文化的景観」の注目度が飛躍的に高まっていった。里山は、その地域に生まれ育ち、

図１　1960年代の奈良盆地の里山景観

生活を営む人々にとっては最も身近な存在であり、ふるさと及び心の原風景の象徴でもある。

このような里山の中にある農地に目を向けてみよう。奈良盆地は、京都や大坂のような大都市の近郊に位置するため、米作のほか、野菜栽培も盛んで、サトイモとダイコンの他、ジャガイモ、サツマイモなどのイモ類、大豆、小豆、黒豆、ササゲ、ソラマメ、インゲン、エンドウなどのマメ類、キュウリ、ナス、カボチャなどのなりもの、ニンジン、ゴボウ、カブなどの根もの、ホウレンソウ、ハクサイ、ミズナ、などの葉もの、さらに、タマネギ、甘藍（キャベツ）、トウガラシ、ゴマなどが作られて、耕地の有効利用が進められてきた。

景観から、その地域固有の歴史及び文化を読み取ることが可能と言われるが、私が子どもの頃の奈良盆地（図１）では、少し集落の中を歩けば、むだに放棄されている土地はほとんどなく、家のまわりの小さい畑や田のあぜに沿った土地にも何かの作物が作られていて、人々の土地に対する集約的で「賢明なる利用」の歴史を感じることができたのである。

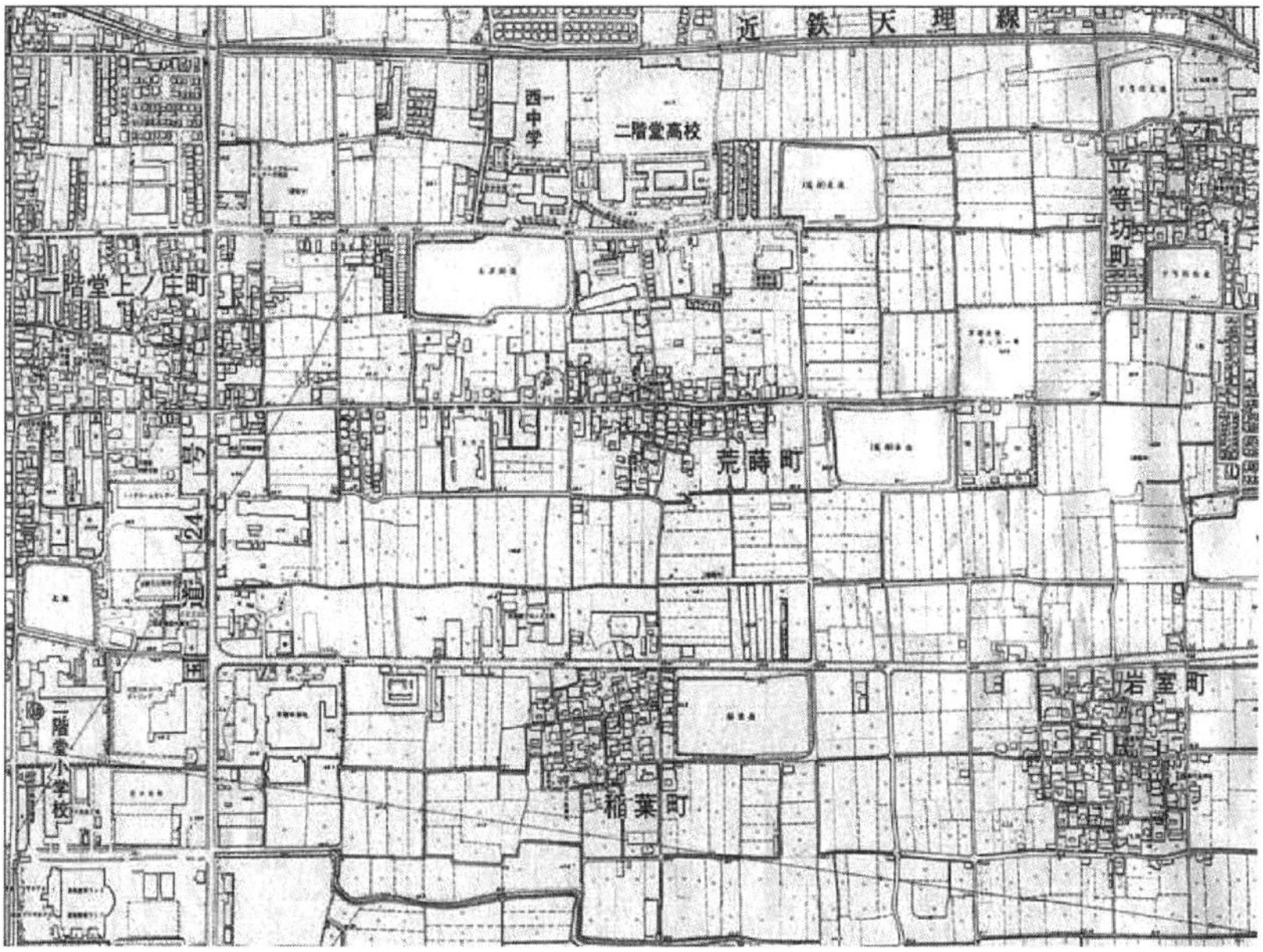

図２　天理市二階堂地区の集落

景観形成と生業戦略

奈良盆地の集落の中で、私が最も多くの足を運んだ奈良盆地東部、天理市の二階堂地区にある岩室（図２）を中心に考えてみよう。岩室は、天理市のほぼ中央にあって、中世以降、石上神宮の水利を紐帯とする布留郷一集落である。この集落周辺には弥生時代の遺跡もあって、今日まで連続したいわゆる「歴史の古い集落」である。

奈良盆地は年平均気温一五度前後、年間降水量は一四〇〇～一五〇〇ミリメートル程度である。降水量はそれほど少なくないが、四方の山は標高が低く大きな河川がないため、灌漑用のため池として岩室池がある。ため池の多いこともこの盆地の特徴の一つとされているが、この盆地の農業用水の解決は、吉野熊野総合開発計画による吉野川分水が実現してからのことであった。

集落は平坦な耕地のほぼ中央にあり、かつては遠望すると集落の東端に小さい社の森がみえるだけの典型的な奈良盆地の集落景観であった。集落は、旧村の五七戸が、密集した「集村」の形態をとっていて、最も小さい近隣集団である垣内《かいと》は、東、戌亥、中、未申、辰巳の五つに分かれている。

奈良盆地の集落景観は、中世の分散的土地保有を整理し、村切や村内にある複数集落が独立する分村が促進されたことによって、元禄までの時期に完了する。この時期と相前後し、奈良盆地の各集落では、京都や大坂といった大都市に向けてワタやナタネなどの換金作物の出荷も本格的に開始され、集落内部だけではなく集落を囲む田畑の状況が一変する。今日につながる奈良盆地の文化的景観はまさにこの時期に完了したといえる。

この集落が領主に差し出した明細帳によれば、

岩室村差出明細帳（一八三九（天保一〇）年）

一　田方苗代下早稲中晩稲共、三月中ニ籾蒔申候
早稲ハ五月節より中迄仕付、九月節より刈取申候
一　田方中稲ハ同中より植付、十月節より刈取申候
晩稲ハ同はけしよう（半夏生）迄植付、十月中ニ刈取申候
一　壱反歩ニ付　早稲ハ種籾六升蒔
中稲ハ同五升
晩稲ハ同五升
一　麦作者十月節より極月節迄蒔付、五月節より刈取申候
粟（五月中より蒔付、八月節ニ刈取申侯）
吉豆（同中より蒔付、十月節ニ刈取申侯）
蕎麦（八月節前後蒔付、十一月節ニ刈取申侯）
「一木綿作（二月下旬より綿蒔地ヲ拵、八十八夜ニ綿種蒔付）、夫より修理之儀（土用後まて相掛り申侯、綿吹出し侯（弐百十日より九月迄取入相掛り申侯」
小豆（五月中より植付、十月節ニ刈取申侯）
胡麻（五月中より植付、八月節迄刈取申侯）
菜種（秋彼岸ニ蒔付、十一月中迄ニ植付、翌五月節ニ取入申侯）
一　畑方種物壱反ニ付綿種弐／目、大豆八升
小豆五升、蕎麦壱斗、粟壱升
胡麻壱升、菜種四合
一　田畑共菜種粕、宣（粉粕、干粕、干鰯之類相用申侯）
但、田方壱反ニ付　肥銀五六拾目位
畑方壱反ニ付　肥銀四五拾目位

とあって、江戸時代後期の記録であるが、水田には裏作として麦を栽培するだけではなく、アワやソバ、アズキやゴマ、ナタネやワタなどの換金作物を栽培していたことがわかる。また田畑には収穫を増すために大量の菜種かすや干

鰯などの金肥を使用していたことがわかる。

ここでは消費地である奈良・京都・大坂の三都の近郊に位置する立地条件を生かして、農業を戦略的に展開していくためには、換金作物の栽培が必須条件であった。また、昔から水不足に悩まされ続けてきたこともあって、一つの耕地を田としてだけではなく、畑としても使う方が水の節約になるとともに換金性の高い作物が栽培できるという経済的合理性に合っていて、田と畑をかわるがわる使う田畑輪換法が行われた。それはイネ→ムギ→イネ→ナタネ→ワタ→ムギ・ソラマメというサイクル、つまり表作は稲二年綿一年のサイクルで、裏作率は八〇～九〇％あり、そのうちむぎが約半分でナタネは四割、残りの一割はソラマメで、換金作物の栽培に重きをおいていた。

この農法は、水田を畑にするサイクルを水田四～五年・畑一年といった水田の期間を多くとる場合もあったが、私が幼かった一九六〇年代まで続いていた。一九六〇年頃の調査では、この転換畑で栽培されたスイカ、トマト、ナス、キュウリ、イチゴなどの換金作物は、水田稲作一〇アール当たり換算の収益で水稲のそれを上回っていて、その経済性ゆえ長く奈良盆地で継続したのである。

換金作物を作り続けてきた歴史

奈良盆地では、我が国の中でも最も早い時期に水稲耕作が開始され、一六世紀頃には開墾の余地がほとんどないほどに開発が進み、生産性の限界から大坂や京都などの上方に向けて換金性の高い作物を出荷することで生業戦略を立てた。

奈良盆地の集落景観が完成をみる江戸時代前期に、大坂で活躍した井原西鶴（一六四二～一六九三）は、『日本永代蔵』（「大豆一粒の光り堂」）において、江戸時代前期の奈良盆地（天理市）の農民の様子を描いている。そのあらすじを以下に示してみる。

> 大和の朝日村（天理市佐保庄町）に、川ばたの九介という、牛さえ持つことのできない小百姓がいた。農家の次男か三男であったらしく、角屋作りという母屋に継ぎ足したような小家に住み、わずかの年貢米を納めて、五〇歳前後まで細々と暮らしていた。ただそのような暮らしでも、年越しの晩には鰯の頭と柊とを門口に飾り、大晦日の鬼追いの豆をまいていた。
>
> ある年のこと、年越しにまいた豆を翌朝に拾い集め

て、もしかすると煎った豆でも芽が出て花が咲くかもしれないと思って、その豆を一粒埋めてみたところ、夏には青々と葉が茂り、秋には一合余りの豆がとれた。それを溝川にまき、毎年刈り取ってはまくうちに一〇年が過ぎて、豆は八八石にもなった。この豆の収穫で九介は大きな灯籠を造らせたが、それが初瀬街道の豆灯龍である。

九介は、このように勤勉に仕事に努めたため、徐々に家が栄えて、田畑を買い求めて間もなく大百姓となった。他の人よりも収穫が多かったのは、明け暮れ油断なく働いたからであり、こまざらえ・唐箕・千石通し・後家倒しなどもこの九介が工夫したものである。また打ち綿に用いる唐弓を発明したため綿の加工作業が飛躍的に上昇し、四、五年で大和で誰もが知る綿商人になって、豆をまいて三〇年あまりで一七〇〇貫目の財産を残し、楽をするということもなく、八八歳の生涯を閉じた。

運と才覚によって小百姓から本百姓になって、農具の発明改良や木綿の加工道具の改良などにより、九介は大和に隠れなき綿商人となった。近世期の奈良盆地の農民のありようや農村における換金作物栽培の一端がうかがえるとともに、ワタの栽培とその加工が莫大な富につながっていたことがわかる。

一八二一（天保四）年に、大蔵永常《おおくらながつね》は、『綿圃要務《めんぽようむ》』で、衣料としても経済面からも優れている綿作を奨励し、ワタの植え方や育て方、各産地の状況などを丁寧に記している。江戸時代中期以後、ワタの作付面積は増加の一途をたどり、北陸、三河、摂津、河内、和泉、大和、備後、瀬戸内海沿や九州など各地にワタの特産地もできて、綿作は幕末まで盛況を続けていった。

本田畑にワタを栽培することは禁止されていたが、コメの五倍近くもの高値になる綿作をおさえきることができずに、転換方式の田では水田面積の三～五割、畑地ではかなりの面積でワタが栽培されていた。奈良盆地では西部の高田、南部の八木、中央部の田原本、北部の郡山が主な集散地であった。木綿は亜熱帯性の植物であるため奈良盆地の高温少雨な夏季の気候はワタに合っていたが、土壌としては砂の混じった水はけのよい土地がよく、灌水の便がよくて日当たりのよい所が適しているため、粘土まじりの奈良盆地の土壌は最適とはいえず、そのため農民は良質のワタの収穫を上げるため、大和川を往来する剣先船を使って大坂から干鰯や油粕を取り寄せ肥料として使っていた。これらの金肥は運賃を含めるとより高額になるが、農民たちはその収益性の高さから綿を換金農作物として栽培し続けた。

しかしながら、奈良盆地で苦心して栽培した綿も綿織と結びつくことはなかった。その原因として、粘土まじりの土地で栽培されるワタは、毛が太く、綿が堅いため、綿織よりも蒲団や衣類の中入れ綿として使われたことが大きい。そして我が国の綿作の先駆けであった奈良盆地は、他国産の良質綿の生産量の伸張によって生産が行き詰っていった。特に大和川の付け替え工事によって広大な新田開発のあった河内地方は、その土壌の優位性から「大和の三反、河内の一反」という諺にもあるように質・量とも奈良盆地を凌駕し、作付畑地の限界や肥料代の高騰などの経済的理由によって生産力は下降線をたどるようになった。

明治以降は極端に減少するが、これは、安政の五ヶ国条約により綿製品の輸入が激増したことや一八七五(明治八)年頃から大和木綿にも紡績糸を使用するようになったことなどが衰退に拍車をかけた。

奈良盆地では、明治初期には綿に代わる換金作物がなお見つからない状況にあることから綿作は継続したが、近世最高の植付率を誇っていた曽大根《そおね》(大和高田市)でも、大正八、九年(一九二〇年前後)には栽培されなくなって、約四〇〇年にわたって奈良盆地で栽培されてきた白いワタの姿はみることがなくなった。

文化的景観の変化と残映

江戸時代から明治初期までは米と綿を中心とした田畑輪換、明治中期から末期にかけてはワタに代わってクワ、ナシ、モモ、チャなどの永年作物も交えて、米やさまざまな野菜との田畑輪換、そして大正期からはスイカを中心とした蔬菜と米の田畑輪換が、奈良盆地の代表的な栽培の体系であった。

スイカ栽培は、もともと綿作の代替であったが、風が弱く雨が少ないという奈良盆地の気候がスイカに適していたため輪換畑の作物としていち早く定着した。奈良盆地で栽培されたスイカは、江戸時代の末期に三河から巽権次郎《たつみごんじろう》が持ち帰って栽培した「権次スイカ」と明治初期にアメリカ導入した「アイスクリーム」が自然交雑して誕生した「大和スイカ」が起源となっている。「甘露台」や「新大和」「旭大和」「大和クリーム」という品質のよい品種が次々に作

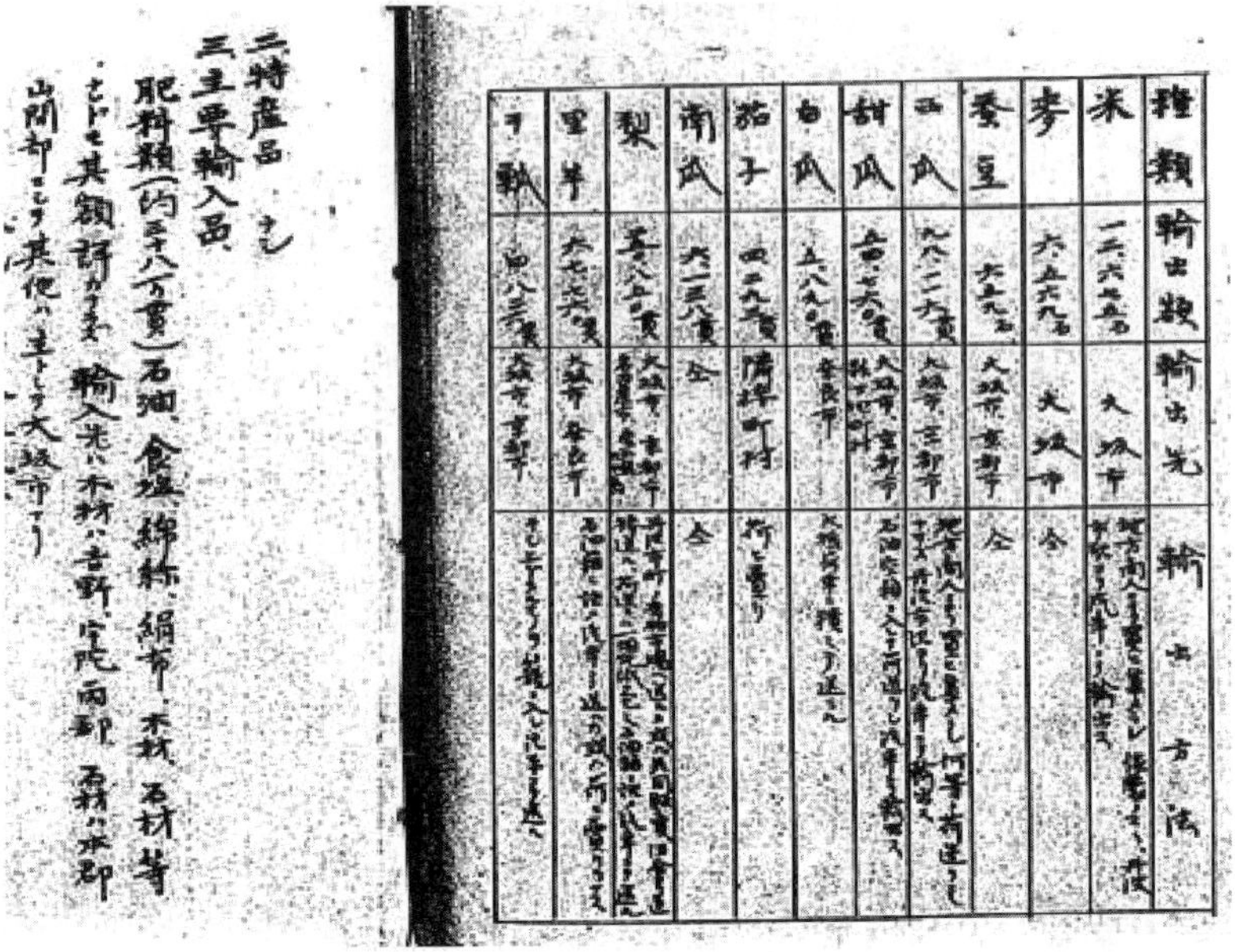

図３　『二階堂村風俗誌』にみられる特産品と出荷量

り出され、奈良盆地の特産物として大正の中頃からは、全国にその名声をとどろかせた。

一九一五（大正四）年に作成された「二階堂村風俗誌」（『奈良県風俗誌』所収）によれば、岩室を含む天理市旧二階堂地域では、米や麦の穀物に加えて、蚕豆（ササギ）、西瓜（スイカ）、胡瓜（キュウリ）、白瓜（ウリ）、茄子（ナス）、南瓜（カボチャ）、梨（ナシ）、里芋（サトイモ）、干瓢（カンピョウ）などが、大阪市や京都市、周辺市町村に出荷されていたことがわかる（図３）。

一九六〇年代まで広く行われていたスイカを中心とした輪換方式では、前年秋から栽培されるハダカムギ（一一～六月）の後にスイカ（四～八月）を栽培し、その間作としてサトイモ（五～一〇月）またはハクサイ（八～一一月）を間作してきた。そしてムギの収穫後にダイズ（七～一一月）を播種した。これらの収穫後は、ハダカムギ（一一～六月）、次いで水稲（六～一一月）という作付順序となる。

ただ、このころから他地域の追い上げが激しくなってきたことから状況が変化し、転換畑で栽培されたスイカ、トマト、ナス、キュウリ、イチゴなどの換金作物と水稲について、一〇アール当たりの収益性ではスイカ、トマトは水稲のそれを上回っていたが、純収益においては、スイカ作と水稲作では、スイカ作は労働集約的で家族労働の比率が大きく利益が少なかった。手間と労働力のかからないイチゴ栽培に切り替えるとともに、余剰労働力を周辺にできはじめた工場などに振り向ける方が、換金作物を栽培するよりも収益が高く、この地域の人々にとってはより合理的となった。

都市近郊農民としてのさだめ

奈良盆地は降水量が少なく、またその歴史性ゆえに経済的合理性にもとづいた集約性の高い農業を展開してきた。

一九六〇～一九七〇年代の奈良盆地では、近世以来続いてきた伝統的な農業が継続するとともに、近鉄によって短時間で結ばれた大阪・京都中心部へ通勤する農家の人々が増加することで、収入が増加し、農村はとても豊かであった。

一九七〇年以降は、高度成長にともなう都市化の影響を受け、農業以外の就労の場が増加したこと、吉野川分水の供給によって水不足から解放されるようになり、集約的な農業を維持する理由が消滅することで、転換畑は姿を消した。

また、近年では遠く離れた地方の生産地が、少品種大量生産をその存立基盤としていることから、それとの対抗上奈良盆地では多品種少量生産といった転換が迫られている。ただ、これは集約的労働が必要で、高度経済成長期以降の農作業省力化の傾向から簡単でなく、むしろ衰退の要因ともなっている。

また都市化によって農業外就労の機会が増加したこと、宅地に転用させることで莫大な資産になることから田畑を安易に売買されたこと、農業機器の発達によって稲作が最も省力化の進んだことや減反政策などにより、奈良盆地の村落景観は大きく変貌してしまった。

近世期に最盛期を迎えるナタネやワタ栽培、そしてそれをもとに高田や八木、田原本や郡山で起こった綿糸・綿布生産にみられるように、奈良盆地は換金作物の生産や農村工業が盛んな地域であった。そういった意味から、この地域は農業生産力の水準からみて近世期を通じて日本における最先進地帯だったといえる。

換金作物の栽培は、売るための作物をつくるということから、農村でありながら農村というだけでは語りきれない工業・商業への傾斜という特徴をもった、商品・貨幣経済が浸透した地域の形成に導いた。そしてこのような環境が、この地の農業や人々のありようを決定づける要因につながっていった。というのも貨幣は、貨幣本来がもつ価値を計る「共通の尺度」という特質によって、作物をはじめ、すべてのものの価値は貨幣によって計られることになった。そして、それは以前には顧みられることのなかった日常の些細な行為にまで及んで、カネになるかならないか、人より儲けることができるかできないか、といった極端な経済性追求の行動につながっていった。今西錦司は、奈良盆地の農村を「農村クライマックス」と表現したが、そういった意味からも奈良盆地の農村は最先進地帯だったといえるかもしれない。

第3部

里山と人々のくらし

第6章　作業日記からみた里山利用

堀内美緒

一　はじめに

湖西地域の里山ランドスケープ

琵琶湖の湖西、滋賀県大津市守山集落は、一〇〇〇メートル級の比良山地の東側の山麓に位置する（図1）。集落面積は約三六〇ヘクタール、現在約二七〇世帯が暮らしている。比良山地の山頂付近にはブナ林やミズナラ林が広がり、山麓にはアカマツ林や、クヌギ、コナラを中心とする雑木林が点在している。この地域のナラ類やアカマツは、江戸時代から昭和三〇年代まで燃料のための割木（薪）、柴として、琵琶湖東岸地域を中心に広範囲に流通していた。

この地域では、昭和四〇年代以降、京阪神の通勤圏として新興住宅地の開発が進んだが、今日においても、湖や石積みの水路といった水辺、水田や雑木林などの二次的自然、神社や伝統的な家並みなどをセットで見ることができる都市近郊の農村である。このように「集落、森林、農地、水辺などの空間要素が一体となり、生活や第一次産業を通じた空間要素間のつながりが見られた地域的なまとまり」をここでは「里山ランドスケープ」とよんでいきたい。

作業日記との出会い

守山集落には、財産区や氏子会などの組織が今でもしっかり残っており、近世の古文書など史料も豊富に残っている。どのように山の資源利用・管理がされてきたのか、集落に入って聞きとり調査を進めていくなかで、明治後期から大正期に記録された日記に出合った。その日記はT氏（明治一四～昭和三八（一八八一～一九六三）年）が二〇～四〇歳代であった明治三三～大正一一（一九一〇～一九二二）

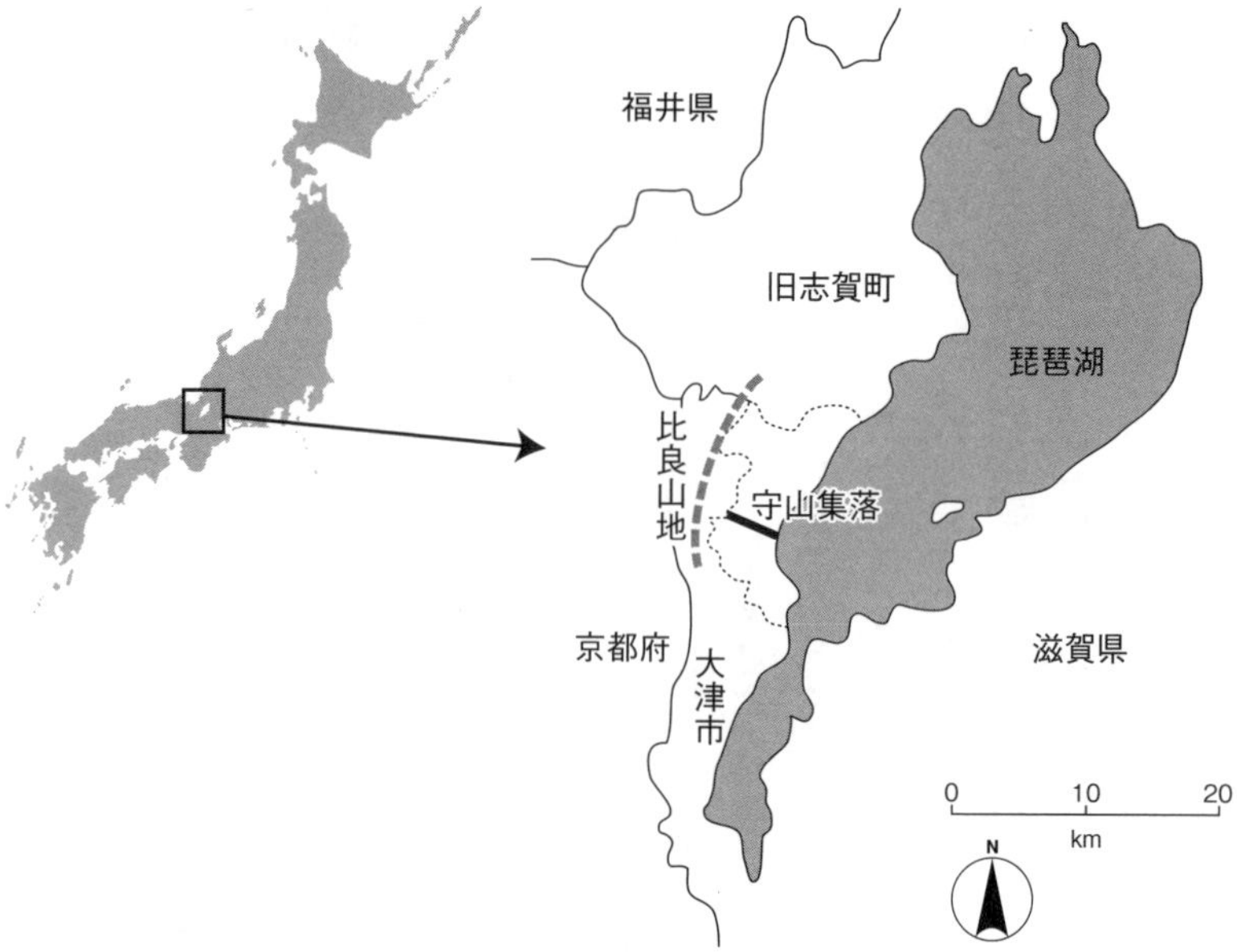

図１　守山集落の位置（滋賀県大津市）

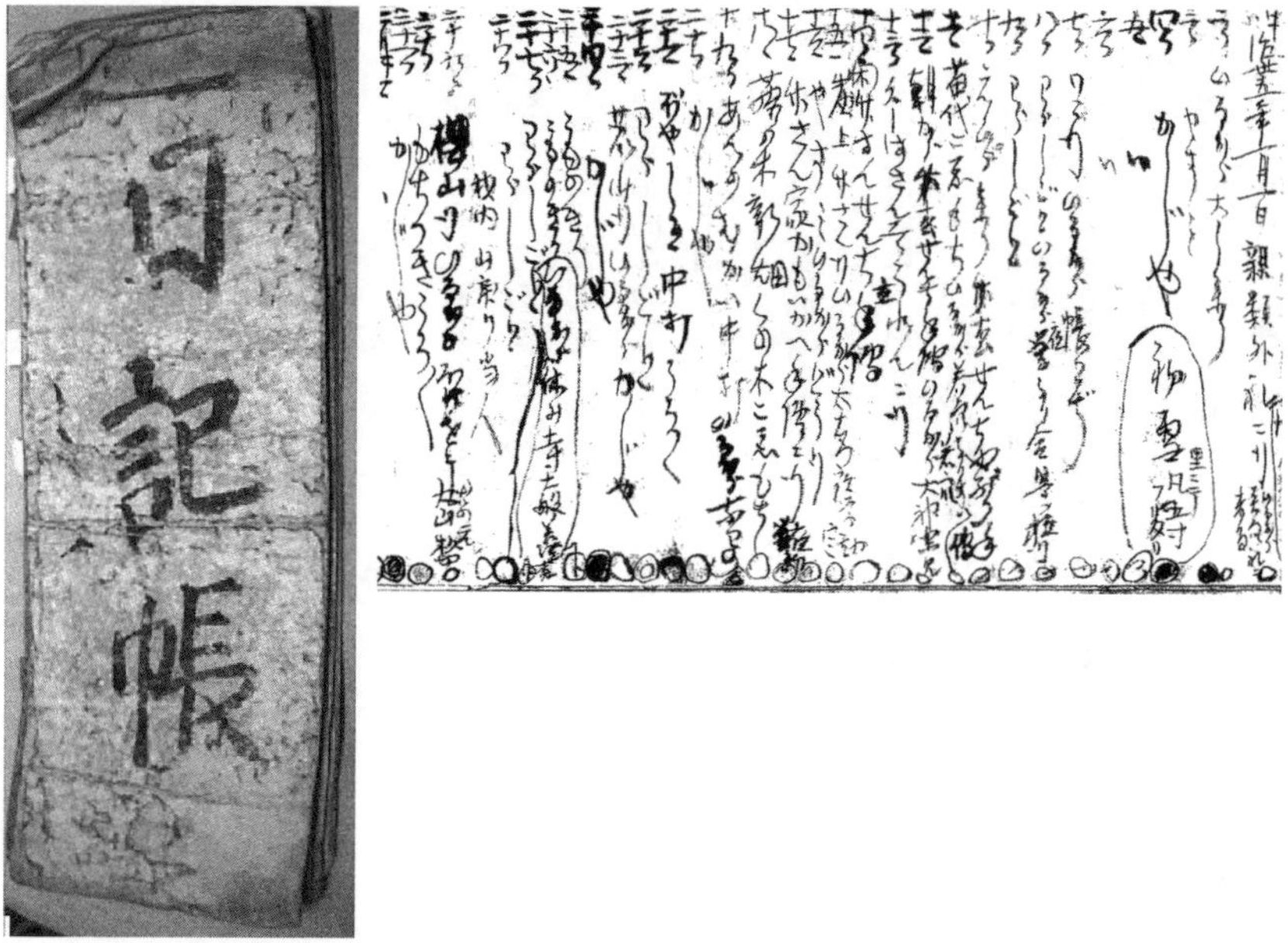

図２　農家Ｔ氏の日記（裏表紙と日記の一部）

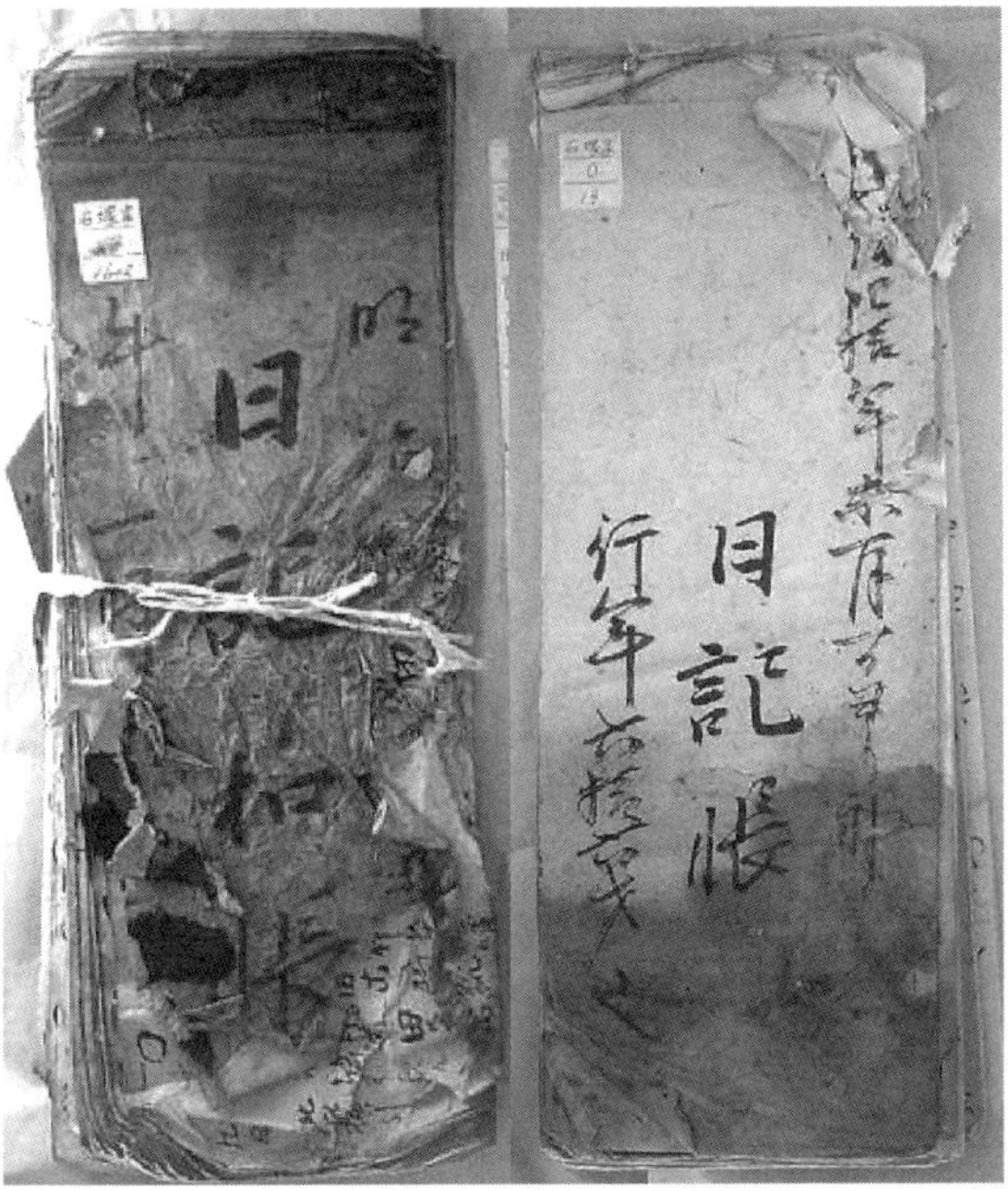

図3　山人I氏親子の日記（表紙）
左がI氏による（明治27～38年）、右がI氏の父による（明治40～42年）もの

年にかけて、日々の農業や山仕事の作業を簡潔に記録し続けたものであった。日記は、半紙を綴じた帳面に書かれており、日付と天気、その日に行った作業が一行程度で簡潔に書かれていた（図2）。内容を見ると、聞きとりでは聞くことのできなくなったもう一代昔の資源利用、たとえばススキなどの山草の多様な利用の様子が書かれていた。しかもどこで行ったのか地名も書かれていることが多く、一〇〇年前の山林利用を空間に結びつけて再現できるのではないかと思った。

さらに、幸運なことに、山人《やまど》とよばれる用材や割木生産をしていたI氏（明治五〜昭和五（一八七二〜一九三〇）年）が同じ時期、明治二七〜三八（一八九四〜一九〇五）年の一一年間に記録した日記とI氏の父（天保一二〜大正四（一八四一〜一九一五）年）が明治四〇〜四二（一九一七〜一九一九）年の三年間に記録した日記にも出合うことができた（図3）。

T氏・I氏の家は、江戸時代には守山集落の庄屋などの役職を務めたこともある古い家柄であった。そもそも湖西地域を含めた近畿地方の村は、氏神の祭礼や講の行事を当番制で受け持つ「当屋」制度が発達したように、集落の役や仕事を各家が順番で務めることが可能な比較的同等の家によって構成されることが多かった。[2] 聞きとり調査からも、T氏、I氏ともに守山集落の中で平均的な規模の家であったので、T氏とI氏親子の日記に書かれていることは、湖西地域の農家と山人それぞれに一般的に見られた暮らしや資源利用であり、両者を比較するうえでも最適な材料だと判断した。

作業日記から何を読み取ろうとしたのか

日記の中でも特に、里山ランドスケープが形成されるうえで中心的な役割を果たしてきた山林資源利用の記述に着目した。そして、明治後期の里山ランドスケープにおいて、地域住民が日常生活の中で利用していた山林資源の種類やその利用方法を整理し、さらにその種類に応じた利用が、どのような空間的分布で、どのような頻度で行われていたのかを明らかにすることを目的とした。

日記が書かれた明治後期から大正期という時代は、山草や柴などの山林資源が生活に必要であり、江戸時代に成立した集落を中心とする循環的な土地利用が続いていた。[1] その一方で、明治四三年頃に始まった部落有林統一事業の政策を反映して、戦後の人工林化を方向づけるような里山ランドスケープの変容が始まった時代であった。[5] つまり、高度経済成長期の大きな土地利用変化につながるような社会的枠組みができあがっていった重要な時期と位置づけられる。明治期に始まった国家的な近代化政策が、人々の里山ランドスケープの資源利用へのはたらきかけにどのような変化をもたらしたのか。日記の記述から、この時代に起こった里山ランドスケープの資源利用の動態を空間と結びつけながら復元することを試みた。日記の記述の内容に関してはT氏とI氏の子孫に聞きとりをすることで把握した。

二　一〇〇年前の山林資源利用の復元

明治期の守山集落

滋賀郡木戸村八屋戸地誌[7]（守山財産区有文書）によると、明治一三（一八八〇）年の人口は二九八人、戸数は六四戸であった。生業の戸数割合は、農業約七〇%、工業約二五%、雑業約五%であり、農業を主生業とする家が多かったが、山林に関する仕事として樵や木挽職を兼業で行っている家が約八割に上っていた。

明治期、T氏の家は水田をおよそ一ヘクタール所有する自作農で、それ以外にも山仕事や養蚕、鍛冶屋などをして生活していた。T氏の家では、私有林、割山（江戸時代に地上権を分割した山)、家くじ山(明治後期に地上権を分割した山)、寄人山《よりと》(集落の神輿を管理する仲間で権利を共有している山)合計数ヘクタールの山林を持っていた(歴史的な経緯については一八二〜一八三頁を参照)。一方、I氏親子は、山人としての仕事以外にも小作農や大工も行いながら生活していた。I氏が利用権を持っている山は「家くじ山」のみであった。以下、T氏の日記を「農家の日記」、I氏父子の日記を「山人の日記」とよぶこととする。

二七二種類の山林資源利用

農家と山人の日記から、山林資源に関する作業(ただし、村の仕事としての作業は除く)、それを行った地名、実施日の三点のデータを取り出した。その結果、農家と山人を合わせて二七二種類の作業を確認することができた(表1)。農家の日記に登場した作業は九五種類あり、山人の日記に登場した作業は二〇七種類、両方に登場した作業は三〇種類であった。取り出した作業は、マツ(アカマツ・クロマツ)、スギ、ヒノキ、他の樹種、柴・割木、山草を対象とするものに分類できた。

樹種のわかる作業の種類が最も多かったのは、マツの四五種類であった。用材や割木にする以外にも、「松枝」「松かさ」「松根」、マツの葉がついたままの枝である「松葉」、さらに「松木皮《こわ》」など多様な部位が利用されていた。マツの次に作業の種類が多かったのはスギ(三一種類)で、次いでヒノキ(二三種類)であった。他の樹種には、落葉樹のクヌギ、コナラ、クリ、ケヤキ、サクラ、ムクノキ、フジ、常緑樹のネズ、ヤブツバキ、カシ類、シキミがあり、フジの枝はものをくくるために、シキミの枝は仏前に供えるために、クリは杭などに利用されていた。

「かなぎ」とは、特にコナラやクヌギ、アベマキを示していた。湖西地域では、クヌギなどのナラ類は割木などの薪材として最も価値が高いとされていた。コナラとクヌギは苗を育て、山林へ植えた記述があり、明治後期に守山集落では積極的に育てていたことが確認できた。

柴・割木(一五種類)は、明治後期当時の地域住民が生活していくうえで不可欠な燃料用の山林資源であった。聞きとり調査によると守山集落では、宅地(標高一〇〇〜一五〇メートル)周辺での雑木やマツの伐採周期は約一五〜二〇年であった。枝を切り落とし、長さ約四五センチメートルで二つまたは四つに割ったものを割木とした。一方、切り落とした枝の部分や低木などを束ねたものを柴とした。このような柴や割木以外にも、たとえば、葉のついた

桜根切り
桜出し
桜切り
椎出し
椿切り
椿浜出し
よのみ木浜出し
竹寄せ
竹枝打ち
竹取り
竹出し
籔竹切り
藪かき
藪行
藤切り

柴・割木
（全 30 種類）
・両方
切込くくり
切込直し
柴刈り
柴くくり
柴出し
柴取り
柴直し
山入
山行
割木
割木出し
・農家のみ
切込出し
小柴刈り
柴上げ（※屋根裏に保管すること）
柴寄せ
春山行（※3～5月頃に燃料用の柴刈に行くこと）
山よせ（※伐採後山に置いたままの柴を持ち帰ること）
割木切り
たきもん（※家の燃料用の柴）上げ
たきもん刈り
はさきもの刈・はだきもの刈・はたくもん刈（※葉が落ちる前に柴を刈ること）
ほた（※杉や檜の枯れた根）起し
ほた掘り
・山人のみ
切込（※柴や枝を約1.5m に形を整えて束ねたもの）
切込仕立
切込柴くくり
柴浜出し
割木くくり
割木浜出し
葉柴くくり

山草（全 15 種類）
・両方
草刈り
ほとろ刈り・ほとら刈り
よくさ刈り
よくさ取り
・農家のみ
刈干
刈干だし
刈干ゆい
刈干よせ
くづはむしり
すすきかり
ほし草かり
・山人
草取り
草引き
ほとろ草ニョスル
（※積んでおくこと）
ほとろ取り

その他の作業
（全 63 種類）
・両方
ねそ（※くくるための木）切り・ねそたち
やかき（※屋敷林）切り
下刈
枝出し
木切り
木出し
横引
浜出し
・農家のみ
ばんば（※落ち葉）かき
片付け
そうじ（※植林地のそうじ）
村そうじ
木植え
木植えかえ
苗木植え
苗木おこし
苗木刈り
苗木出し
苗木運び
村植林
枝結い
木砕き
木こなし
木よせ
取りに行く
はしご切り
・山人のみ
落葉取り
木の葉直し
やかき出し
浜行き
下林切り
後片付け
後さらえ
間切（※材木用に約2ｍに切ること）
枝打ち
枝下ろし
枝切り
枝くくり
枝束付け
枝払い
枝間切り
枝よせ
皮むき
木起こす
木片付け
木取り
木運び
木はつり
木引・木挽
切行
墨掛け（※切る予定の木に印をつけること）
束付
杭割木
杭切り
輪取り
輪引き
未木出し
未木取り
未口物切り
立切り
束取り
根切り（※根元から切り倒すこと）
根掘り

表1　農家の日記（明治33～45年）と山人の日記（明治27～42年）に登場した山林資源に関する作業

松（全45種類）

・両方
松葉くくり
松葉出し

・農家のみ
松かさ刈り
松葉結い
松葉寄せ
松植え

・山人のみ
松枝打ち
松枝切り
松枝くくり
松枝出し
松枝取り
松枝払い
松枝持ち
松皮むき
松木皮出し
松木皮取り
松切出し
松切り
松墨掛け
松杭間切
松杭根切
松出し
松立木根切り
松たる木引
松取り
松根切出し
松根切
松根掘り
松葉枝切り
松葉枝出し
松運び
松はつり
松葉取り
松葉浜出し
松浜出し
松引
松間切
松未木取り
松横引
松輪木切り
松輪木出し
松輪引き
松割木
松割木くくり
松割木浜出し

杉（全31種類）

・両方
杉切り

・農家のみ
杉植え
杉苗植え
杉苗おこし
杉まき

・山人のみ
杉枝打ち
杉枝くくり
杉枝取り
杉皮取り
杉皮むき
杉切取り
杉黒(※墨)掛け
杉下刈
杉すかけ
杉出し
杉取り
杉根切
杉根切出し
杉根取り
杉葉刈り
杉葉くくり
杉葉出し
杉葉取り
杉葉浜出し
杉葉やり
杉引
杉間切
杉丸太切
杉丸太出し
杉持切り
杉割木

檜（全23種類）

・両方
檜植え

・農家のみ
檜苗植え
檜苗植えかえ
檜苗おこし
檜まき

・山人のみ
檜枝打ち
檜枝切り
檜枝くくり
檜枝取り
檜枝運び
檜枝結い
檜下ろし
檜皮むき
檜切り
檜黒(※墨)掛け
檜出し
檜取り
檜根切り
檜根取り
檜葉取り
檜浜出し
檜引き
檜間切

その他の樹種（全61種類）

・両方
むろ(※ネズ)切・もろた切
竹切り

・農家のみ
くぬぎおこし
くぬぎ植え
くぬぎ苗おこし
くぬぎ苗ひき
くぬぎ浜出し
ほうそ(※コナラ)植え
ほうそかえ
むろた起し
竹束付け
藤刈り
藤取り
しきみきり
かき取

・山人のみ
かなぎ(※特にナラ類)切り
くぬぎ割木
くぬぎ根切り
くぬぎ切出し
ほす(※コナラ)切り
ほす横引き
ほす根切り
ほす浜出し
けやき根切り
けやき取り
けやき出し
むく根切り
むろ根掘り
むろ根切り
むろ枝くくり
むろ枝出し
むろ取り
むろ出し
むろ浜出し
樫根切り
樫枝打ち
樫切り
樫浜出し
樫葉くくり
栗杭割り
栗取り
栗出し
栗切り
栗切取り
栗切出し
栗木浜出し

枝や低木である「葉柴」「はだきもの」や、スギやヒノキの枯れた根の「ほた」なども燃料として利用していた。また、質のよい木の枝や低木を特に販売用に形を整えて束ねた柴は「切込《きりごめ》」とよんでいた。

山草に関する作業は一五種類あった。山草とは、ススキやイタドリなどの草やコナラなどの木の若い芽のことを指した。作業の時期によって特定のよび方があり、六月一日前後の田植え時期の作業は「ホトラ（ホトロ）刈」、七～八月の作業は「ヨクサ刈」、八～九月の作業は「刈干《かりぼし》」とよび分けていた。刈り取った後の用途もそれぞれ異なっており、ヨクサは牛の敷き草や飼料にした後に田んぼの肥料に利用された。ホトラ（ホトロ）は直接田んぼの肥料に利用された。山草を山の中で乾燥させる作業の「刈干」は、一〇～一二月に干草にして山から運び出した。

農家と山人という主生業の違いから作業の種類を比較してみると、山人による作業は、マツやスギ、ヒノキを伐採し、枝葉を落として、運び出し、用途に応じて切りそろえる、という作業が多かった。それに比べて、農家による作業は肥料とする山草に関するもの、割木や柴に関するもの、植林や手入れなど育林に関するものが多かった。植林は、スギやヒノキだけではなく、マツや、燃料としての価値の高かったクヌギやコナラも積極的に行っていた。山人と農家で共通する作業としては、「柴刈り」「割木」「草刈り」「ヨクサ刈」など柴・割木や山草に関しての作業、「竹切り」「ねそ切り（柴や割木を束ねるための枝や低木を切ること）」「落葉取り」などがみられ、これらは、明治後期のこの地域で生活を営んでいくうえで、必要な山林資源利用だったと考えられる。

山林資源利用のパターンから見える空間の使い分け

図4～7は、農家と山人の山林資源利用のパターンを空間上に復元したものである。山人と農家の日記に登場した一三六地名のうち、聞きとり調査と現地踏査から特定できた九二地名ごとに、農家（明治三三～四五年）と山人（明治二七～三八、四〇～四二年）のそれぞれの作業の合計日数を計算し、作業を行った地名の位置と作業の合計日数の関係から山林資源利用のパターンを描いた。

マツについては、その利用の場所も山麓地を中心に広域にわたっていた。山人と農家ともに、マツ、スギ、ヒノキの利用が集中していたのは、標高一五〇～三〇〇メートルの傾斜が緩やかな山麓で、守山集落の地域住民がジヤマとよんでいる宅地周辺の私有林であった。利用の内容は、農

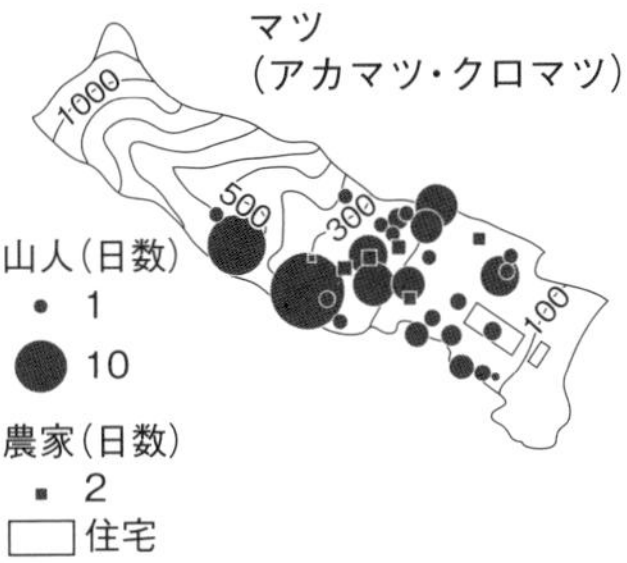

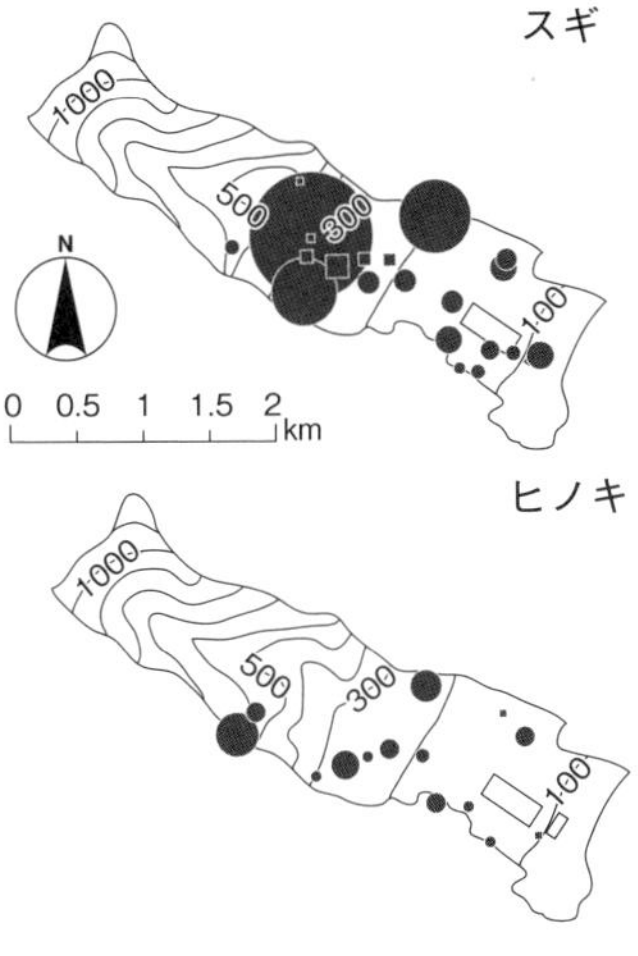

図 4　農家（明治 33 ～ 45 年）と山人（明治 27 ～ 38 年, 40 ～ 42 年）によるマツ, スギ, ヒノキ利用のパターン

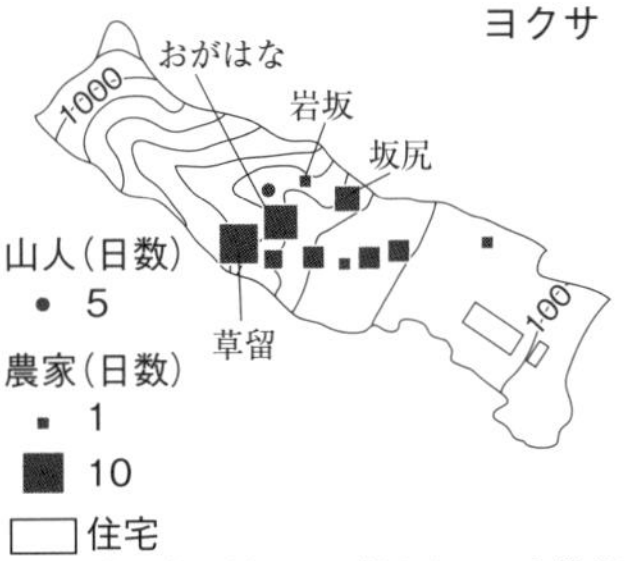

注：通称地名は鎌の口が行われていた場所

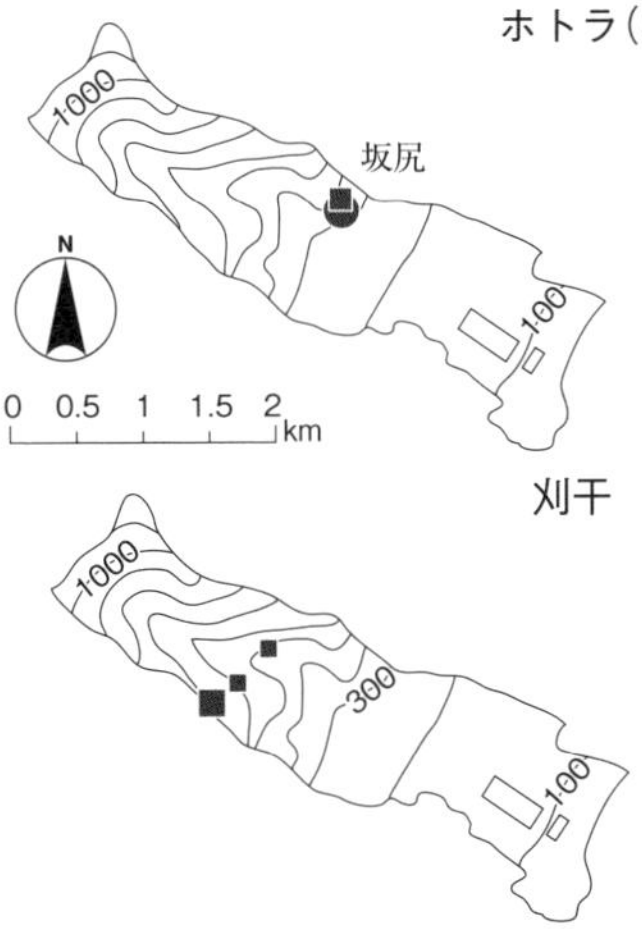

図 5　農家（明治 33 ～ 45 年）と山人（明治 27 ～ 38 年, 40 ～ 42 年）による山草利用のパターン

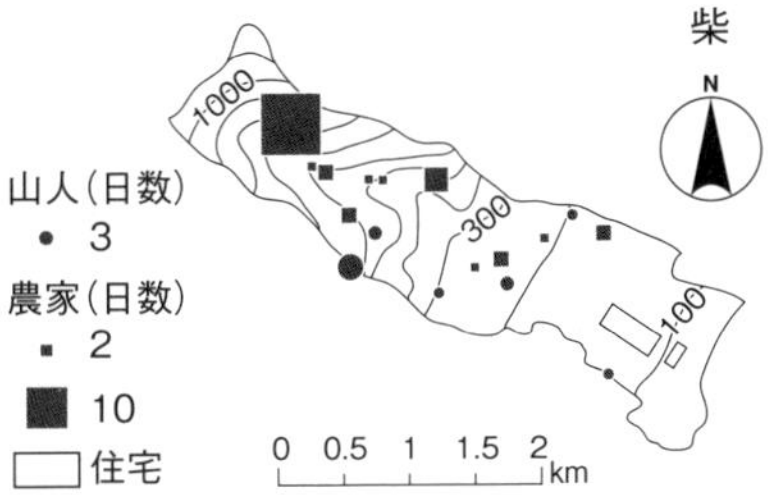

図 6　農家（明治 33 ～ 45 年）と山人（明治 27 ～ 38 年, 40 ～ 42 年）による柴利用のパターン

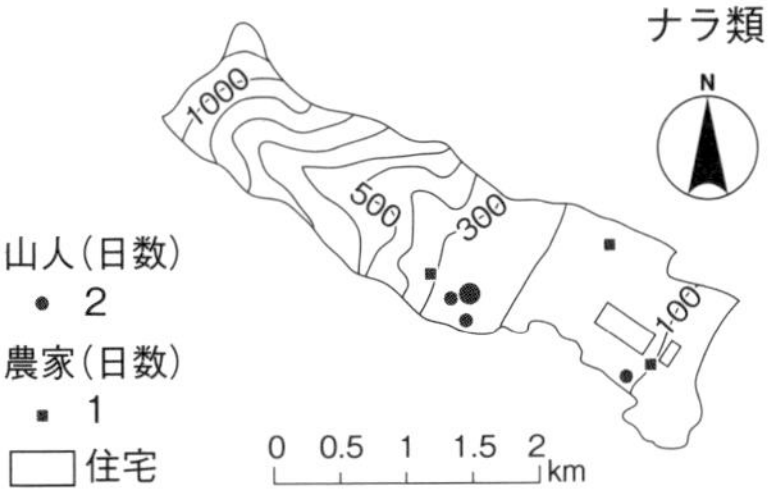

図 7　農家（明治 33 ～ 45 年）と山人（明治 27 ～ 38 年, 40 ～ 42 年）によるナラ類利用のパターン

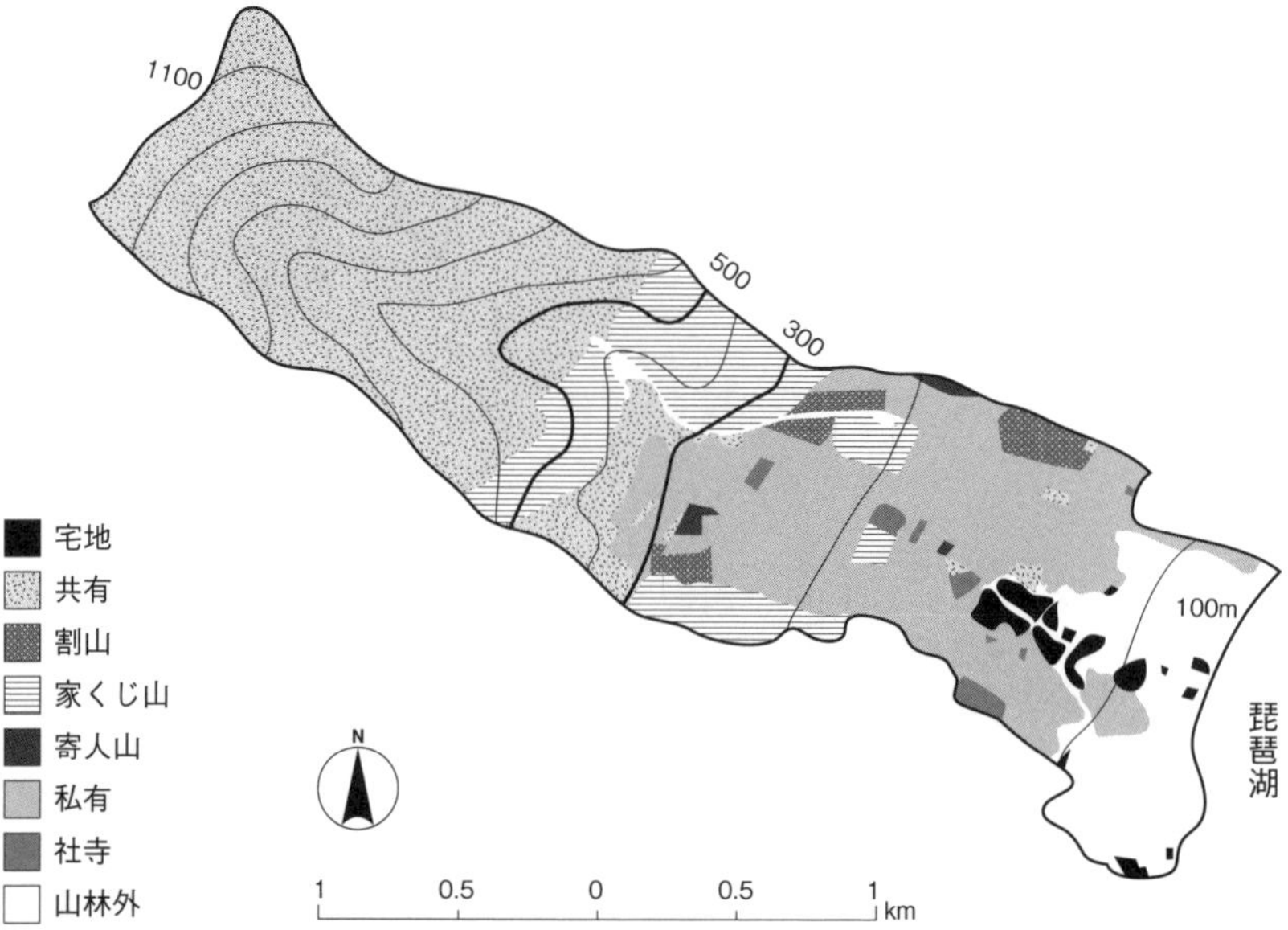

図８　守山集落の山林所有形態（明治後期）

家は「苗植え」などの植林が多かったのに対して、山人は「切る」、「くくる」、「出す」など伐採が中心であった。ジヤマでは、ナラ類利用も行われた。ナラ類も農家は「くぬぎ植え」の記述が主だったが、山人は、「くぬぎ」「ほす」「かなぎ」の伐採や運搬が中心であった。

山草利用（図５）では、ヨクサ利用は標高二〇〇～六〇〇メートル、ホトラ（ホトロ）利用は標高三〇〇メートル付近、刈干利用は標高五〇〇メートル付近にみられた。作業の季節が異なるヨクサ、ホトラ（ホトロ）、刈干は、それぞれに利用する空間が使い分けられながらも、全体としては、宅地からの距離が約一～二キロメートル（標高三〇〇～五〇〇メートル）の急傾斜の山地に集中していた。ここは、守山集落の地域住民がヘラヤマとよび、明治後期に相次いで共有林から家くじ山（後述）へと山林の管理形態が変化した土地であった（図８）。このような急傾斜で、宅地から近い共有林という条件が、山草利用をする場所として適していたのだと考えられる。その中でも山草の生育状況に合わせた季節や山草の用途によって、ヨクサ、ホトラ（ホトロ）、刈干をそれぞれ利用する場所が、宅地からの距離や標高に応じて決まっていたのである。

柴利用（図６）は、山人による利用は宅地付近の標高一

図９　トンボグルマ

〇〇〜五〇〇メートルの範囲にとどまっていたが、農家による利用は、山人による柴利用よりもさらに宅地からの距離が遠いところに集中していた。ここは、標高五〇〇メートル以上の山地であり、守山集落の地域住民がサンナイとよび、自家用の良質な柴を採取できる共有林であった。

このように、作業の分布と頻度を空間と結びつけてみると、宅地（標高一〇〇〜一五〇メートル）、積極的に植栽も行って育てたマツ、スギ、ヒノキ、ナラ類利用（一五〇〜三〇〇メートル）、ナラ類のひこばえを含む山草利用（三〇〇〜五〇〇メートル）、柴利用（五〇〇メートル以上）という資源利用のパターンが宅地からの距離や標高、所有形態に応じてみられた。

山林資源利用のルール

このように日記から明らかになった守山集落の資源は、クロマツを輪切りにしたものを車輪にした簡単な組み立て式の荷車によって搬出された。割木にするためのナラ類やアカマツは、直径約一五センチメートル、長さ約五メートルくらいで伐採され、「トンボグルマ」という荷車に乗せて山林から家、または湖岸まで運ばれた（図９）。一回に運べる量は最大で約一五本であった。さらに、誰でも伐採してよい共有林では、伐採した日に持ち帰らないといけないという規則があった。共有林は、宅地から離れた標高五〇〇メートル以上のところにあったため、必然的に、トンボグルマで一日一回の搬出にかぎられ、資源の採取量が制限されていたと考えられよう。しかも、車輪があるので、道が必要であり、道を管理するための社会的なしくみも必要であった。たとえば、守山集落では、道の維持管理が集落総出の仕事として年中行事に組み込まれ、さらに道の谷側のユルギは伐採してはいけないなどの慣習が存在していた。このように、地形や運搬量の制限によって資源の採取量や場所が制限され、その中で体系化された山林利用によって、集落の山林資源が搬出されていたのである。

共有林においてヨクサ刈やホトラ（ホトロ）刈を開始できる日は「鎌の口」とよばれ、その日までは採草が禁止されていた。また、サンナイとよばれる共有林は、集落住民ならば自由に利用してよかったが、伐採した木はその日に持ち帰ることが決められていた。さらに、共有林へ入ること自体が禁止された日も年に三回ほどあり、「山戻り」とよばれていた。山仕事が行われなくなった現在でも九月二八日は「山戻り」という名で、町《ちょう》とよばれる近隣グループごとに集まって、飲食を共にする集落行事として残っている。このような共有林の管理は、元服から結婚までの独身男性からなる集落の青年組織「山調方《さんちょうかた》」に任されていた。守山財産区有文書「丁酉明治三〇年四月一日起　山調方備考録」には、違反した者を見つけて、注意をする記録が残っている。この備考録は、一八九七（明治三〇）年四月から一九八八（昭和六三）年三月までの記録であるが、山林に関する取り締まりの記述がみ「られるのは大正時代までであった。

守山集落では、「鎌の口」や「山戻り」などの意識的な資源利用の制約とともに、意識的ではないにせよ、車での運搬による技術的制約が両輪となって資源利用の姿を規定していたということができる。

三　近代における山林の資源利用の変化

農家T氏の作業日数の二一年間の変化

湖西地域の守山集落では、山林の資源利用は明治後期から大正期にかけてどのような変化があったのか。農家の日記に焦点をあてて、一九〇一～一九二一（明治三四～大正一〇）年までの二一年間の年間作業日数の変化を示したものが図10である。

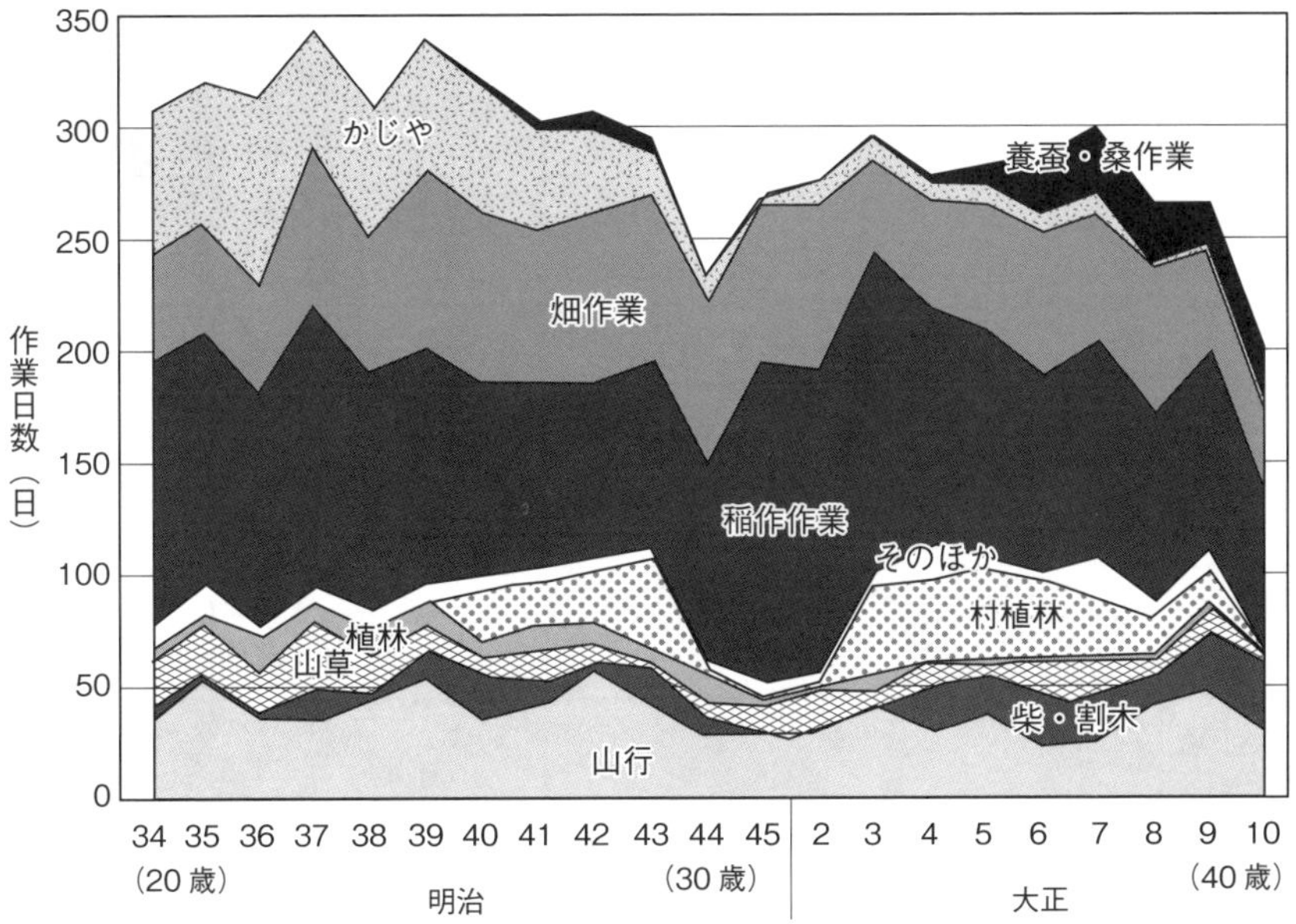

図10　T氏の明治34（1901）年〜大正10（1921）年における年間作業日数

山林資源に関する作業の中でも「山行」（単に「山行」または「山へ取りに行く」と記述された作業で、内容は柴やナラ類・シデ類などの雑木の採取）の作業日数は年四〇日前後で二一年間ほぼ一定であった。「植林」（苗木を育てる作業や、スギやマツ、クヌギなどの個人的な植林）と「山草」（低木や雑木の若い芽なども含む山草の採取・運搬）は年を経るごとに減少傾向をみせた。その一方で、「柴・割木」（燃料にするための山林資源採取に関する作業）の作業日数が増加傾向をみせた。「柴・割木」は作業の内容の面でも変化した。T氏が二〇歳代の頃は、春季や秋季の柴刈がその大部分だった。たとえば、明治三四年五月一二日には「春山柴十六ぱひ刈たり」とあり、明治三五年四月二五日にも「春山凡十九はい刈　松バとも」と春季に採取した柴の量の記述がある。明治三九年になると「枯切込百束に付凡三円八、九十銭~四円成」という記述が登場する。そして、大正期に入り、T氏が三〇歳代になると、冬季に柴を束ね、切込を整える作業が増加した。主に商品にするための作業であったと考えられる。

明治四四年、明治四五年及び大正一〇年は全体的な作業日数が減少した。この三年間は、T氏が集落の区長をしていた時期であった。

明治 44 (1911)			木戸村，木戸造林森林組合設立	区長就任（明治 44 年 4 月～大正 2 年 3 月）	30
大正 2 (1913)				村会議員就任（大正 2 年 2 月～ 3 年 3 月）	32
大正 5 (1916)				※村有林の掃除刈で 1 人 40 銭の手間賃	35
大正 6 (1917)		「第二次 15 ヵ年継続事業」開始／「公有林野施業規則」制定			36
大正 7 (1918)		「造林奨励規程」制定／造林用優良種子採取のため母樹の選定		※桑園化のために山林開墾	37
大正 10 (1921)				区長就任（大正 10 年 4 月～ 11 年 3 月）	40
大正 11 (1922)					41

二一年間の作業日数の大きな変化の一つに、明治四〇年以降「村植林」が増えたことがあげられる。「村植林」は、村有林または集落の共有林への植林事業にともない、村や集落単位で数十人から数百人規模で行われた作業であった。内容としては主に四月前後の植林と九月前後の下刈が中心であった。この作業の特徴は、地域住民が労働者として参加し、手間賃をもらう点であった。たとえば、一九一六（大正五）年八月二六日の記述には、「掃除刈人足百五十五人　一人平均四十銭手間となる」とあり、村有林の植樹地の下刈作業に参加して、四〇銭の手間賃をもらったことがわかる。

二つ目にあげられる二一年間の大きな変化は、大正五年以降「養蚕・桑作業」の日数が増加したことである。養蚕業の発展と桑園の拡大は、明治期から昭和恐慌の起こった昭和初期頃まで全国的に展開していた動きであった(3)。守山集落の属する滋賀郡でも殖産興業の一つとして養蚕事業をあげ、山林原野や畑地の桑畑への開墾と蚕の飼育法の普及を奨励していた(6)。T氏は大正七年には、山林を開墾して桑園化を進めた。一九一八（大正七）年三月八日の記述を見ると「凡三十人にて桜山開墾する」とあり、続いて三月九、一〇日には「桜山くわうえ」とある。養蚕でできた蚕繭は、

表2　明治～大正期における国・滋賀県・守山集落・T氏の山林に関する出来事

和暦（西暦）	国	滋賀県	木戸村，守山集落	T氏 ※は作業の変化に関連する事柄	年齢
明治 14（1881）				誕生	0
明治 15（1882）		樹苗園設置			1
明治 17（1884）		「共有山林保護例」制定			3
明治 19（1886）		「民林取締規則」制定			5
明治 20（1887）		「民林植樹奨励金下付規則」制定			6
明治 22（1889）	市制・町村制施行				8
明治 29（1896）			守山，共有林約 6 ha を山割	この頃山調方に入る	15
明治 30（1897）	森林法公布				16
明治 35（1902）		「第一次 15 ヵ年間継続事業」開始／管内の 4 林区に樹苗圃設置し，無立木林等に樹苗及び奨励金公付／林業奨励規則により，郡市町村に荒廃公有林野の植樹造林計画をたてさせる			21
明治 38（1905）		県第一模範林を滋賀郡木戸村木戸に設置	守山，約 9 ha 山割		24
明治 39（1906）		林業奨励規則による分苗圃を設置	木戸村，県第一模範林に植栽開始	山調方引退，消防組に入る ※「切込」百束で約 4 円	25
明治 40（1907）	森林法改定	「種苗交付規則」制定	守山，村有林への植林事業開始	結婚，長女誕生	26
明治 41（1908）		「森林法施行規程」制定	木戸村，模範林植栽完了		27
明治 42（1909）		部落有財産を市町村に移管し，市町村の基盤強化を訓令	守山，約 15 ha 山割	勤倹貯蓄組合長就任，弟養子にでる	28
明治 43（1910）	地方改良運動開始 公有林野整備開発事業（部落有林統一事業開始）	「公有林野造林補助規程」制定			29

日記によると近隣の和邇《わに》村へ売っていた。大正四年には夏蚕繭を売って一七円五〇銭の収入を得、大正一〇年になると春蚕繭によって八五円の収入を得るようになった。

一方、家業である「かじや」の作業日数は、明治四〇年頃まで年五〇日以上であった。それが、大正期に入ると年一〇日以内に減少した。「かじや」の代わりに、新たに植林事業、柴や蚕繭の販売などで収入を得る生活へとシフトしていったと考えられる。

県・集落レベルの山林政策

明治三四年から大正一〇年の二一年間で、T氏の作業日数や内容の変化の背景として何が起こったのか、個人レベル、集落レベル、滋賀県レベル、国レベルそれぞれの山林や資源利用にかかわる出来事を整理したものが表2である。

滋賀県では明治初期の森林の濫伐によって、山地は荒廃し、長雨によって土石流が引き起こされたため、明治一五年度の樹苗圃設置や明治三五年度から開始した一五ヵ年継続の植林事業など造林奨励や森林保護に力を入れた。(9)(10)

守山集落の山地も明治初期には柴山の景観であったことが推測できる。一九二四（明治一三）年に書かれた八屋戸地誌によると、守山集落の山地の半分が「険峻小柴生」、四分の一は「立木山」、残り四分の一は「伐採跡地」であった。もともと比良山地の東麓にあたる守山集落は、急斜面を流下する河川によって崩壊地や扇状地が発達した地形にあり、土石流災害に悩まされてきた地域であった。一方で、土石流と一緒に流れ出る石は、庭石として湖東や京都へ流通し、地域の経済を支える産業ともなっていた。

このように、明治期には、地形的特性と伐採などの人為的要因によって、土石流災害に悩まされていたことを背景に、湖西地域の集落は県の植林政策を積極的に取り入れていった。

県下に先駆けて守山集落のある木戸村に県の第一模範林（明治三九年）、「木戸造林森林組合」（明治四四年）が設立された。同じ時期に、守山集落でも木戸村の村有林が設置され、スギやヒノキの植林が進んだ。守山集落の共有林に関して明治期に起こったもう一つの大きな動きとして、山割があげられた。守山集落で行われた山割に関する資料として守山財産区有文書「平成元年共有財産明細簿」や「明治三八年の山割に関する文書」（滋賀県立図書館所蔵）が残っている。それによると、山割は明治二九年から四二年の間に三回行われ、約三〇ヘクタールの共有林の地上権が各戸に平等に分配された。一戸当たり約四・五反の山林が割り当てられ、他所の集落の者に地上権を渡さないことなど一定の条件の下にその山から収益を得ることが認められた。守山集落では、短冊状に分割された山林は、くじ引きで平等に配当をきめたため「家くじ山」とよばれた。

このような山割は、滋賀県では近世初期一七世紀から見られた入会利用の慣行であった。田畑所持高にかかわりのない平等割の場合、農村に対する商品経済の浸透がその主な原因の一つとして指摘されている。林産物が商品化し、薪や炭、建築用材などを各戸が個別的に植栽できるようにと共有林が分割の方向に進む(8)といわれている。

T氏に割り当てられたA山とB山の利用を、山割の前後で比較してみると、A山は、集落で利用に規制のかかった共同の草刈場であった。A山の山割後もこの場所では「よ草刈・すすき刈」を行う一方で、「木うえ」「そうじ」の作業が新たに登場した。また、同じく共同の草刈場で、「はさきもの刈」「たきもん刈」と燃料の枝や柴を得る場所であったB山では、山割後「杉うえ」が行われた。このように、山割によって、スギなどの植林が進められ、次第に共同の草刈場が解体されていったと考えられる。

個人レベルの変化

家族構成や集落内での社会的位置の変化によって、労働形態も異なっている。日記の期間におけるT氏の家族や集落内でのかかわりをみてみると、日記が始まった明治三三年時点において、T氏の家族は、祖父、祖母、父、母、T氏、弟三人の八人であった。弟三人は同じ集落の分家や京都へ養子に出ている。また、家族以外の労働力として女中が一人いた。

T氏は明治三一年に一七歳で元服し、そのときには、集落の青年層の伝統的な年齢集団である山調方の一員であった。山調方は、若衆ともよばれ、祭礼や村仕事の担い手であり、青年層の教育機関としても機能していた。明治三九年、結婚を機に二五歳で山調方を引退するまで、明治三〇年代(二〇歳前半)は山調方の一員として共有林の管理の役割を負いながら、家では家業のかじやを続け、山草、山行、個人的なマツやクヌギの植林といった山へのはたらきかけを行っていた(ちなみに、かじやで必要とする燃料の木炭は、集落外から購入していたようである)。

山調方を引退した年から一九一四(大正三)年の三三歳まで消防組を務めた。一九〇九(明治四二)年には、勤倹貯蓄組合長となった。消防組や勤倹貯蓄組合は、一八八九（明治二二）年施行の市制町村制によってできた行政村の基盤を強化するなかで組織されてきたものであった[4]。明治四〇年代（二〇歳後半）は集落や行政村の基盤強化を担った時代であり、ちょうど集落にとっても共有林への植林事業がスタートした時期であった。

T氏は三〇歳となった明治四四年から大正二年までの二年間、集落の代表である区長を務めた。区長の任期を終えた大正二年からは村会議員に選ばれた。四〇歳となった大正一〇年には再度区長となり、大正一一年からは集落の青年層の世話をする山調方の宿親《やどおや》になった。このように、明治四四年から大正期の三〇歳代は集落の代表として運営に携わった時代であった。そのため、集落の区長を引き受けた年には、山林資源の年間作業日数が減少するようになった。また、この時期になると、山草利用が減り、柴・割木の作業、養蚕や桑の作業が増加した。

山林資源利用の季節的なサイクルとパターン

明治四〇年の村や集落による植林事業開始以前と以後に分けて、季節ごとの山林資源利用の場所と頻度を再現した（口絵8、9）。

一九〇一～一九〇六（明治三四～三九）年には、三～五月は、標高五〇〇メートル以上の共有林への「山行」、広範囲での「植林」（宅地周辺は畑地での苗木の育成、標高三〇〇メートル付近は私有林への個人的な植林）が特徴的に見られた。六～八月は標高二〇〇～五〇〇メートルでの「山草」が集中して見られ、九～一一月は宅地周辺から標高八〇〇メートル付近の共有林への「山行」が分散して見られた。

日記には天候に関する記述もあり、雪の記録も残っている。それによると、早い年には一一月上旬になると標高一〇〇〇メートル以上の比良山地の山頂付近に雪が積もり始めた。雪が宅地周辺まで降りてくるのは一二月中頃であった。そのため一二～二月の山林資源利用のパターンは宅地周辺の私有林に集中した。内容としては、「山行」を中心に「植林」と「その他」の作業が多かった。「その他」の作業としては、たとえば、落ち葉かきや竹切りなどの作業であった。

明治四〇年～大正九年になると、六～八月の「山草」のパターンは変わらなかったが、三～五月と九～一一月に従来からの「山行」以外に「村植林」が新たに登場した。一二～二月には「山行」「柴・割木」のパターンが標高五〇〇メートル付近の共有林までみられるようになった。これは、九〜一一月に植林の前段階として雑木や切り株などを取り除く作業が行われた後に、冬の作業として伐採した木や柴を運び出し、利用するための作業であった。このように「村植林」にともなった新たな山林資源利用のパターンもみられた。また、一二〜五月には宅地に近い標高一〇〇メートル付近の私有林が開墾され、養蚕のための桑畑に転換された。

明治三四〜三九年のパターンと明治四〇年〜大正九年のパターンを比較すると、植林による財産化が進むなど山林資源利用が変化した空間がある一方で、従来からの山林資源利用やその季節的なサイクルが変化しなかった空間があることも明らかになった。

共有林の北側については、季節的サイクルとパターンも明治四〇年以前と以後でほぼ同じであった。一方、南側では、一二〜五月においては「山行」、六〜一一月においては「山草」の利用という季節的なサイクルがみられた場所であった。それが、植林事業にともなって、明治四〇年以後には、植林前に雑木や切り株などを取り除く伐採−スギ・ヒノキの植栽−下刈という新たなサイクルが生まれた。もう少し標高の低い山麓部では、六〜八月に「山草」利用のパターンがみられたが、明治後期に行われた山割により、明治四〇年以後になると「山草」利用に替わって三〜五月に「植林」が行われるようになった。このように、山割の過程の中で引き起こされた山林資源利用のパターンの変化がみられた。

四　おわりに

本章では、湖西地域に残っていた二種類の日記を材料に、明治後期から大正期の山林資源利用の動態を空間と結びつけながら示すことを試みた。主体は日記の著者である「個人」、空間スケールは人間の生活域の基本となる「集落」、時間スケールは「一日」という、空間・時間ともに詳細なスケールにまでズームインをした自然資源と人間の関係の復元となった。

本章でみてきたように、青年期から集落や村の中心的な役割を担っていく時期にあったT氏の行動は、集落及び県レベルの政策にきわめてよく対応しており、それ以前の里山ランドスケープの中に、植林事業などの政策的な新たな要素を導入していく役割を積極的に担っていったことが読みとれた。また、こうした社会的動向に合わせて、植林化とそれにともなう賃稼ぎ、山林の桑畑への転換など、里山ランドスケープの土地と山林資源が、それまでとは違う段階で商品化されていく過程も浮かび上がってきた。まさに、湖西地域守山集落の里山ランドスケープにおいて、明治後期から大正期は、近世から続く山草利用を中心とする山林資源の利用サイクルが、今日にみられるスギ・ヒノキの人工林中心の山林利用への変化が始まった画期であった。

守山集落で明らかになった山草から人工林への資源利用の画期は、他の集落に行けばその集落での生活や産業の山林資源への依存度によって時期が異なることが考えられる。里山ランドスケープにおける二次的な自然資源と人間社会のかかわり方を考えるうえでも、このような詳細な集落レベルでの歴史を掘り起こして蓄積することが必要である。

第7章　民家の材料からみた里山利用

奥　敬一
村上由美子

一　屋根を飛ばされた家

二〇〇四（平成一六）年一〇月二〇日、季節外れの時期に上陸した大型の台風二三号は、大雨と暴風により西日本を中心とした広範囲に大きな災害をもたらした。京都府北部も甚大な被害を受けた地域のひとつであるが、山間の集落も例外ではなかった。宮津市上世屋《かみせや》地区（図1）では、浸水や土砂崩れの被害こそ免れたものの、暴風によりかや葺き屋根を覆っていたトタンが飛ばされる被害が相次いだのである。人が住んでいた民家はすぐにトタンが貼り直されたが、過疎の進む状況の下、以前から空き家となったままの民家は、修理が施されないまま放置されざるを得なかった。本シリーズの元となった総合地球環境額研究所プロジェクトの近畿班のメンバーが、調査地の一つとして目論んでいた上世屋地区での現地検討会を開催したのは、その台風からちょうど二年が経った二〇〇六（平成一八）年の一〇月であった。屋根のトタンを飛ばされたままの一軒の民家は、その頃かなり傷みがひどくなり、むき出しになった古いかや葺き屋根はすでに各所で落ち、内部の構造材にも腐りが入り始めていた（図2）。美しい棚田や里山の風景を求めて人が訪れることも多いこの集落にとっては、傷んだ民家が集落の入り口近くにあることの不具合や、いず

＊　本章は執筆者以外に以下の主要参加者による調査と検討にもとづくものである。井之本泰、大住克博、大場修、佐久間大輔、杉山淳司、深町加津枝、堀内美緒、湯本貴和、横山操（五十音順）

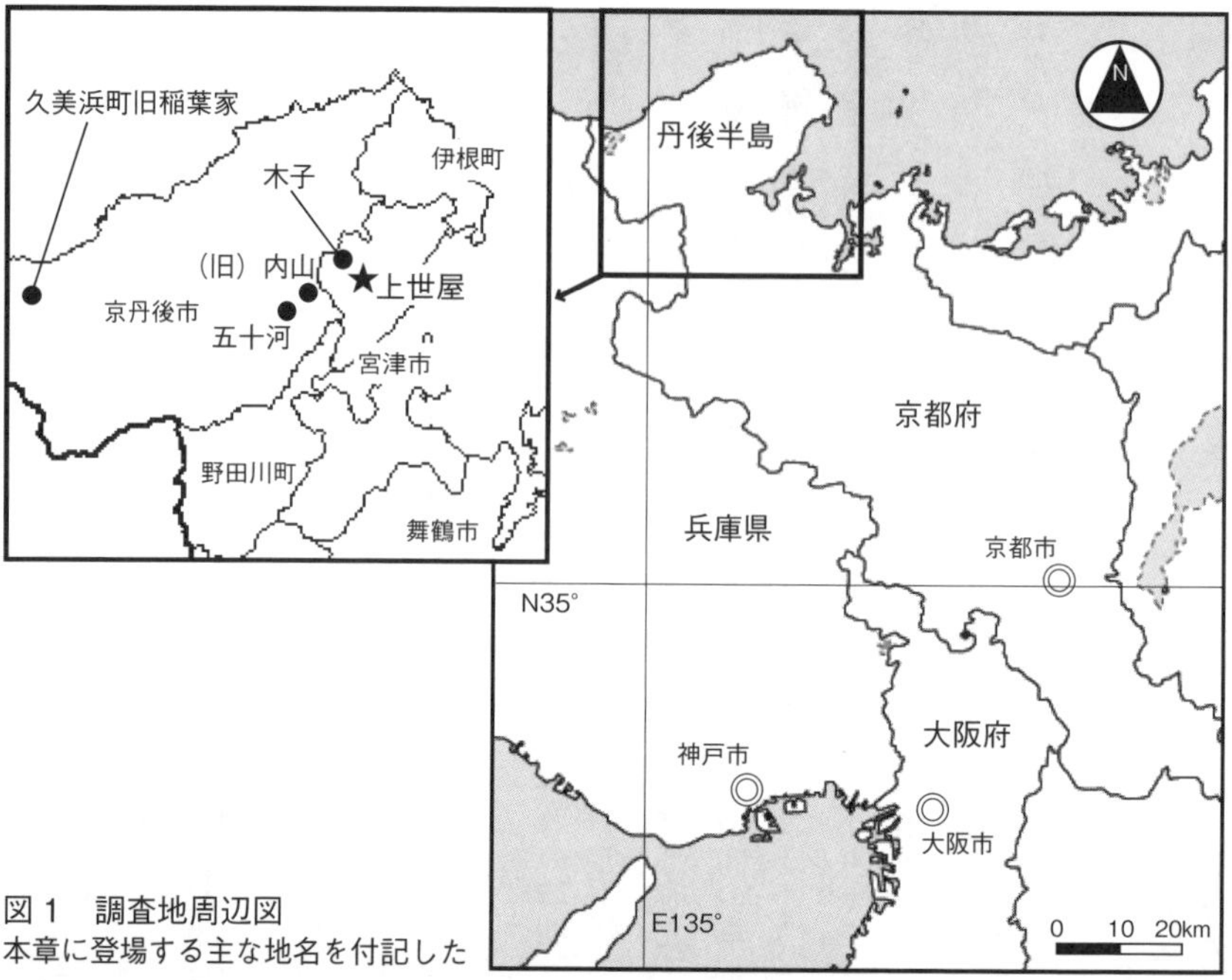

図１　調査地周辺図
本章に登場する主な地名を付記した

図２　調査対象となった民家

れ崩壊の危険性があることも問題視されていた。

　ところで民家建築に使用する材は、農村集落における木材・植物資源利用のなかで、薪炭や緑肥の利用とともに重要な位置を占めるはずである。そして、そこでは日常の消費財（材）としての利用とは異なる耐久財（材）としての資源蓄積も図られていただろう。思えば、日本の森林の状況を大きく変えてしまった人工林の姿も、元を正せば「家を建てる」というモチベーションがなさしめたものではなかったか。しかしながら、このような視点から過去の植生景観の状態を省みようとした報告は、管見ながらほとんど存在しないと思われる。かつての里山の植生復元および、植物資源利用の実態把握にとって、燃料とともに生活の基盤を支えてきた「住」にかかわる利用を位置づけることは、見過ごされていたパズルのピースを埋める重要な作業になりはしないだろうか。

　そこで近畿班では、所有者や地元集落の了解を得てこの民家を解体し、使われている部材一本一本について寸法などを測り、試料も採取して、どのような樹種がどのような状況の下に使われているのかを明らかにすることとなった。「民家解体調査」の始まりである。

二　丹後地方の民家の特徴

　解体調査の顛末に入る前に、丹後地方の農家民家について簡単にその特徴を紹介したい。

　丹後型民家の間取りは、平入り広間型三間取りを基本とする。つまり、一般に「田の字型」とよばれる四間取りでは土間に面して二間に分かれている空間が、一体の広間として構成されていることが特徴である（図３）。養蚕の普及などにともなって広間が仕切られ、現況では四間取りとなっている場合が多くみられるが、その仕切りは簡素なものが多く、建築当初は三間取りであったことが容易に判別

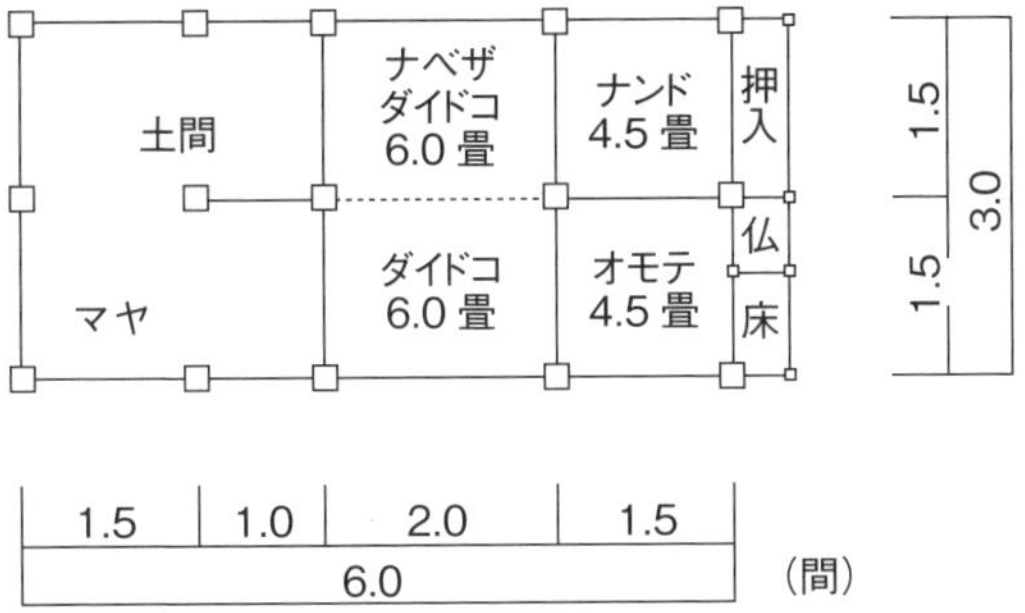

図３　丹後型民家の標準的な間取り

できる。

ほかに構造的な特徴として、土間の上部の中二階や二階（屋根裏）を「タカ」とよび、薪、柴や藁、桑の葉、屋根材、各種資材などを保管するスペースとして広くとっていることや、梁の端部に湾曲した根曲がり材を用いて荷重を支える「鉄砲梁」などをあげることができる。

これらの特徴は、いずれも冬季の深雪に対応した工夫といえ、三間取りによる広い広間は室内での各種農作業を可能にし、タカを広く取ることで物資を手の届きやすい場所に保管し、積雪地の斜面に生える根曲がり材を巧みに利用して、雪の荷重に耐える構造を生み出している。

三　ササ葺き屋根のプロセスとパターン

もうひとつ、丹後半島山間部の民家の大きな特徴は、屋根葺き材にササを使うことである。[*1] ササ葺きの民家は丹後半島をはじめ、北陸、山陰など日本海側に点々と分布しているが、現存するものは少なく、トタンをかぶせずに元のササ葺きをそのまま見ることのできる民家はわずかになっている。しかし丹後半島には、トタン屋根の内側に、ササで葺かれた屋根がそのまま残されている民家が、まだある程度まとまって存在している。
ササ葺き屋根は、住民相互の協力と継続的な補修作業によって維持されてきた。数年に一度は、風雪で屋根の傷んだ箇所に葉がついたままのササの稈《かん》を四〇センチメートル程度の短い束にしたものを差し込んで補修する（「さしがや」とよぶ、図4）。また、屋根が全体的に傷み補修だけではすまなくなれば、「総葺き替え」である。このときには長さが一メートルを超える長いササが大量に必要となる。
民家一棟の屋根を葺くのには、どれくらいのササが必要だったのだろうか。地元の経験者たちへの聞きとりから簡単な推定を試みた。[7]
普通、屋根の葺き替えは半面単位で行うことが多く、そのためにはおおよそ一〇〇〇束のササが必要だったという。九月の彼岸が過ぎ、ササの刈り旬となると、集落の各戸が結い（上世屋では合力《こうりょく》とよぶ）でササ刈りの手間を出し合い、その年に葺き替える家のためのササを集めた。主には女性が刈り取り作業を担当し、一人一日二五束の収穫がノルマだったという。ササは薪炭林などとして伐採された後の若い二次林に生育しているものを刈り取った（図5）。刈り取る場所は所有に関係なくどこでもよく、「カヤ場」のような特定の場所があったわけではなかったが、だいたい集めやすい場所は決まっていたようである。

実際に当時のササ刈りを再現して、一束の生重を測定すると、約一〇キログラムになる（図6）。一棟分、つまり二〇〇〇束分のササに直すと、生重にして二〇トンものサ

図4　さしがや作業

図5　若い二次林下のササ地

図6　ササ刈りの再現

＊1　ササ葺き屋根に使われるササはチマキザサ（*Sasa palmata*）である。丹後地域では高標高域に一部にチシマザサ（*Sasa kurilensis*）が見られるが、里山域の多くの林床でチマキザサが豊富に存在する。本章では区別のために「ササ葺き」と表記するが、地元では屋根材に使うササのことを「かや」とよび習わし、「かや葺き」＝「ササ葺き」と認識されている。全国的には「かや葺き」材料としてはススキやワラ類が一般的であるが、「かや」とはいわば屋根材の総称であり、地域で屋根材に最も適し、豊富に手に入れられる材料を「かや」とよぶことの、一つの事例である。

サが使われていることになる。この量は、既往の知見をもとに林内に生えているチマキザサの地上部の重量を一平方メートル当たり約二～二・五キログラムとして単純計算すると、〇・八～一ヘクタール分もの広さに当たる。ただし、ササは同じ場所で毎年刈れるわけではなく、再生を数年は待つのが慣習であった。造林学の知見でも、チマキザサ類の下刈後の回復年数は三～七年程度とされている。[8][10]また、その間に二次林も成長してササを被圧するため、良質のササを同じ場所で採取できるのは、薪炭林を一度皆伐してから二回くらいまでであった。

以上のような条件を含めて考えると、仮に一つの集落で毎年三棟程度が半面葺き替えを行うとすると、集落全体では二〇ヘクタール以上もの「更新の初期にササ刈りが行われる薪炭林」が存在したと推定される。実際には母屋のほかに、蔵や隠居もササで葺かれていたので、さらに多くのササが必要とされただろう。

このように、ササで民家の屋根を葺くという文化的・社会的なプロセスのもとで、丹後の里山林には定期的なササ刈りをともなった薪炭林が混在するという、地域特有のランドスケープのパターンが刻まれていたことになる。

四　上世屋という集落

上世屋地区も、間取りや構造、ササ葺き屋根ともに典型的な丹後型民家が寄り添う集落である。大正期には約六〇戸、一九六〇年頃までは四〇戸三〇〇名弱ほどを抱える集落であったが、その後三八豪雪（一九六二～一九六三（昭和三七～三八）年の冬に発生した記録的豪雪）などを機に人口は急減し、二〇〇九年現在で一四戸（うち四戸は外部からの移入）二一名が暮らしている（図7・8）。

日本海側で標高三五〇メートル前後に位置する集落であるため、冬場は例年かなりの積雪に見舞われる。しかし、豊富な水源に支えられて、棚田を中心とした水田耕作が発達し、稲作が主生業として営まれてきた。また、優美な棚田景観のほかにも、藤織りなどの伝統的生活文化を伝える集落である（詳細は第8章およびコラム4参照）。集落面積およそ六五〇ヘクタールの内、約六二〇ヘクタールは森林に覆われている、集落周辺にはナラ・シデ類を中心とした落葉広葉樹二次林と若干のマツ林、人工林が分布し、集落から離れ標高が上がると（最高標高七〇二メートル）、ブナ林も交えた高齢の二次林が広がる。

図 7　1962（昭和 37）年の上世屋

図 8　現在の上世屋
図 7 とほぼ同じ構図：右後方に見えるササ葺き民家は、1980 年代に公共の実習施設として集落外から移築されたものを、近年有志が葺き直したもの

上世屋集落は近代以降、二度の大火に遭っている。一度目は一九〇八（明治四一）年八月一日、二度目は一九四四（昭和一九）年九月二日である。一九四四年の大火に際しては、住宅一軒と蔵数棟および学校を残して集落全戸が焼失し、その後数年かけて各民家が建て直されて復興した。調査対象とした民家もその際の復興建築で、一九四〇年代後半の築である。築六〇年を古民家とするにはやや新しく感じるが、この地域ではまだ伝統的な様式と工法で家が建てられていた時期であることから、近代初期以前につながる資源利用の実態をうかがい知る手がかりとなるだろう。逆に、時代が比較的近いことで、当時の関係者から建築時の状況について直接聞きとることが可能である。

五　民家解体調査

民家を丸ごと一軒解体して調査をするという、これまでに前例がなく、もちろん経験者もいない作業は、試行錯誤で進められた。調査内容も含めその作業の様子を、写真も交えつつ紹介したい。

養生する

民家を解体することが決まったといっても、すぐに実施できるわけではない。当然、まず予算を確保し、事前にさまざまな予備調査をしなければならないが、その間対象の民家を放置するわけにはいかない。当初の状況以上に崩壊や腐食を進行させずに一冬を越せるよう、建物を保護する作業、すなわち「養生」が必要である。雪の降る前にブルーシートで屋根全体を覆うことが、まず最初の作業となった（図9）。

現況の記録

養生作業と並行して、民家の図面作成と現況の記録が進められた。図10はその三面図である。

調査対象の民家は、基本的には間口六間余り、梁間三間（三六《さぶろく》）の平面構成に準じており、これに家の表裏で半間ずつ下屋《げや》が付き、建坪では約一二〇平方メートル程度となる。これより一回り大きな民家は四間×八間（四八《しはち》）の構成になるが、上世屋集落内には三戸のみで、ほかはすべて三六のパターンに分類されるため、対象の民家は集落内では平均的な大きさであるといえる。

図９　養生中の対象民家

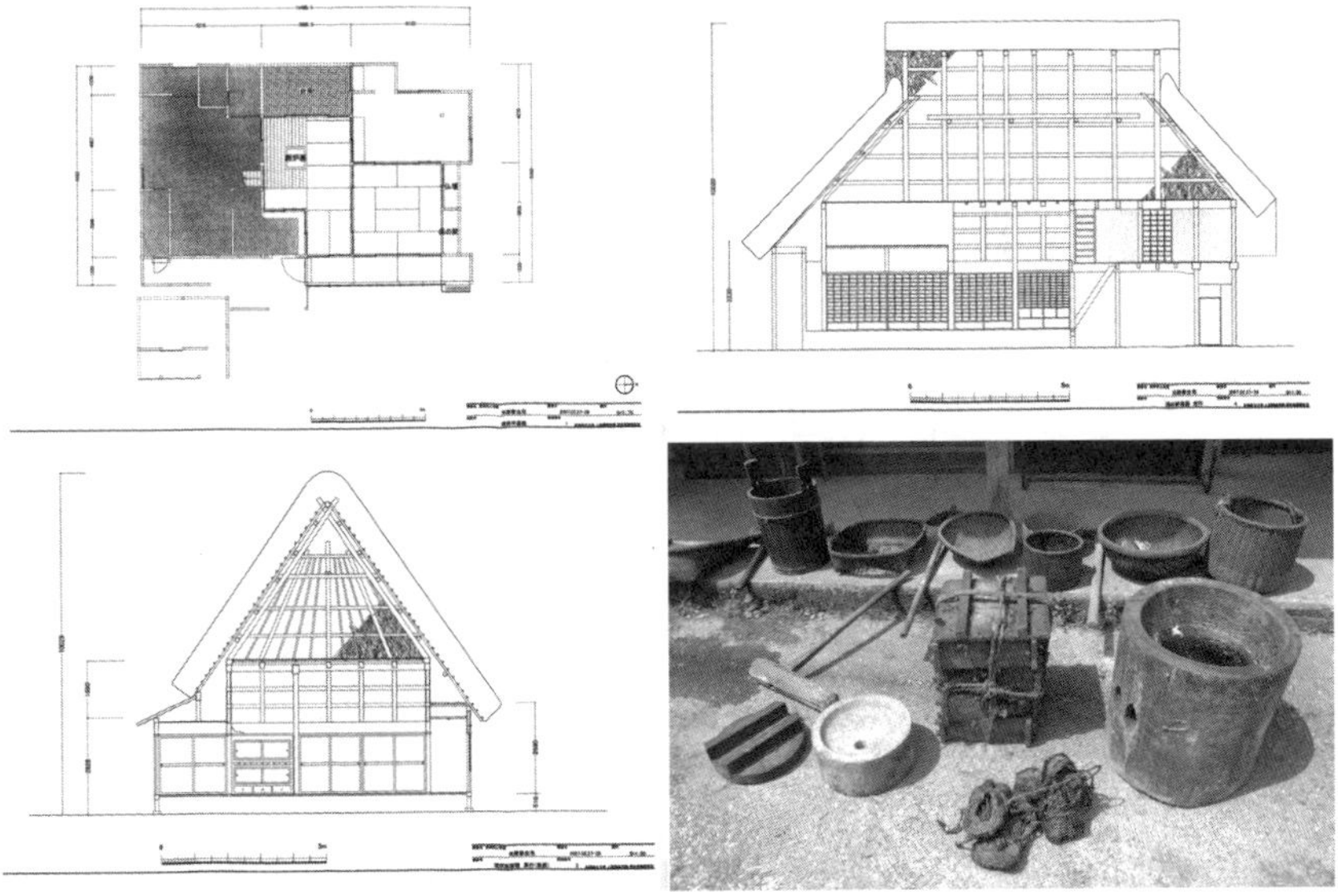

図10　三面図と収集された民具の一部（写真）

また、内部は長年放置された状況であったが、伝統的民具なども残されており、資料性のあるものについては保管してリストを作成した。

部材にナンバーをつける

各部材は解体した後にその一部をサンプルとして採取するが、その際、建築のどの部分に使用された部材なのかを記録しておく必要があった。しかし、いざ解体が始まってからでは、一つひとつの部材位置の確認は困難になることが予想されたので、事前に図面位置と照合しながら通し番号をつけることにした（図11）。そこで活躍したのが、森林を調査で扱う人にはなじみ深い立木調査用ナンバーテープである。手の届く範囲にある部材については、すべてこのナンバーテープをつけ、念のため部材に直接ナンバーも書き込んだ。書き込みには、墨汁やマジック、耐水チョークを試したが、結果的には耐水チョークが最も使い勝手がよく、ひととおりの調査が終わるまではしっかり記録を保つことができた。

図11　ナンバリング作業の様子

解体する

解体作業は二〇〇七（平成一九）年六月に実施した。屋根材を下ろすことから始まり、屋根の小屋組みの解体、建物本体の解体と、約一週間の作業であった。解体にあたっては重機も使用したが、基本的には一つひとつの部材を破壊せずに手作業で外していく作業である。特に、屋根の小屋組みと葺き方については地域の特徴が出ることから、他のササ葺き民家の再生にもかかわる屋根職人に解体調査への協力を仰ぎ、土着の工法を確認できるようにしつつ、将来に向けた技術の継承も図った（図12）。

採寸する

解体して地面に下ろされた部材は、角材なら三方向の寸法、丸太材なら元口、末口の直径と長さを採寸した（図13）。また、番付や墨書きがあれば記録し、枝の位置や加工の痕跡など、植物の生育状況や利用技術の手がかりとなる可能性のある事項も、できる範囲で記録に残した。ほぞで組まれた部材どうしを固める際に使う「込み栓」も、可能な範囲で回収した。

試料をとり、鑑定する

採寸した材は、その一部を樹種鑑定やその他の分析用の試料として採取した。丸太材は元口で円盤を切りとり、柱

図12　解体作業の様子

や梁、桁などの構造材は、仕口などの特徴的な部分を切断して採取した。現地で樹種判定が確定できたものを除き、採取した試料は研究所に持ち帰り、樹種の鑑定を行った（図14）。

図13　採寸作業の様子

図14　採取した試料の一部

当時の話を聞く

上世屋の下流側の隣村にあたる下世屋集落に、約六〇年前の復興の際に建築を手伝った元大工が住んでおられたので、当時の状況について話をうかがうことができた。残念ながら調査対象民家の建築に直接携わった方はおられなかったが、同じ状況におかれて復興を担ってきた何人かの上世屋の住民にも、当時の話をうかがうことができた。八〇歳をすでに回った先達に、長時間、事細かにというわけにはいかなかったが、当事者からの聞きとりは、この研究にとって非常に貴重な記録となった。

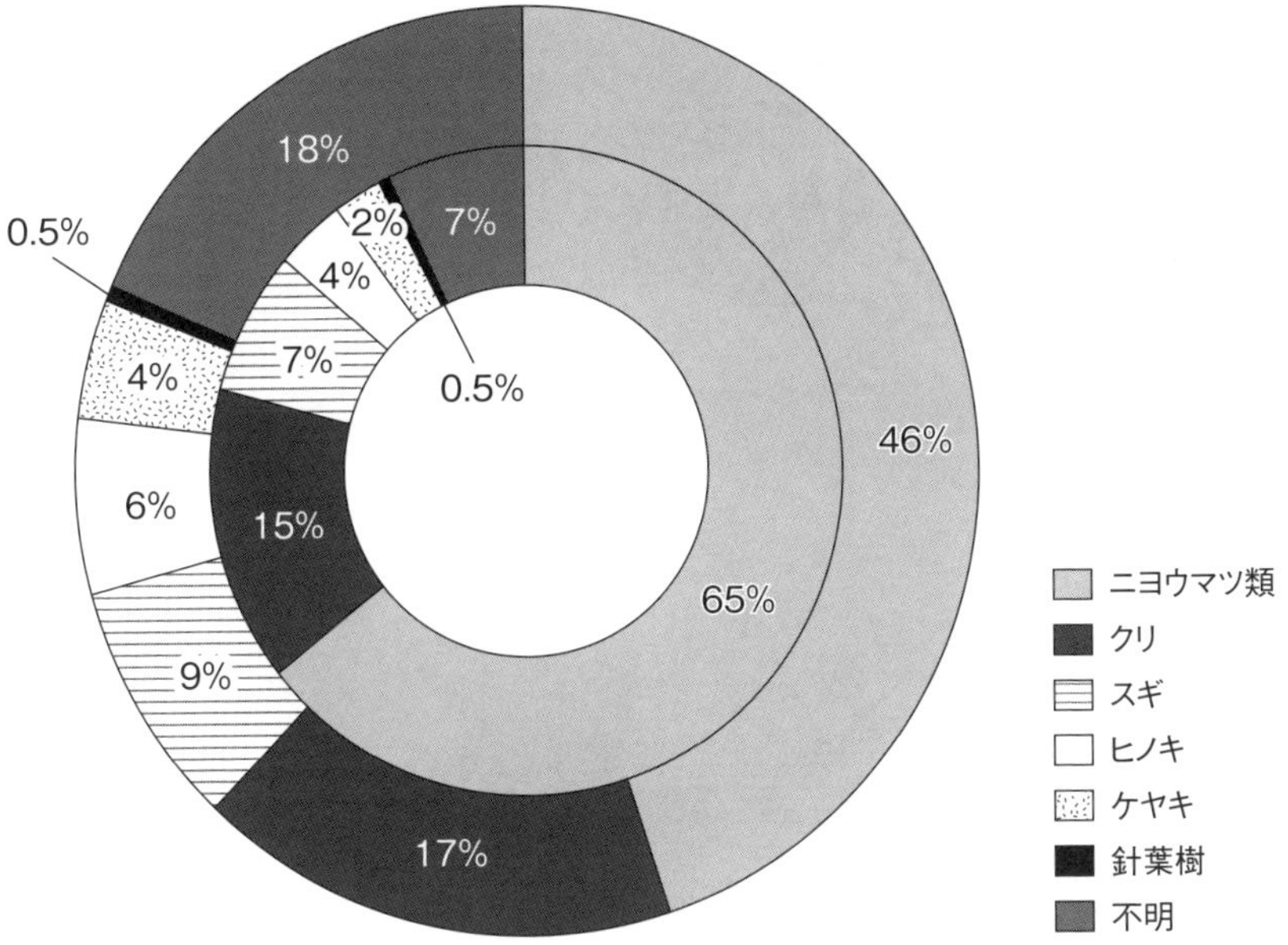

図 15　建物本体部材の樹種別の割合。外側：部材数、内側：材積

六　民家建築に使われていた樹木

建物の本体（屋根を除いた部分）からは、大小含めて四〇一点の部材が記録された。その使用樹種の内訳を部材数、及び材積の割合で円グラフにまとめたものが図15である。部材数で最も多かったのはニヨウマツ類（アカマツあるいはクロマツ）の材で、次いでクリ、スギ、ヒノキ、ケヤキとなっていた。特にマツは梁や桁などの構造材として大径材が使用されており、材積では約三分の二を占めていた。また、クリは柱材や基礎、土台の部材として多用され、重要な素材であったことがわかる。ケヤキは、全体に占める部材数や材積は少ないものの、大黒柱や玄関周りなどの意匠性が要求される部材として、来客の目につきやすい箇所に使われていた。

「込み栓」は、一二六個の試料を回収したが、その内一二〇個はカシ類の材であった。対象地周辺の植生からみておそらくアラカシが多いものと思われる。強度、耐久性の要求される部分であるだけに、堅い材を特に選んでいることがわかる。それ以外にはヒノキ、マツ、モミが使われていたが、これら針葉樹類の込み栓は端材などを利用して加工された可能性もある。

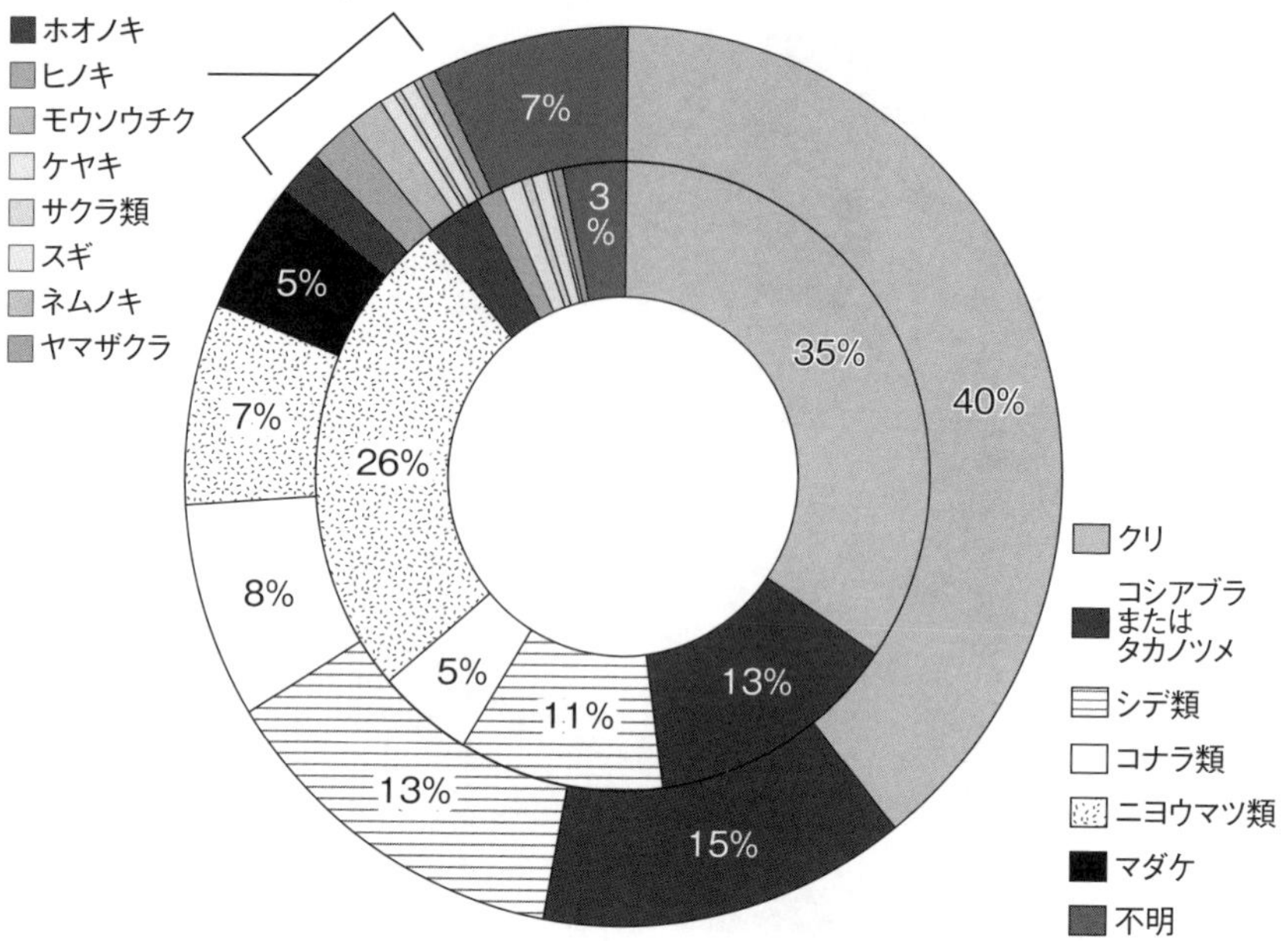

図16　屋根小屋組み部材の樹種別の割合。外側：部材数、内側：材積

おそらくここまでは、伝統的な民家に触れる機会の多い人ならば、ある程度想像できた結果かもしれない。

しかし、今回の調査結果で興味深いのは、屋根の小屋組み部材に使われている樹種である。この部分は屋根の入母屋の構造を作り出す「扠首《さす》（合掌ともよぶ）」組みと、それを水平方向でつなぐ「屋中《やなか》」、扠首と扠首の間で屋根の下地となる「垂木《たるき》」などからなる。それらは、扠首を除けば建物本体の構造材に比べて細い小丸太材（径五〜十数センチメートル程度）で構成されている。

記録された二三三点の小屋組み部材について、その使用樹種の内訳を部材数、及び材積の割合で円グラフにまとめたものが図16である。部材数の割合ではクリが約四割を占めるものの、それ以外に、コシアブラもしくはタカノツメ、シデ類（イヌシデ、アカシデ、クマシデ）、コナラ類[*2]（コナラ、ミズナラ）、ニヨウマツ類、タケ類（マダケ、モウソウチク）、ホオノキといった樹種が続き、さらにはスギ、ヒノキの針葉樹とともに、サクラ類、ネムノキなども混じっていた。材積でみると、ニヨウマツ類が約二五%と多くを占めるが、これは屋根の構造を支える扠首の材として使われていることが理由である。その扠首材でさえすべてがマツではなく、コシアブラ・タカノツメやクリ、ホオノキなどが混在していた。垂木材にはまっすぐなものはほとんどなく、山から伐り出されてきたそのままの形から枝を払った程度で、曲がりや枝分かれのある材料を巧みに組み合わせてつくられていた（図13）。

このように屋根の小屋組みからは、普段建築材としてはあまり目にかかることのない樹種が次々と現れてきた。建物本体とはうって変わって、さまざまな「雑木」が使われていたのである。

七　家が建つまで

聞きとり調査や文献[1]をもとに、一九四四年の大火の後、民家が建つまでの流れを追ってみたい。

まず集落では、各戸の経済的支援のために、集落から米を借りて年賦償還する復興米制度を作り、再建準備の整った家から一軒ずつ共同作業で復興を図っていった。また、あわせて集落の共有林であった観音山を開放し、そこの材で炭を生産することによる現金収入の確保を支援した。

火災後比較的早く再建にとりかかれた家もあれば、数年かかった家もあったが、新しい家が建つまでの間は、それぞれ敷地に仮住まいとして小屋掛けをして生活をした。この小屋掛けは、屋根の小屋組みをそのまま地面に下ろしたような作りだったといい、その間の生活上の苦労は大きかったようである。仮住まいの小屋掛けの材料（合掌、垂木、ササなど）のうち、使えるものは再建時の材料にも再利用したという。

当時のこの地域の民家普請では、「大工」と「木挽き」[*3]という二つの職能が重要な役割を果たしていた。建物の本体部分は主に大工が担当し、屋根の小屋組みは木挽きが担当するという役割分担があったというが、家屋の規模も

＊2　日本列島に分布するコナラ属コナラ亜属コナラ節には、コナラとミズナラが含まれるが、材構造では区別できない。本章では「コナラ類」と表記した。

＊3　一般的には、山林から木材を伐り出し、あるいは大鋸《おが》とよばれる縦挽き鋸で丸太を製材する技術を持った職能を指すが、本章の事例に見られるように立木の見立てなどを通して建築プランナー的な役割を果たしていた場合もあり、大工より力を持っていた時代もある。

図17　板図と職人の出面

含めた全体のプランニングでは木挽きが果たす役割が大きかったようである。

作業の工程としてはまず、施主の家の格（財産や所有山林の状況）で建物の大きさ（四間×八間か三間×六間か）が決まり、さらに内部の見栄えにかかわる差物（柱と柱をつなぐ幅広の角材、平物《ひらもん》ともいう）や梁（いずれもマツが多く使われる）のサイズが決まってくる。そして、それにあわせて柱などほかの部材のサイズが決められる。木挽きはそのプランニングに合わせて施主の山から伐り出す立木を見立て、足らない部材は購入あるいは火災見舞いなどの形をとって、近隣在所の親類などから調達した。

建築の図面は板図に描き、番付が振られて部材と対応させた（図17）。板図の裏には建築にあたった職人の出面《でづら》（出勤表）が記された。解体作業中、偶然にもこの民家の板図が発見された。仏間の棚板として転用されていたのである。棚板は特に保存対象とはしていなかったので、破損・逸失の可能性もあったのだが、運よく現場作業の責任者を務めていたS氏が直接その場所の解体にあたり、その目に触れたおかげでの発見であった。

建築部材は基本的には集落内や近隣の集落から調達された。マツやヒノキは下世屋から調達されたものが多かったというが、家によっては上世屋集落内の自家山林で十分調達できた場合もあったようである。Y．Y．氏宅は一九三一年に新築してからわずか一三年で罹災したが、それでもそれほど遠くない自家山林からほとんどの材を調達でき、相応の規模の家屋を再建できたという。

調査対象家屋の道向いだったY．H．氏は、材について「ケヤキが大将で、あとはクリが大事」という表現をした。下世屋在住の元大工もクリは上世屋に産するものが好まれたと証言しているが、材として重要であるとともに、それだけクリ材が得やすかったともいえるだろう。

木挽きが伐採した木材の搬出は、施主自らが「八人組」のような共同作業の組に参加し、手間貸しをしながら人力で行った。肩で担って出す場合が多かったようだが、前出のY．H．氏は、大黒柱に使うケヤキのような大径材については、綱で雪の上を引っ張って出したことを記憶している。

復興を急いだこともあるだろうが、伐採した木材を十分に乾燥させるような手間はかけなかったという。それでも現在残るどの家屋も、大きく狂うことなく上世屋の地に立ち続けている。

家を建てる準備が整った段階で、仮住まいの小屋掛けと同じように大工小屋を作り、材木を組むための刻みなどの作業はその小屋の中で行われた。建物の基礎を作る石場つきを近隣との共同で行った後、木挽きの指示で棟上げを一日で済ませ、まず屋根を葺いてしまう。それから大工による造作、左官による土壁塗りが行われて民家が完成する。最初に復興したY．K．氏宅の場合、骨組みに一五〇日、完成までには四〇〇日を要したという。このような作業を経て、一九五二（昭和二七）年頃までには集落の復興が完了したのである。

八　火災とどうつきあうか

上世屋での民家新築の契機となったのは、火災であった。これは〝たまたま〟だったという風に考えてよいのだろうか。聞きとりやさまざまな資料からは、実は火災の頻度は意外と高かったことがみてとれる。しかもかつては密集した家屋配置やかや葺き家屋であったことも影響して、ひとたび火災が起これば、集落内の広い範囲に延焼が及ぶことが多かったようである。

前述のとおり、上世屋は近代以降二度の大火に遭っている。一度目は一九〇八（明治四一）年、二度目は一九四四（昭和一九）年であり、その間は三六年である。その後、平成に入ってから、昭和の大火の際に唯一焼失を免れた民家が火災に遭ったことで、戦前からの住宅は失われてしまった。上世屋集落の中でも、少し離れた谷あいに独立した支村を形成していた浅谷集落は、一九六一（昭和三六）年四月の火事で全焼し、当時すでに三戸となっていた集落は廃村となった。

上世屋の隣村のひとつである木子《きご》集落は、一九二六（大正一五）年の火災で集落の約半数、二九戸を焼失したが、その三三年後、一九五九（昭和三四）年にも一六戸を焼失する火災に遭っている。

このように、集落によっては築一〇〇年を超えるような民家も残る一方で、数十年単位の短い間隔での建て替えを余儀なくされた場合も決して少なくないと思われる。そして、そうした困難に備えるために、ある程度の救恤《きゅうじゅつ》措置が山林利用の中に組み込まれていたとおぼしき節もある。

大火に際して上世屋集落は、罹災した人々に共有林を開放することで困難を乗り切ってきた。豊富な広葉樹林を炭に焼いて復興のための資金としたのである。明治期の火災の際は奥地《おくじ》とよばれる、集落から最も遠い山林を開放し、昭和期の火災の際は、観音山の共有山林を開放した。これらの共有山林では、開放以前にも小規模な炭焼きが入っていたが、それでも大径の樹木が豊富に残っていたようだ。集落周辺の山では木が細すぎて炭焼きの効率が悪く、むしろこうした遠隔地の山林に残る大径の幹をヨキ（オノ）で割って炭材とする方が、効率がよかったという。

後段で紹介する京丹後市大宮町の旧内山集落には、火災の記録そのものは残っていないが、やはり火災を怖れて家屋の再建のために必要な大径材を残したというブナ林がある。ある元住民はその山を「用心山」とよぶが、豊富な山林資源を背景に持つ集落であれば、こうした保険・救済的意味合いの強い林地を意識的に保残することも可能であったのかもしれない。

九　上世屋の民家は里山の〝雑木林〟そのものだった

民家建築部材に使用されていた樹種は、周辺の里山林植生とどのような関係にあるのだろうか。一九九八年に上世屋集落内の水田に隣接する広葉樹林〇・二一ヘクタールで行った植生調査と、屋根の小屋組みに用いられていた部材との間で比較してみたい（表1）。里山林の方は胸高断面

表1　里山林の植生と小屋組み部材との比較

屋根小屋組み部材に現れた樹種	材積割合（%）	里山広葉樹林に現れた樹種*	胸高断面積による相対優占度（%）
コナラ節	4.9	コナラ ミズナラ	40.70
二葉マツ	25.4	アカマツ	16.22
クリ	34.3	クリ	12.71
シデ類	10.9	イヌシデ アカシデ クマシデ	7.66
		リョウブ	6.11
		カエデ類	2.95
ヤマザクラ サクラ類	1.1	ヤマザクラ ウワミズザクラ	2.58
		シナノキ	2.02
		ナナカマド	1.95
ネムノキ	0.4	ネムノキ	1.72
コシアブラ	13.4	コシアブラ	1.43
		アズキナシ	0.69
		ミズキ	0.46
		ヤマボウシ	0.46
ホオノキ	2.9	ホオノキ	0.44
ケヤキ	1.2	ケヤキ	0.03

＊低木層樹種、および相対優占度0.04%以下の樹種は省略した（ケヤキを除く）

積にもとづく相対優占度で各樹種の割合を表し、小屋組み部材の方では材積で各樹種の割合を表している。これをみると、里山広葉樹林の主な出現樹種と比較的よく対応していると言えるだろう。異なっているのは、ニヨウマツ類とクリ、そしてコシアブラの材が部材の中には非常に多いことと、リョウブやカエデ類のような現在の林内に多数み見られる樹種が使われていないことである。標高が四〇〇メートルを超える山林が多い上世屋は、もともとそれほどマツ林が優占するという土地柄ではなかった。しかし、集落周辺にはある程度まとまって存在したマツ林も、終戦間際の松根油採取のための強制伐採、戦後のマツパルプ需要による伐採や、さらにその後のマツ材線虫病による集団枯死により、その量を大きく減らし[2]、現在は断片的に残っているにすぎない。クリについては、収穫した稲を干すための稲木などとして、建築材以外の用途でも生活に密着した材であったのだが、線路の枕木資材としての伐採や、クリタマバチによる虫害の流行などの影響か[*4]、現在の上世屋の里山林に建築部材として豊富に使えるほどの現存量は認められない。コシアブラは、この植生調査地点では優占度が低いが、他の場所では豊富に見られることも多く、比較的通直な材を得やすい樹種といえる。一方、リョウブやカエデ類が建築部材の中にみられない理由は定かではないが、木挽きが樹種ごとのサイズや形態的特性などをうまく見きわめながら、使える樹種を建築材として選択していくなかで生じた結果かもしれない。しかしこれらのことについては、他の民家や地域での事例も積み重ねなければ、本来の傾向はわからないだろう。

以上のような調査結果から読みとれるように、屋根材として使われているササから、小屋組みの細かい広葉樹材、建築構造を支える大径材に至るまで、この民家は、まさに「里山の〝雑木林〟そのものだった」といえる。それはちょうど、里山林の林床―亜高木層―高木層という空間構造の、あたかも天地を逆転した構造の中に人が住んでいるかのようである。ある程度は材の選択的な利用が行われ、またある程度は、他地域から流通する材料によって補完されながらも、生活の場の近くにあった里山林が「住」もしっかり支えていたのである。

そして、同時に建築当時の上世屋周辺の里山の姿も見えてくる。そこには、ナラ・シデ類、クリを交えた比較的若くて細い広葉樹林が豊富に存在し、さらにところどころ立派なマツが立ち並ぶ林があり、場所によってはケヤキなどの大径木が残されている。薪をとるために伐採された斜面にはササが茂り、秋になってササ刈りが済めば、再び若い広葉樹林が更新する準備が整う。家の建て替え、薪炭林の伐採、屋根材の採取、その他さまざまな周期と規模による森林資源へのはたらきかけが、今われわれが見ている里山を作り出してきたのである。

一〇 民家が語る里山の環境史

このような民家と里山の関係は、おそらく他の地域にも広く見られる事象と考えられる。

上世屋から丹後半島の脊梁山地を越えたところに位置する、京丹後市大宮町五十河《いかが》地区には、近世後期の築とされるササ葺きの農家民家がある。もともとは五十河地区のさらに上流の標高約五〇〇メートル付近にあった内山集落(現在廃村)から、一九三五(昭和一〇)年に移築された民家であるが、一九一三(大正二)年生まれの当主への聞きとりから、部材と樹種との対応がよく調べられている。[5] それによると、クリを柱などに多用する点や、柱と柱をつなぐ差物にマツをみせる点、ケヤキによる大黒柱や玄関周りの意匠などは、上世屋ともよく共通しているが、梁組の部材には内山周辺で豊富に手に入れることのできたブナやマボウソ、ミズボウソ（コナラ、ミズナラと思われる）が使われており、内山周辺に少なかったマツの使用は限定的である。特にブナは高齢級の林分が集落周辺に担保されており（前述の「用心山」）、大径材が利用できたため、大梁や鉄砲梁など、構造的、意匠的にも特徴的な部材となっている。屋根の小屋組みについても、上世屋の民家と同様に広葉樹と思われる曲がりの多い小丸太が多用されており、おそらくは近隣の雑木林から調達されたものと推測される。

類似の例は信州でもみられ、豪雪地でブナが優占林分を形成しやすく、薪炭生産をともなうミズナラ—コナラ二次林が広がる飯山市鍋倉山麓では、築推定一五〇年以上の民家に、大径の梁や柱材としてブナを、梁や側柱にナラ類を主要な構造部材として用いていたことが報告されている。[(3)]

また、農家以外の例として、京丹後市久美浜町に現存する「稲葉家住宅」を見てみたい。[(4)] 稲葉家は回船業を営む大地主の商家であり、一八八五（明治一八）年〜一八九〇（明治二三）年にかけての主屋の新築記録の中で、建築部材ごとに使用した樹種と調達の方法が詳しく残されている。それによると、梁組みや差物などの横架材の多くにはマツが使われており、その多くは稲葉家の所有山林ないしは近隣の山林から、稲葉家が雇用した木挽きによって自家調達されたものであった。一方、土台周りにはクリ材の使用が徹底され、柱材には来客から目立つ箇所にケヤキ、それ以外を主にヒノキとしていたが、これらマツ以外の部材の多くは、水運の便が利用できる範囲からの製材品の購入に頼っていたことも示されている。しかし、あくまで近隣からの自家調達が基本に据えられている点には、近世的な民家建築の一端が表れているとされ、またそこには周辺の植生条件の下で、木挽きの見立てによる周到な選択的利用があったとしている。

このような例は、海外にもみることができる。[(6)] 中世イギリスの民家で最も一般的な用材はナラ（Oak［オーク］*Quercus robur*または*Q. petraea*）であり、一五世紀のややや大きめのある農家では、二三二〇本のナラの幹が使われてい

＊4　この点に関しては明確な記録は残されていないが、一九九六年に明治後期〜大正初期生まれの方を対象に五十河地区で実施した聞きとりでは、上世屋に隣接し交流も深かった駒倉地区から、かつて鉄道の枕木材が多く出されたことが語られている。また、与謝地方林業研究会⑾によれば、一九五二年頃に京都府中北部にクリタマバチが大発生し、クリの被害が多く出たことが記されている。

たという。その多くは直径二〇数センチメートル以内の短伐期萌芽施業で生産できる材で占められていた。また、漆喰壁の下地である木舞《こまい》には、ハシバミ（Hazel［ヘーゼル］*Corylus avellana*）が多く使われるが、ナラとともにイギリス南部のコピス（萌芽施業林）を形成する主要な樹木である。建築の構造だけでなく屋根も同様で、垂木にはナラの丸太や割丸太が使われ、かや葺き屋根でワラやヨシなどの葺き材を屋根に押さえつけるための材料には、ハシバミの割材が使われる（日本では割竹を同じように用いることが一般的である）。イギリスでは、この伝統的な材料を確保するために、現在でもハシバミのコピスが維持されているという。(9)

現在はまだ断片的な手がかりでしかないが、民家そのものが周辺の植生を反映していると同時に、民家を一つのエビデンスとして植生の履歴、人と森林の多角的な関係性にアプローチする切り口もあり得ることが示されたと思う。環境史の蓄積として民家をとらえ直すことによって、里山研究に新たな視界を開くことにつながるのではないだろうか。

手元に保管されている大量の部材試料には、年輪情報をはじめ、まだ多くの手がかりが残されている。さらには、民家を建てるために、また、その用材を得る森林を作るために、地域にどのような約束事や考え方、哲学があったのか、それは「賢明な利用」のあり方にもつながっていくテーマであるが、今後も探索を続けなければならない課題である。

最後になるが、本章の内容にかかわるさまざまな聞きとり調査にあたっては、丹後に長年暮らしてきた多くの方から話をおうかがいし、建築当時の状況などを語っていただいた。また、このようなあまり例のない調査が滞りなく進んだのも、地元の方々からこれまでの調査も踏まえて理解と協力をいただいたおかげである。しかし、お世話になってきた方の中には、すでに八〇歳を大きく超え、本章の執筆までに残念ながら鬼籍に入られた方も多い。体調面から、話をうかがいにくくなる場合も増えてきた。木挽きは調査時点ですでにご存命の方はおらず、その職能が地域の民家建築に果たしてきたと思われる重要な役割については十分検討することができなかった。人より長く生き続けることのできる民家に、将来にわたって地域の環境史を雄弁に語り継いでもらうためにも、過去を生きた人々の語りをできるだけ残してほしい。

第8章　比較里山論の試み
——丹後半島山間部・琵琶湖西岸・京阪奈丘陵のフィールドワークから

深町加津枝
奥　敬一

一　里山の地域性

日本の里山では、それぞれの地域の気候や地形などがもたらす自然と地域の人々の生活、生業、信仰、年中行事などが結びつきながら、地域固有の景観が形成されてきた。里山には、さまざまな土地利用、管理が行われてきた歴史があり、それぞれの地域に根ざした地域性がある。これからの里山のあり方についての議論を深めるためには、そうした地域性についての相対的な位置づけを確認するための足場が求められる。また、里山の利用や保全が、ある一地域でのやり方の再生産やマニュアル化によって、画一化する方向に向かうことは好ましくなく、今後、現実に存在している地域性が、継承されるべき地域性として地域社会に認識される必要があろう。本章で議論しようとするのは、個別の地域における里山の来歴や変容を、同時代性の中で横並びに俯瞰することにより、里山の地域性をより鮮明にあぶり出そうとする試みである。それは同時に里山に共通した性質や経験とは何かを示唆することにもつながるだろう。それをここでは、「比較里山論」という視点で扱ってみたい。

本章では、近畿地方の三地域を対象とし、それぞれの代表的な集落における資源利用や里山景観の変化に注目し、変化の要因となった自然、社会的背景との関係を比較していきたい。比較の対象とするこれら三地域は、丹後半島山間部の上世屋《かみせや》周辺、琵琶湖西岸の守山周辺、京阪奈《けいはんな》丘陵の鹿背山周辺であり、土地利用形態の変化などについての研究が蓄積されてきた地域である。これらは、同じ近畿圏内にありながら、気候や植生、消費地からの距離、居住人口規模などがそれぞれ異なっており、対照的な比較が可能である。なお、時間的な範囲としては、比較的正確な位置情報を持つ地図資料があること、また近代化以前の景観構造と人間活動の関係の名残をある程度聞きとりなどによって知ることができることから、明治後期の一八九〇年

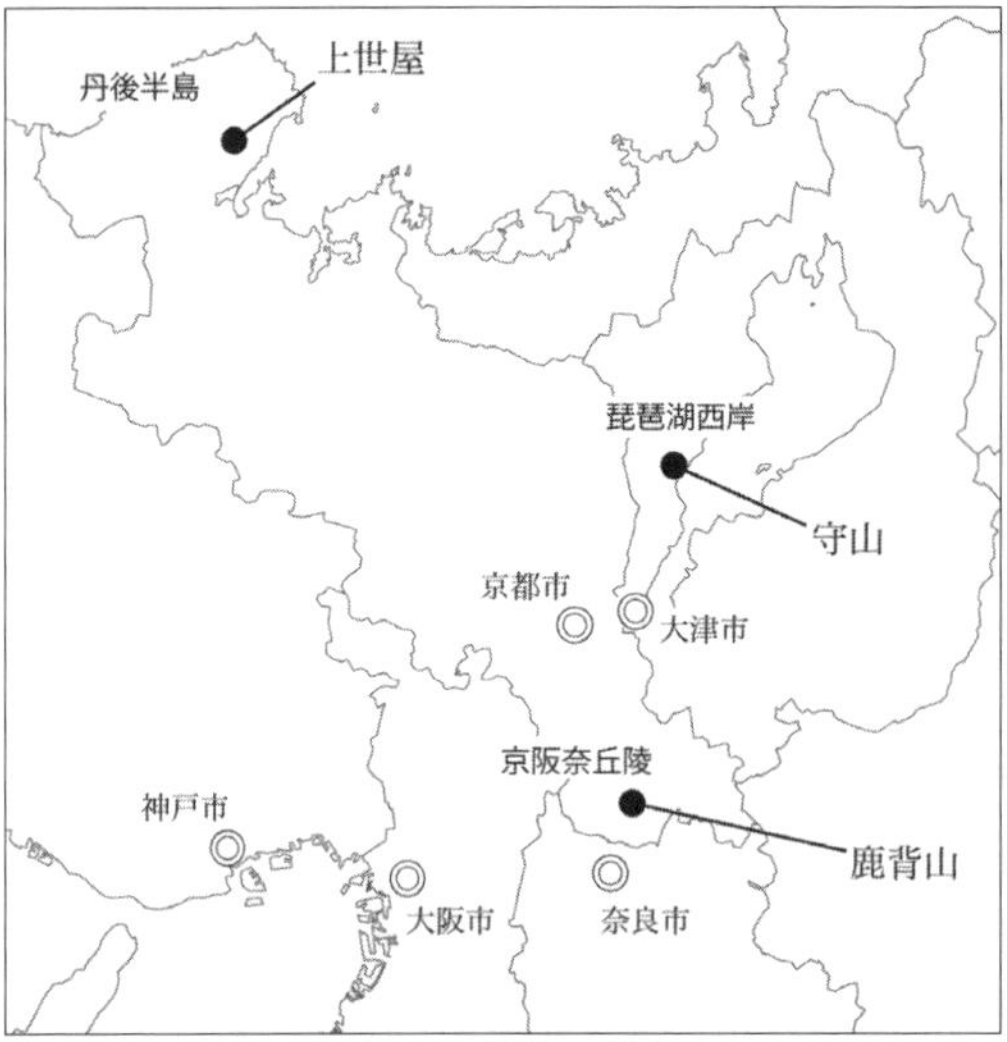

図1　上世屋，守山，鹿背山の位置

表1　対象とする3地域の概要

	宮津市上世屋 （丹後半島山間部）	大津市守山 （琵琶湖西岸）	木津川市鹿背山 （京阪奈丘陵）
面積（ha）	650	360	370
人口（20世紀初頭）	290	300	600
人口（現在）	20	800	560
居住地の標高（m）	350	100	50

※数値はいずれも概数

前後を起点として、それ以降の資源利用や里山景観の変化をみていく。用いた文献、地図資料についてはこの章の最後にまとめて示す。また、三地域の里山の変遷に関連の深い社会的背景は、見返しの環境史年表にまとめている。

二　地域の概要

まず、三地域それぞれについて資源利用の形態を比較の起点として確認しつつ、その後の変遷のモノグラフを記してみたい。表1に示す二〇世紀初頭の居住人口と集落面積との比を考えれば、上世屋に対して守山が倍の人口を擁し、鹿背山はさらにその倍を擁している。都市や大消費地からの立地という観点

でみれば、鹿背山が京都、大阪、奈良に囲まれた最も大消費地に近い立地にあり、上世屋が最も遠い。守山はその中間という位置づけになろう（図1）。

図2　上世屋の景観

丹後半島山間部・上世屋

立地、地形と気候

丹後半島山間部に位置する京都府宮津市上世屋（図2）の面積は約六五〇ヘクタールである。標高三〇〇〜七〇〇メートルの世屋川流域上流部にあり、中心となる居住域は標高三五〇メートル前後である。冬期にも積雪降水の多い日本海型気候であり、平均気温は約一四度、年降水量は一七五〇ミリメートル程度である。高標高域では冬期の積雪が三〜四メートルにおよぶ。

上世屋は急峻な山地内に形成された平坦な地形を利用した集落である。地滑り地形の平坦面に集落が位置し、周囲の山腹斜面からは谷水や湧水も豊富であることから、斜面部は棚田として耕作されてきた。地質は新第三系に属する礫岩あるいは礫岩・砂岩・泥岩の互層である。

現在の植生

森林面積は全体の九割以上を占め、ナラ・シデ類が優占する落葉広葉樹林がその大半を占める。高標高域には里山ブナ林（集落と結びつき、伐採など人為的な攪乱を受けながら利用、管理されてきたブナ二次林）が分布する。アカマツやコナラが優占する針広混交林、小規模なスギ・ヒノキ植林地や竹林が集落や農地周辺に点在する。

人口と産業

上世屋の一九二四（大正一三）年の人口は二九〇人、世帯数は六〇戸であり、大部分が農家であった。一九八〇（昭和五五）年は五六人、二五戸に減少し、二〇〇〇（平成元）年には人口二二人、世帯数一三戸となった。現在の居住者は七〇歳代が中心であり、過疎化、高齢化の進行が著しい。主な生業は水稲を中心とした農業である。コナラ、イヌシデ、ブナなどの落葉広葉樹を薪炭利用してきた歴史が長く、スギ・ヒノキ植林による林業はあまり盛んではない。一九六〇年代までは野生のフジ繊維を用いた藤織りも行われ、副収入として重要であった（コラム４参照）。

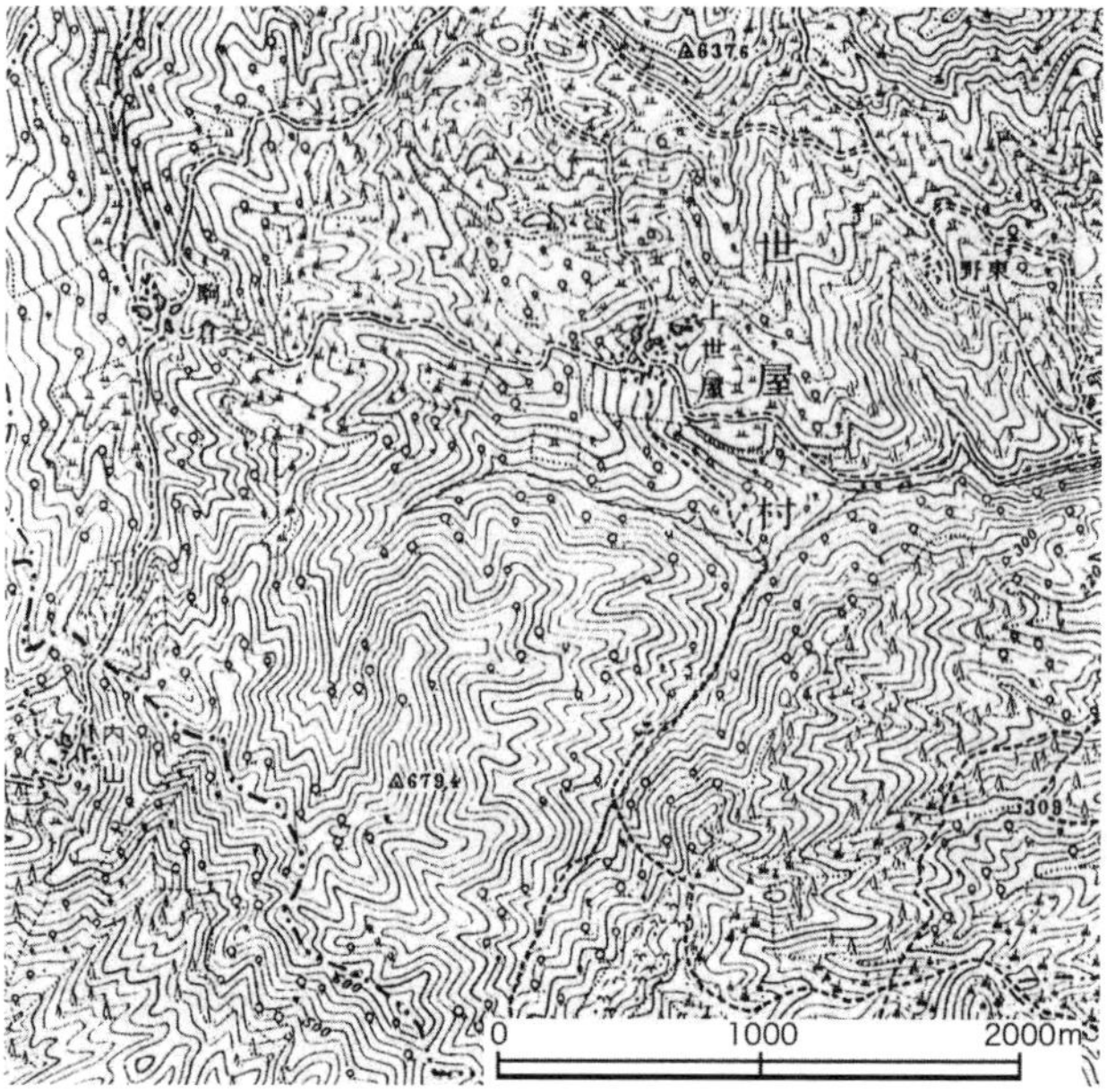

図３　宮津市上世屋周辺の土地被覆（1894 年）

二〇世紀初頭頃の資源利用と里山景観

図３に一八九四（明治二七）年発行の上世屋周辺の五万分の一地形図を示す。集落を中心に水田が広がり、一部は細い谷間に入り込んでいる。樹林地の多くは広葉樹林となっており、針葉樹林は一部にかぎられている。耕作地周囲の緩傾斜地には荒地が多く見られる。

図３に示した上世屋周辺での二〇世紀初頭の主要な資源利用の流れを模式化したものが図４であり、上世屋および周辺山間集落の大正～昭和初期生まれの住民に行った聞きとり調査の結果、文献資料などをもとに作成した。資源利用の流れの模式図の作成方法は次項以降の二地域について

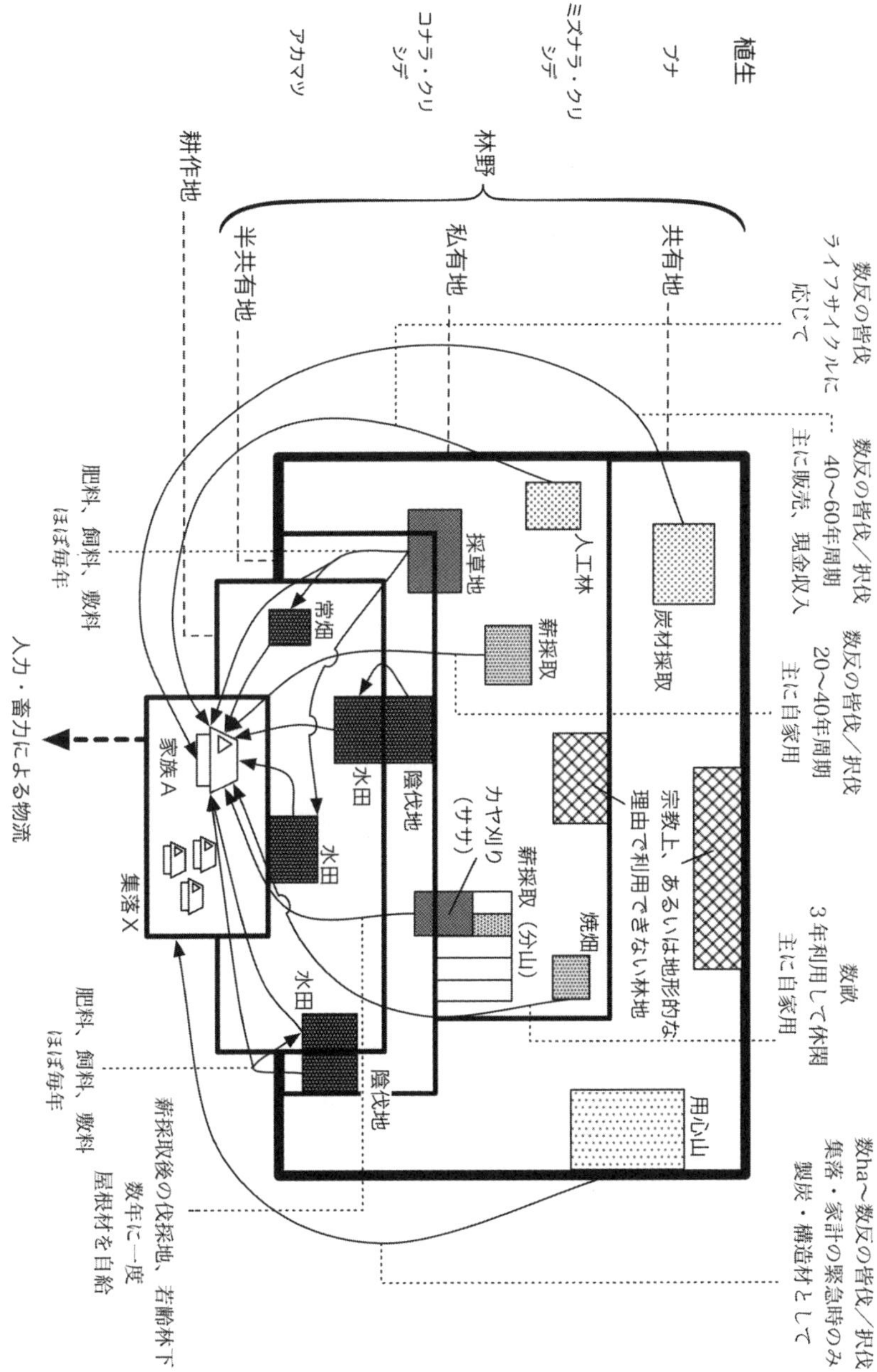

※ パッチの濃さは資源採取間隔を示す。濃いほど間隔が短い。

図4　上世屋周辺の資源利用（20 世紀初頭）

も同様である。図中には主な土地利用や所有形態、それぞれの土地利用を通した資源の利用量、利用頻度などを示した。

集落周辺や水源の得られる緩傾斜地は可能なかぎり水田として利用され、その周辺で水利の多少不便な場所は常畑として、主に自家用のソバ、ダイズ、ジャガイモ、ハクサイなどの作物が生産された。

林野は所有形態から私有地と共有地があるが、私有されていても他者による利用や管理が可能な「半共有地」的な性格を持つ部分が、採草地や陰伐地、カヤ場など重要な資源利用の場でもあった。

採草地は、毎年、水田や畑の有機肥料として高さ一メートル未満の樹木の萌芽枝や草本植物を刈り取る場所であり、役牛の飼料、敷料としても利用された。陰伐地は、主に耕作地の南側に隣接する山林で、耕作地が日陰になるのを防ぐために数年周期で伐採される場所であった。耕作地側の所有者に刈り取りの権利があり、十数メートルほどの幅で刈り取られた植物は緑肥や柴として利用された。

丹後半島山間部の伝統的農家民家は周辺林野からのクリ、ケヤキなどの広葉樹やアカマツ、スギを中心とする針葉樹、マダケなどを用いた。屋根はチマキザサを材料とする笹葺き民家であり（第7章）、そのためのカヤ場は、長くてまっすぐなチマキザサが密生する林床であった。薪炭伐採跡地は、十分な光環境によりササの成長を促進するため、好ましいカヤ場となり、樹木が疎生する若齢林の間も採取の適地となった。茅の採取が集中する場所はほぼ決まっていたが、年ごとのチマキザサの生育状況に応じてカヤ場を変化させていた。

焼畑は、私有地や共有林などの比較的急峻な斜面の中腹より下部で、数畝程度の面積でつくられ、火入れ後、ソバ、アズキ、ダイコンなどを順番に三年ほど栽培した。その後は採草地などとして利用し、森林に遷移させるという手順が繰り返された。焼畑の跡地はワラビなどの山菜がよくとれる場所としても認識されていた。

私有林にはアカマツ林も小面積でみられたが、大部分はナラ類、シデ類が優占する落葉広葉樹林であった。落葉広葉樹林の多くは自家用あるいは現金収入のための薪炭採取の対象であり、薪や柴の伐採周期は二〇～四〇年程度、炭焼きの場合は四〇～六〇年程度であった。集落から比較的遠い山林は主に集落の共有地となっており、そこでは入札による薪炭利用が行われたほか、地形上あるいは社寺林などの信仰上の理由で一般には利用されない林地もあった。

高蓄積かつ大面積の共有林は、大火の際の集落の復興用の炭焼き、家屋の自家用用材の伐採などが中心で利用圧が低く、主に非常時用の備蓄としての役割を果たした（用心山ともよばれる。第7章参照）。また、比較的集落に近い共有地の中には「分山《わけやま》」として立木の利用権が集落に居住する各戸に分配されたものもあった。

里山利用の変遷

一九〇〇年代になると、上世屋では、海岸沿いの集落まで販売用の炭を運ぶといった往来の利便性を向上させるため、道路建設を集落独自で開始した。道路の整備は上世屋周辺の集落にとって重要課題であり、その後も新たな府道や農道の計画、建設が引き続いた。一九三〇年代に京都府の地方事務所が設立されると、竹材生産やスギ・ヒノキの植林、木炭増産が行政施策として奨励されるようになった。一九四〇年代以降になると、自家用の建築材などとして単木的に利用されるにとどまっていたアカマツ林は、松根油の採取等のため伐採されたほか、建材やパルプとしての需要の増加にともない、大径木を含むアカマツ林がまとまった面積で伐採された。

一九六〇年代になると、河川の砂防工事や高度経済成長と人口流出の進行、燃料革命などにともない、伝統的な土地利用形態に目立った変化がみられるようになった。プロパンガスや電気製品が普及したことにより薪炭需要は急速に低下し、利用されない広葉樹林がさらに増加した。また、マツ枯れによる被害が広がり、アカマツ林が減少していった。そして、都市部との格差の広がり、三八豪雪の影響などにより、丹後半島の山間部での過疎化は進行し、高齢化がみられるようになった。農作業が機械化されるようになると、湿田や谷間の小規模な水田が放棄されるようになった。一方、集落をあげて林地を開墾し、商品作物であるキャベツの栽培を開始し、農協の自動車に積み込み京都の中央市場で販売するようになったが、収益の低さから長くは続かなかった。

一九七〇年代になると、化学肥料の普及にともない、採草地や陰伐地の利用が大きく減少し、焼畑も行われなくなった。そして、水田の生産調整が進むにつれて耕作面積が減少し、フキやソバなど米以外の商品作物を小規模に栽培する農家が見られるようになった。火災の恐れがあり、維持管理に手間のかかる笹葺き屋根は、トタンや瓦屋根に変わり、カヤ場の必要性が失われていった。一方、木材需要の高まりを受け、行政主導による拡大造林の影響も及んだ。林野の国有林への売り払いや分収造林(造林地所有者、造林を行う者、費用負担者で分収造林契約を結び、その収益を分け合う森林)も進み、数ヘクタール以上に及ぶスギ・ヒノキ植林地が現れた。住民の中には農閑期に国有林の作業員として働き、現金収入を得るものもあった。そして、相対的に利用価値が低下した広葉樹林や採草地、水田は管理放棄され、小規模なスギ・ヒノキ植林地に変化するものもあった。

一九八〇年代になると、上世屋周辺の豊かな自然並びに地域の産業及び文化にふれあう施設として家族旅行村が建設されるなど、観光による地域活性化のための行政施策や取り組みが活発に行われるようになった。藤織りの技術の伝承、無農薬の棚田米や加工品の販売など、地域文化を継承するための活動もみられるようになった。しかし、過疎化、高齢化は依然進み、管理放棄される耕作地や林野がさらに増加した。一方、林道建設などによるアクセス性の向上は、外部からの利用圧を高めることになり、従来は大規模に利用されることのなかった高標高域のブナ林など、高齢広葉樹林がパルプチップ材として皆伐されるようになった。二〇世紀初頭にみられたような「半共有地」的性格にもとづく林野利用はほぼ失われ、管理放棄された農地や人工林の面積が急速に増加していった。そして、一九九〇年代以降には、利用されなくなった薪炭林にナラ枯れによる被害が広がり、イノシシなどによる獣害が深刻化するようになった。

二〇〇〇年代になると、上世屋と五十河(京丹後市大宮町)の境界付近のブナ林が京都府自然環境保全地域に指定されるなど、森林が保全対象として位置づけられるようになり、二〇〇七年には丹後天橋立大江山国定公園が誕生した。環境教育やエコツーリズムの観点から里山を利用しようとする動きが移入住民や市民組織、行政レベルでみられるようになった。

琵琶湖西岸・守山

立地、地形と気候

琵琶湖西岸の比良山地東麓に位置する滋賀県大津市八屋戸守山(図5)の面積は約三六〇ヘクタールである。琵琶湖岸(標高約八〇メートル)から蓬莱山(標高一一七四メートル)などの山頂部までが領域に含まれ、東向きの扇状地斜面から狭い平野部にかけての範囲が主な生活域となっている。瀬戸内海型気候と日本海型気候の接点にあたり、冬に降雪が多い湖西南気候区に区分される。年平均気温は約一四度、年降水量は一九七一ミリメートルであり、冬期の比良山地の頂上の積雪は二〜三メートルに達するが、山麓部での積雪は三〇〜四〇センチメートル程度である。

守山周辺の地形は、断層崖である急斜面を流下する河川によって崩壊地や土石流性渓流、扇状地が発達する特徴がある。おおむね標高三〇〇メートルより上部が急傾斜の山地、それ以下が扇状地となっている。地質は標高三〇〇メートル以上の山地部分が古生代の砂質粘板岩からなり、標高一五〇〜三〇〇メートルの山麓地は古琵琶湖層の粘土、標高一五〇メートル以下の低地には、扇状地の末端の砂質土が分布している。

図５　大津市守山の景観

現在の植生

森林面積が全体の約八割を占め、扇状地周辺にはアカマツ林やクヌギ・アベマキ林が、標高三〇〇メートル以下の山麓部にはスギ・ヒノキ植林地や竹林がモザイク状に分布する。山地の中腹にはナラ・シデ類を中心とする落葉広葉樹林、スギ・ヒノキ植林地が、高標高域にはミズナラ林、ブナ林やササ原などが分布する。

人口と産業

一八八〇（明治一三）年の守山の人口は二九八人、世帯数は六四戸であり、一九三〇年頃まで大きな変化はなかった。一九六五年頃から徐々に移住者が増えたが、一九九〇（平成二）年頃までは別荘地として家を求める人が多かった。

一九九〇年代には通勤圏として都市部からの移住人口が急増し、二〇〇四年の人口は八二六人、世帯数は二六七戸となった。農業は稲作が中心で、ほとんどが兼業である。畑は自家消費的な規模に留まる。一九六〇年代までは薪や柴あるいは用材を生産し、舟運により琵琶湖東岸地域や大津方面に販売していた。明治後期以降、石材生産も行われ、現在も石材、造園業が数軒ある。また、京都、若狭方面の街道筋にあり、高度成長期以降、観光開発や別荘地・宅地造成が進められてきた。

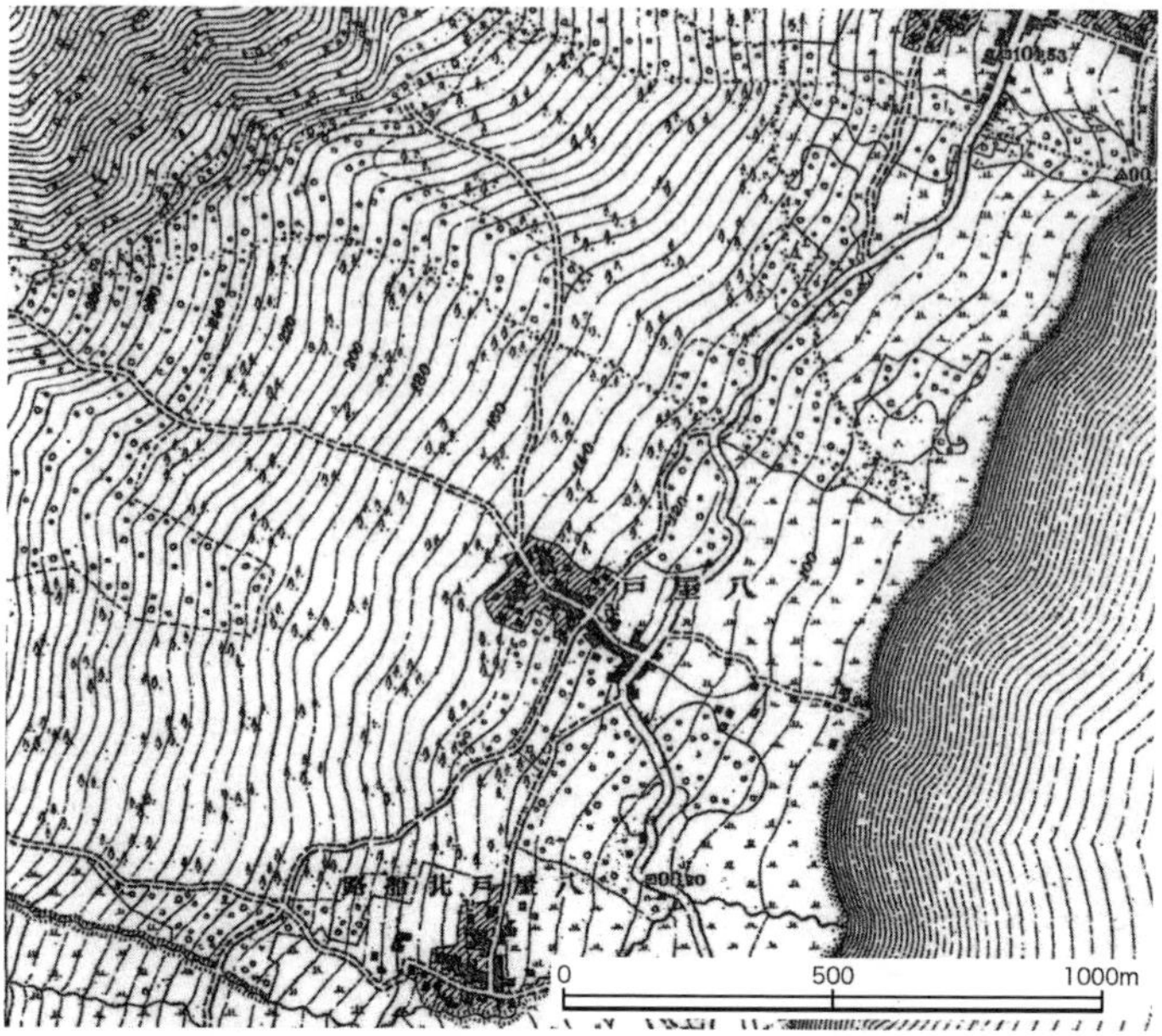

図6　大津市守山周辺の土地被覆（1893 年）

二〇世紀初頭頃の資源利用と里山景観

図6に一八九三（明治二六）年発行の大津市八屋戸守山周辺の二万分の一地形図を示す。図中に「八屋戸」と記された部分が守山の集落であり、標高一二〇メートル付近の集落の下部から湖岸にかけて水田が広がっている。扇状地の下部から集落付近までは針葉樹林（大部分がアカマツ林）に覆われ、扇状地上部から山地にかけては主に広葉樹林となっている。守山集落と南隣の北船路集落との間にも広葉樹林が広がり、この付近は土石流が起きやすい涸れ谷があった場所である。

図7は、図6に示した守山周辺の琵琶湖西岸の二〇世紀初頭の主要な資源利用の流れの模式図である。地形条件から耕作地の面積はかぎられ、その大部分は湖岸および集落

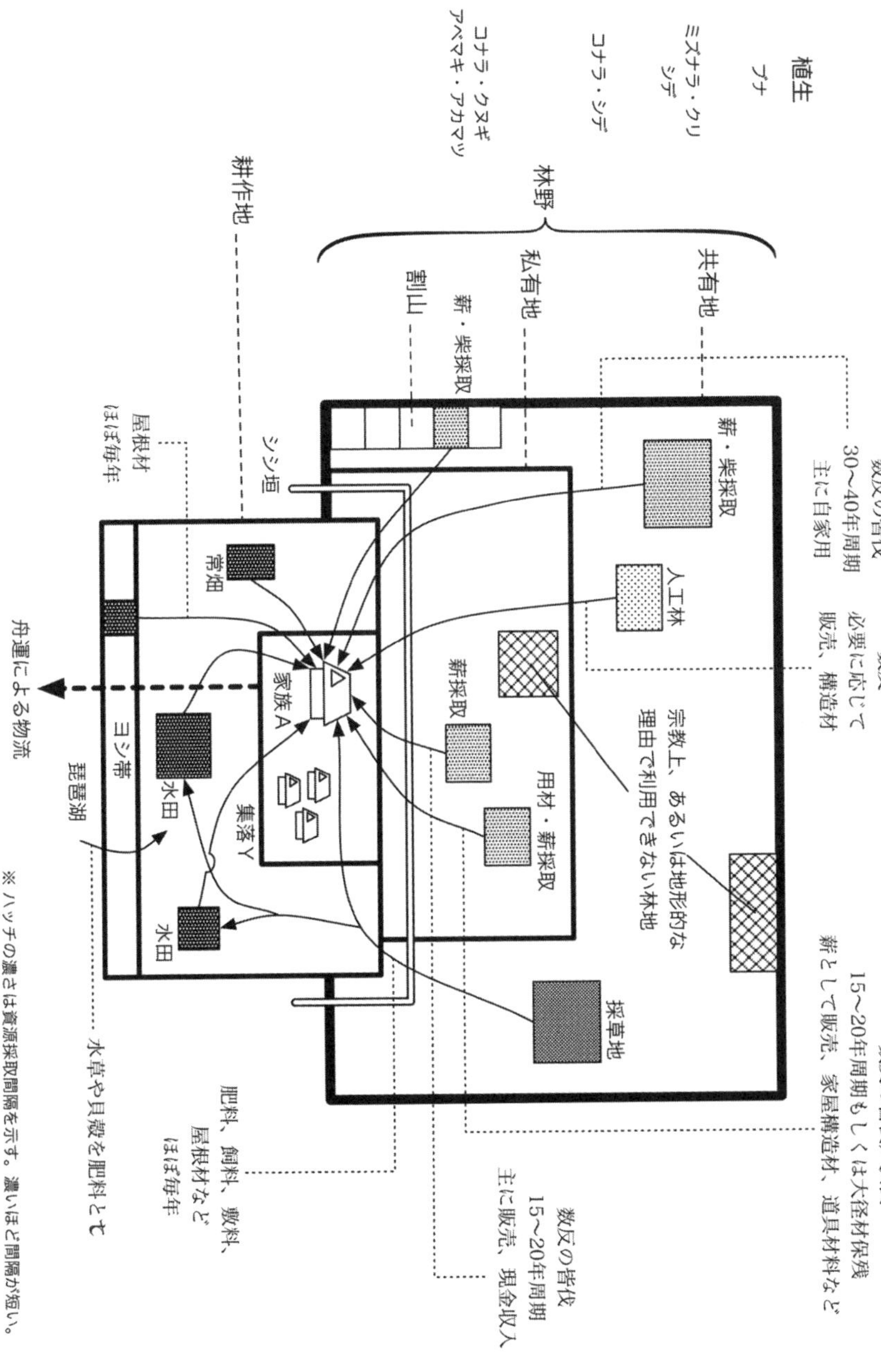

図7　守山周辺の資源利用（20世紀初頭）

周辺に位置した。山の中腹からひかれた水路沿いや、湧水の近くには石組みの畦畔などをともなう棚田があり、水利のやや不便な場所は常畑として自家用の野菜や茶などが生産された。耕作地と林野との境界にはシシ垣が築かれ、山側からシカやイノイシが耕作地に下りてくるのを防いでいた。

集落に近い林野には私有林が多く、アカマツ林からのマツ割木を生産し、舟運により湖東の瓦産地などへ販売したほか、大径材は用材や道具の材料などとしても使用された。コナラなどのナラ類からは自家用、販売用の薪や柴が採取された。一部にはクヌギの植栽も行われ、販売用の薪として一五～二〇年周期での収穫が行われた。こうしたマツ割木、薪の対価により、集落内では生産に限界のある野菜類を湖東地域から購入することも多かった。標高五〇〇メートルに位置する「サンナイ」とよばれる林野は共有林であり、主に自家用の薪や柴が採取されたが、成長が遅く三〇～四〇年周期での伐採であった。扇状地の上部や河川に近い場所には採草地があり、肥料、飼料、敷料などとして、頻繁に利用された。このような採草地やその周辺では屋根材としてススキも採取された。また屋根材としては、湖岸のヨシ帯からヨシも採取して利用した。守山周辺の民家の構造材としては、主にアカマツや小規模に分布した人工林からのスギなどが用いられた。琵琶湖からは、肥料となる水草やシジミなどが採取された。

集落の共有地の中には、地上権を集落の住民に分配した「家くじ山」、「割山」があった。「家くじ山」は立木の利用権を分割する際に、くじ引きによって集落の全戸で平等に分割したものである。「割山」は他集落と接する山林の利用権であり、一部の家が持っている。集落の境界を一定に保つため、住民以外への権利の譲渡は禁止されていた。これらの土地でも薪、柴の採取や採草地としての利用が行われた。また、社寺が管理する社寺林や、集落内の講、あるいは祭礼の管理組織が所有する山林もあり、各組織の構成員によって必要な時に利用されていた。断層崖からなる比良山系の最上流部にあたる急斜面などは利用が禁止されたほか、山林資源の搬出に使用される道の下側は、崩壊を防ぐために伐採を禁じていた。

里山利用の変遷

一八九〇年の琵琶湖疏水竣工（大津―鴨川合流点間）により、水運を利用して京都と結ばれるようになると、谷筋でとれる「守山石」が庭石として注目され、一九〇〇年代には一部の住民が造園業を営み、庭園向けに販売するようになった。また、河川工事や砂防工事の推進、造林奨励、森林保護に重点を置いた滋賀県の政策にもとづき、関連事業が多く行われるようになった（この間の変化の詳細については第6章参照）。その結果、山麓地で小規模にみられたスギ・ヒノキ植林地の面積が増加し、高標高域に拡大していった。

一九三〇年代には、江若鉄道の開通（一九三一年、浜大津―近江今津間）など陸上交通の利便性が増し、また、野離子川上流の砂防工事が開始されると人夫として働く地域住民も見られるようになった。しかし、主要な産業は薪・柴の生産であり、一九四〇年以降の薪炭生産に力を入れる政策とも関連しながら、このような状況がしばらく続いた。

一九五〇年代になると比良山地を含む琵琶湖一帯が日本で初の国定公園（琵琶湖国定公園）の指定を受け、湖畔から山間部を結ぶ観光地の計画が進められた。蓬萊山一帯においてもスキー場や遊園施設、ロープウェイなど観光開発が行われ、一九六五年に営業が開始された。その際には、山頂付近の守山集落の共有林が開発対象となり、開発業者に土地が貸与され集落の収入につながっている。季節民宿など観光業を兼業する住民もみられるようになった。また、主要道の西近江路が改修され、湖畔や扇状地上の耕作地や林野の一部が蚕食されるように開発され、別荘地や保養所などに変化した。一九六六年に守山の「家くじ山」の一部が宅地として開発されたのもこの一例であるが、売却が禁止されていた「割山」は林地として維持された。この動きは、薪炭需要が激減し、化学肥料が普及したことで、薪、柴の生産、山草の採取を行う必要性が急速に薄れていったこととも深く関係している。この頃、畑地を中心に京都を主要な市場としたナンテン、チョウセンマキ（イヌガヤの一品種）などの花卉栽培が開始された。また、一九六五年に滋賀県造林公社、一九七四年にびわ湖造林公社が設立されて以降は公社造林が進み、「サンナイ」にあたる共有林が大規模なスギ・ヒノキ植林地へと変わっていった。

一九七〇年以降は、湖西線開通（一九七四年）、湖西道路開通（一九八六年）、公共下水道の供用開始（一九八七年）といった形で生活基盤が整備され、京都や大阪への通勤圏として人口が増加した。これにともなって、土石流の常襲地帯で集約的な土地利用に向かなかったような樹林地も宅地として造成されるようになり、砂防施設の整備も大規模化していった。そして、扇状地に広くみられたアカマツ林はマツ枯れ被害により、その面積が激減した。採草地もほとんどなくなり、小規模な人工林やクヌギ、アベマキ、コナラなどの落葉広葉樹林、常緑樹林化の進んだ薮状の林地、一旦宅地として整備された後に放棄されて樹林地化した区画などが混在する状況となった。

一九九〇年以降になると、移入住民が中心となって里山の空間と資源を活用するための活動が見られるようになった。二〇〇〇年代になると、マツ枯れのみならず、ナラ枯れによる被害が大きく広がっており、研究機関などとも連携し、生活と結びついた里山のあり方を見直し、積極的に里山にかかわろうとする地元の動きが見られるようになっている。

京阪奈丘陵・鹿背山

立地、地形と気候

京阪奈丘陵に位置する京都府木津川市鹿背山（図8）の面積は約三七〇ヘクタールである。京都市の南方約三〇キロメートル、奈良市の北方約五キロメートル、大阪市の東方約三〇キロメートルと古代から続く三都に囲まれた位置にある。平均気温は約一五℃、平均年降水量は約一五〇〇ミリメートルである。京都府内でも最も温暖で雨量も少ない地域であり、瀬戸内海型気候に属する。冬期も雪が少ないため二毛作が可能である。

集落の北側に木津川が流れ、標高二〇〜二〇〇メートル程度の丘陵地となっている。この丘陵は笠置山脈に属し、花崗岩からなる二〇三メートルの山頂が鹿背山の最高標高である。木津川へと合流する在所川、大井手川などの小河川が丘陵の谷間を通って北西方向へ流れている。地質は礫、砂、シルト、粘土が互層する大阪層群である。

現在の植生

森林が六割を占め、大部分がアカマツ林やコナラ・クヌギ林であるが、近年では竹林の拡大が著しく、マツ枯れ被害が広がっている。カキなどの果樹園、スギ・ヒノキ植林地がモザイク状に分布する。

人口と産業

一八七七（明治一〇）年の人口は五七二人、世帯数は一二五戸であったが、一九三〇（昭和五）年には六七一人、一三六戸、一九七五年には七〇九人、一五八戸となり、徐々に増加した。二〇〇七年の人口は五六一人、世帯数は一九九戸となり、世帯数は増加しているものの、人口は減少傾向にある。万葉集にもその地名が現れ、平城京へ瓦を供給したと考えられている奈良時代の瓦窯跡が残る。消費地に近いことから都市への物資の供給地としての歴史は長く、瓦や陶磁器の生産、薪、柴の販売、甘藷や柿の栽培など、さまざまな手工業品、商品作物が生産されてきた。一九七〇年代以降、関西文化学術研究都市の建設にともなって鹿背山の一部は市街化区域に編入されており、近隣での宅地開発が進んでいる。

図８　木津川市鹿背山の景観

二〇世紀初頭頃の資源利用と里山景観

図９に一八八八（明治二一）年発行の木津川市鹿背山周辺の二万分の一仮製地形図を示す。集落周辺の北部は主にナラ林およびクヌギ林であったが、それ以外はアカマツの低木林に覆われていた。集落から遠い急峻な斜面には、矮小な樹木が混生する多様な雑草地や裸地が見られた。丘陵地の浅い谷部や小河川に沿った緩傾斜地は水田であり、それよりも勾配が急な場所に畑が見られた。周囲の斜面から水が集まる谷奥や、幅がある谷には、重要な水源としてため池が作られていた。

図10は、図９に示す鹿背山周辺での二〇世紀初頭の主要な資源利用の流れの模式図である。この時期の鹿背山での主要な生業は、表作の水田稲作に加え、裏作や傾斜地の畑での商品作物栽培を積極的に行うものであり、冬季の農閑期には販売用、自家用の薪や柴の採取も行った。米の裏作には麦や豆類、野菜が作られ、裏作の麦藁は屋根材にもなった。常畑は「アオモノバタケ」、「シラバタケ」、「ヤマバタ

ケ」の三つに大別されていた。「アオモノバタケ」は家屋に近接しており、自家用の蔬菜類、豆類、根菜類が作られた。地力を維持し連作を防ぐため、一枚の畑を区切って同時に多種類の作物を植えつける輪作体系がとられていた。「シ

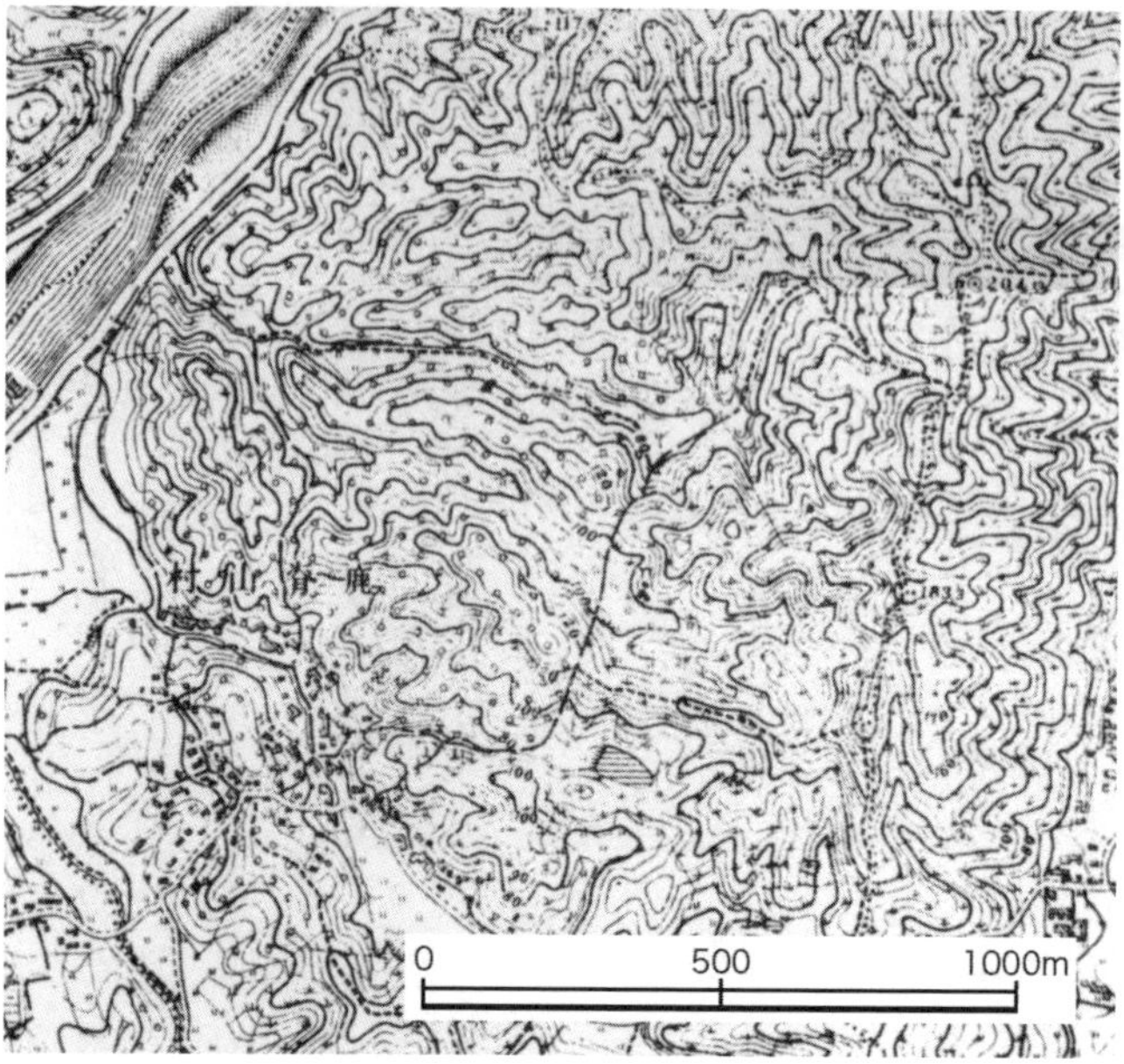

木津川市鹿背山周辺の土地被覆（1888 年）

ラバタケ」と「ヤマバタケ」は商品作物を栽培する場であり、「シラバタケ」は樹木の植えられていない芋畑などを指し、山の斜面まで切り開かれることもあった。「ヤマバタケ」は急斜面を切り開いた畑で、チャ、カキ、タケノコ、クワなどが栽培され、肥料には油粕や金肥が投入されることもあった。これらの商品作物は京都、奈良などへ木津川水運や陸路で輸送されていた。

採草地は水田周辺に限定されていたことから、商品作物の生産には、水田の畦畔や木津川の堤防で刈り取った草に土を混ぜて発酵させて作るツチゴエ、ウシの敷きを発酵させたフマシ、人糞尿を発酵させたシモゴエといった堆肥が不可欠であった。水田と隣接した林野の一部には陰伐地があり、緑肥と燃料の供給地とを兼ねていた。

林野のほとんどが私有地であり、クヌギやコナラは、数反ずつ七〜一〇年程度の周期で伐採され、主には薪や柴として販売された。クヌギは高値で取引されたため、植林も行われた。アカマツ林は、地域内での瓦を焼く燃料となるマツ割木の生産に利用されたほか、大径材が主に建築用材として使用された。林野の一部には、「宮山」、「講山」といった共有林的性格を持つアカマツ林やナラ類が優占する落葉広葉樹林が存在した。「宮山」は神社の裏手にあって氏子

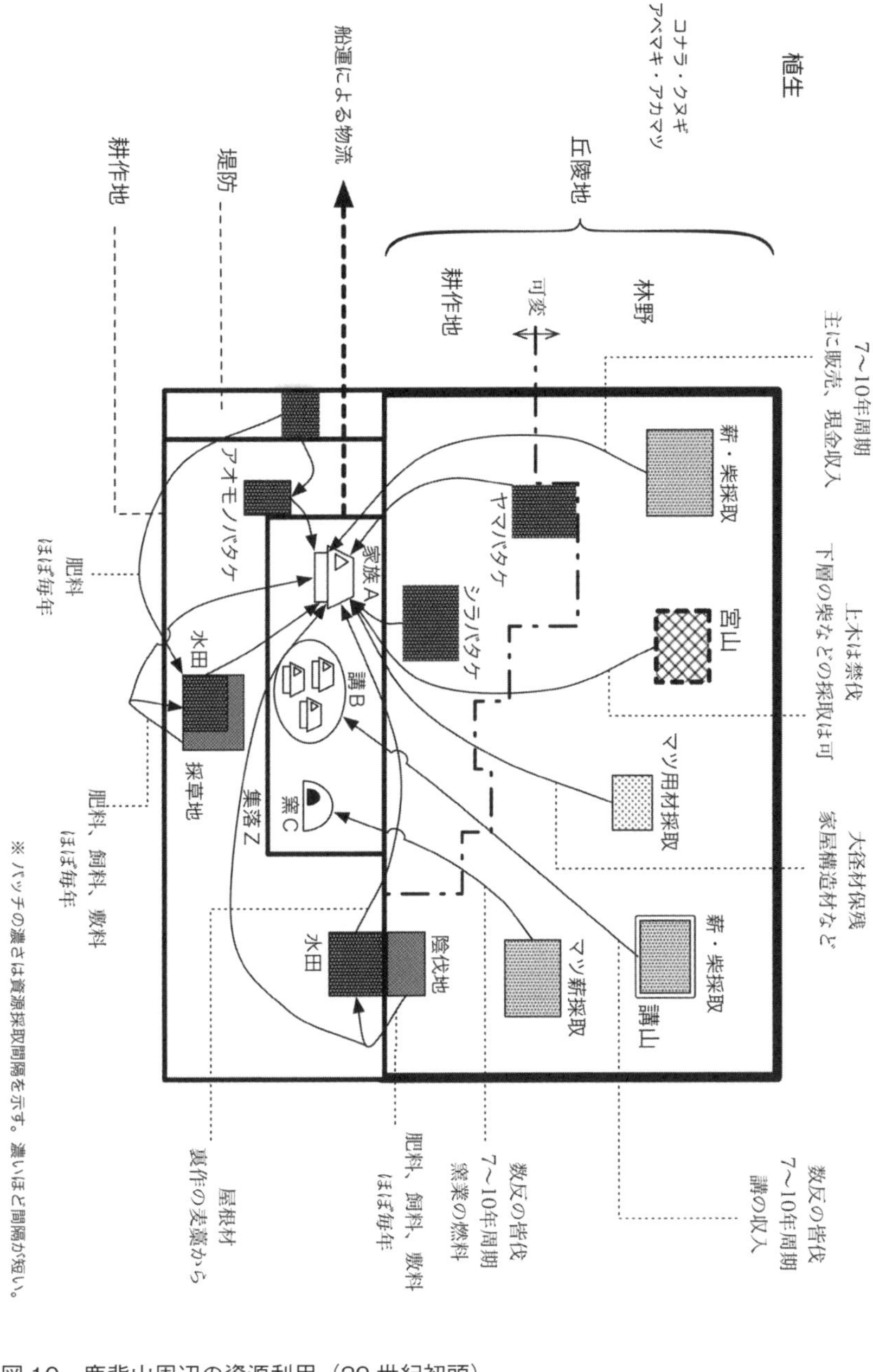

図 10　鹿背山周辺の資源利用（20 世紀初頭）

が利用する共有地であり、上木は基本的には禁伐とされたが、下層木の柴やマツタケは入札によって収穫することができ、また落ち葉の採取は許可されていた。「講山」は伊勢講、愛宕講、庚申講などの講に所属する複数人が利用する共有地であり、同じ講を組む複数人で冬期に割木や柴を作り、販売した収益は講仲間の遊興費としても使われた。

鹿背山には種類が豊富で質にも優れた陶土や粘土が産出したため、瓦や鹿背山焼とよばれる陶磁器の生産が古くから行われていた。製陶のための燃料として、周辺のアカマツ林からはマツ割木も多く生産されていた。陶磁器の登り窯一回の焼成に、一五〇〇束のマツ割木が必要だった。

里山利用の変遷

一八九〇年代後半になると、鹿背山に鉄道網が整備され、遠方からの流通も可能となったため、陶磁器生産は瀬戸などの大生産地からの安価な商品に押され、一九一〇年までには廃窯になった。木津川の水運は、河川改修、発電所の建設や旱魃による水位の減少、鉄道の開通などにより一九二〇年代には行われなくなった。一方、一九一八年には商品価値の高い富有柿の栽培が開始されるなど、果樹園や桑畑、竹林が新たに見られるようになった。

一九五〇年代までは、その時々の商品作物としての価値や食糧事情、輸出の景気などに応じて、「シラバタケ」や「ヤマバタケ」ではチャ、クワ、甘藷などが栽培されてきた。特に戦後すぐに畑の開墾拡大が進められ、食糧難の都市部へ甘藷を供給するために既存の畑からより山手へと開墾が進んだ。この開墾拡大時に、桑畑や茶畑は転換の対象となったが、商品作物としてより価値が高かったカキの果樹園が転換されることはまれであった。他にも、パルプの原料としてマツ大径木の伐採が行われるなど、戦中戦後の混乱の影響を受けた土地利用の変化が見られた。また、化学肥料の普及により陰伐地が減少したほか、燃料の供給源としての役割も失われていった。

一九六〇年代になると、食糧事情が安定し畑から柿生産へのシフトが起こり、戦中戦後の食糧難の際に拡大した畑や、水田の一部が果樹園へと転用されていった。この時期には燃料が薪や炭からプロパンガスに変化し、それまで継続されてきた林野からの資源利用の多くが停止した。全国的な木材需要の高まりからスギ・ヒノキの植林も広がった。また、大都市大阪の近郊における人口急増の余波を受け、民間業者による農地の買収、住宅地への転用が目立つようになった。

一九七〇年代以降には、米の生産調整などを背景に水田が減少し、果樹園の面積が大幅に増加した。畑の面積も大幅に減少し、桑畑が消失する一方、ゴルフ場へと転換される場所も現れた。丘陵の上部では薪・柴生産を支えた広葉樹林から針葉樹の人工林へと土地被覆が大きく変化した。そして、一九七八年の関西文化学術研究都市の構想では、鹿背山を含む木津地域が文化学術研究地区に位置づけられ、研究開発、先端産業の拠点、および大規模な住宅地としての整備を図る地区と定められた。これにともない、鹿背山の面積の三七%、約四八ヘクタールが旧日本住宅公団(一九八一年より住宅・都市整備公団、現都市再生機構)に売却され、全体の四九%が開発予定区域となった。このことは、農業従事者の高齢化、兼業化、離農の進行などともあいまって、水田の耕作放棄や一層の転作も促した。

一九八〇年代になると、農家の高齢化や関西文化学術研究都市構想にもとづく都市化などを背景に、農地や果樹園などの管理放棄が進んだ。また、竹林の無秩序な拡大、マツ枯れによる林地の荒廃も深刻になっていった。一方、周辺の里山を対象としたニュータウン開発が進み、このような地域では人口が増加した。鹿背山では、一九九三年に宅地開発の対象となった山林でオオタカの営巣が確認されて以降、里山保全を目的とした市民活動が活発になった。その後、人口増加傾向が弱まるなどの社会情勢の変化により、鹿背山での宅地開発事業は中止となり、二〇〇六年にはオオタカと共生するまちづくりの方向性が示され、多様な主体による協働と交流を通じた里山再生・活用などを行うこととなった。

三　比較から見える里山の地域性

それでは、具体的にいくつかの焦点を定め、地域性とは何かを念頭におきながら三地域を比較する。まずは、二〇世紀初頭の地域資源利用を基本とした里山景観の構造に注目し、主な土地利用と空間配置、管理方法からみた地域性についてみていく。次に、かつて山林からの資源利用の主流であり、里山林形成の最も強い駆動力であったと思われる薪生産方法を比較する。さらには、二〇世紀初頭から現在にいたるまで各地の里山景観を変えてきた人工林化への対応である。以上の比較検討をふまえ、「林」は「里」にとってどのような資源であったのかを考察してみたい。

里山景観の構造

図4、7、10で示した二〇世紀初頭の資源利用の流れの模式図で示したように、三地域の里山景観は、集落−耕作地−林野の組み合わせによって構成されている。このような里山景観においては、水田稲作が共通して重要な生業であり、水利の得られる緩傾斜地であれば、狭い谷奥のような場所まで可能なかぎり水田として利用されることが共通していた。また、宗教上、あるいは地形上などの理由で利用できない、あるいは制限される林地が存在した。これらは、空間配置や面積が大きく変化しない恒常的に存在する里山景観の構成要素であった。

一方、集落を中心とした土地利用の配置には、地域の自然環境や他地域との関係にもとづく特徴がみられた。また、今回は詳細に記述していない部分ではあるが、土地利用の最適化には、資源利用や管理に関する地域の組織、取り決め、所有形態などの文化、社会的な要因も深く結びついていると考えられる。そして、これらの地域性は、集落、耕作地、林野という二つの空間の関係に見出すことができる。

たとえば、丹後半島山間部の上世屋周辺のように、豊富な地域資源があるものの、近隣の市場とのつながりが希薄で自給的な利用が主流となる場合、集落を中心に耕作地、林野が同心円状に配置される土地利用がみられた。耕作地と林野との境界地付近には、「半共有地」的な性質をもつ採草地、陰伐地、カヤ場などが位置し、集落での住民の生活や耕作地での生産を支えてきた。林野利用は、薪や炭材の採取、用材、用心山などの多様な利用形態があり、長期間、安定して集落を支えるための工夫がなされていた。琵琶湖西岸の守山周辺では、耕作地は集落や湖岸に一体となって分布し、背後に大面積の林野があり、それらの間にはシシ垣が存在した。地形条件から耕作地が限定される守山周辺では、耕作地の大部分が自給用であり、それだけでは不十分で琵琶湖東岸地域などから購入する場合もあった。耕作地と林野との境界は明確に区分され、林野は生活域を支える地域資源の供給の場であり、舟運を通して琵琶湖岸や京都といった消費地向けの商品生産の場として機能した。京阪奈丘陵の鹿背山周辺は、舟運によって大阪、京都、奈良といった近隣都市と古くから強く結びついてきた。そのため、畑地は常に都市を支える商品作物の栽培の場となっており、畑地の位置や面積、栽培する作物の種類は短期的に大きく変動するものであった。また、都市部の急激な需要拡大によっては林野までも開墾して畑地として利用するという可変性があり、耕作地と林野との境界は確定したものではなかった。

里山景観の多様性、地域性は、以上のような地域にとって最も合理的な資源利用、資源管理の方法を追求することによって生み出され、時代によって変化しながらも、集落―耕作地―林野の組み合わせによって構成される基本的な構造として今日にいたったといえよう。

薪生産方法の地域性

次に薪生産に焦点を合わせ、その方法や技術の違いについてみていく。上世屋周辺では、薪採取は一一月以降の農閑期（積雪前まで）および田植え前の三月中に行われることが多かった。伐採は択伐か数反以内程度の小面積皆伐によった。択伐の際は細いものよりは太めのものが都合がよいと住民に認識されており、直径三〇センチメートル以上に成長した樹木を数本選んで伐採すれば自家用の一年分はまかなえた。伐倒後は三尺程度に玉切りし、斧で適度な大きさに割って、山中で一か所に積んで秋まで乾燥させ、その後に屋根裏などに運んで保存した。薪を山から運び出すときは、「セイタ」とよばれる荷物を背負う道具のほか、一部の高標高域では春先の締まった雪を利用して滑り落とす方法などがとられた。薪利用の対象となった樹種は、コナラ、ミズナラ、ブナなどの落葉広葉樹全般であるが、イヌシデやアカシデなどのシデ類が良質とされた。高標高域の尾根部には、積雪がまだ二メートル近く残る時期に雪上の高さで伐採が繰り返されたことで、あがりこ状（地上二～三メートルの位置で繰り返し伐採され萌芽した樹木の形状）になったブナも多数分布していた。なお、植林してまでそうした薪採取林を育成することはなく、萌芽更新を中心とした天然更新で維持されてきた。

ああああは集落近くの条件の比較的よいところでは二〇～三〇年程度、集落から遠い共有地などでは五〇～六〇年を超える周期で伐採されていた。なお、高標高域や集落からの遠隔地の伐期は、厳密に生育期間を記録しながら施業をしていたわけではなく、おおむね利用の適寸になるためには、それくらいの時間が必要という見方をされていた。集落近くの薪は主に自家用として使用され、遠隔地で採取する薪は販売用、あるいはさらに炭に焼いて付加価値をつけたうえで販売するという傾向が強かった。

守山周辺では、九～一一月および三～五月頃が薪採取の中心的な時期であった。伐採は主に数反以内の小面積皆伐により、集落周辺のナラ類が優占する落葉広葉樹林やアカマツ林ではおおむね一五～二〇年の伐採周期、「サンナイ」などの標高の高い共有地のナラ・シデ林では三〇～四〇年程度の周期だった。いずれも直径一五センチメートルくらいでの伐採が一般的であったようであるが、マツについては建材や道具の材料として使うものを単木的に残した。伐採した幹は、四～五メートルくらいの長さの束のまま、「トンボグルマ」（用材の運搬具として人力で利用する木製の二輪車）に載せて集落付近まで搬出した。シシ垣付近には「マキ」とよばれる荷の置き場や山仕事の作業をする場所があり、ここでさらに保管しやすいように整理された。アカマツ林からはマツ割木が生産され、湖東の瓦生産のための燃料として販売された。集落周辺の低標高域に生育するナラ類を中心とした広葉樹林からは、自家用の薪とともに販売用の薪も多く生産された。薪としてはクヌギ、アベマキ、コナラの値がよかったが。クヌギは「メクヌギ」、アベマキは「オクヌギ」とよばれて見分けられ、皮の部分が薄いクヌギの方がより高値で取引された。クヌギは畑で苗を育て、積極的に植栽も行っていた。主に自家用であった「サンナイ」の落葉広葉樹は、特にケンケラとよばれ、材が密で火の持ちがよく非常に良質な薪とされた。

鹿背山周辺では、私有地で一一～三月にかけて薪や柴の採取が行われた。薪や柴の生産は、所有者自らが行う場合もあったが、山持ちが所有する山の立木を個人か複数人で買い取って行う場合もあった。また、木津の町場から鹿背山の山持ちに木を伐らせてくれるよう依頼される場合もあり、柴屋、風呂屋、うどん屋などに販売された。広葉樹の薪はクヌギやコナラがほとんどで、クヌギはより高値で取引されるため植林も行われており、そのための苗も流通していた。アカマツ林では建材として利用する大径木を単木的に残しながら、伐採してマツ割木を生産し、瓦生産や陶磁器生産の燃料として販売された。製陶への利用も含め周辺からの燃料の需要が高かったため、薪の商品化が進み、七～一〇年ほどの短伐期で収穫されていた。搬出には、背負子の両端に藁で編んだ袋を提げ（この運搬具は「ヤマイキオウコ」とよばれる）、その中に割木を入れて運んだ。急勾配の斜面から割木の束を運び出す際には、木製のソリ状の道具が用いられた。

このように近畿圏内の三地域を比較してみただけでも、同じ里山からの薪採取といってもその様相には大きな違いがある。樹種の選択をみると、より商品生産としての性格が濃い鹿背山、守山周辺では、クヌギ、コナラや用途によってはマツ割木といった限定的な樹種を扱い、場合によっては植栽など、より集約的な過程をともなうのに対して、上世屋周辺ではシデ類やブナなども含め天然更新により優占樹種になり得る広葉樹を幅広く対象としていた。その一方で守山周辺でも自家用にかぎれば、シデなども含むより幅広い雑木を良質の薪として認識し利用していた。伐採の適寸は上世屋周辺・守山周辺・鹿背山周辺の順に小さくなり、労力的には上世屋周辺では幹を割る作業に比重がおかれ、鹿背山周辺では伐る作業に比重があることになる。それはまた伐採周期の違いでもあり、必要とされる里山林の伐採周期は決して一律に示せるものでないということも重要である。そして、同じ燃料材であるにもかかわらず、規格が異なっている背景としては、異なる気候、地形などの自然条件とともに、燃料としての使い方（どのような場所で、何のために用いられるか）が関連すると考えられる。上世屋周辺は、厳しい冬の間に暖をとるため、囲炉裏で薪が使われ、この際には火持ちをよくするのに十分な長さ、太さが求められたと推測できる。一方、鹿背山周辺で生産される薪は、主に温暖な気候の都市部の台所での煮炊きに用いられるため、比較的に短く規格がそろったものが適寸とされたと想定される。こうした薪をめぐる地域的な差異にともなって、里山林が持つ生態学的な機能や過程も当然異なってくるだろう。

人工林化への対応

林野の人工林化は、近代化の推進に必要な地方財政基盤の確立という国家政策的な使命を背景に、明治後期頃から全国でその最初のレールが敷かれていく。公有林野整理事業の中で部落有林野の統一と公有林野への造林が奨励されたことが、その画期である。上世屋および守山周辺ではほぼその動きに同調するように、すでに一九〇五年頃から模範林の設置や自治体としての基本財産形成のための造林に着手している。しかし同時期、鹿背山周辺では積極的にまとまった造林を行う機運はみられなかった。元々共有林がわずかだったこともあろうが、むしろ周辺都市からのさまざまな需要への対応がまだ求められていた時期だったとも考えられる。また、鹿背山周辺以外の二地域での造林は小規模に行われ、一時に大面積の人工林が造成されたわけではなかった。薪炭や緑肥の必要性がまだ大きかったためである。

そうした状況は、戦後になって一変する。鹿背山周辺では一九五五年頃を境にして、私有林や講山でヒノキなどの人工造林が行われるようになった。上世屋周辺では一九六三年の三八豪雪を契機に一九六〇年代後半にかけて集団離村が進行し、離村の際に集落の山林が国有林として買い上げられる例が増加した。こうした山林の多くは拡大造林の対象となり、それまでの規模を大きく上回る造林地が発生した。そのための労働力は離村しなかった山間集落の住民が国有林の定期作業員などとして働くことにより提供された。これは落ち込んだ薪炭の販売に代わる現金収入の手段ともなった。滋賀県では一九六五年に滋賀県造林公社が設立され、一九七〇年代には守山周辺の共有林に造林公社による分収造林が開始され、中腹より上部の落葉広葉樹林の中に、大規模な造林地が現れた。また、薪や柴を採取していた落葉広葉樹林やマツ枯れ跡地となった私有林、割山を積極的に人工林に転換する住民の動きもみられるようになった。

人工林化の動きは、自発的な動きというよりも国策として地域に下ろされてくる場合が多かったため、戦前の鹿背山周辺を除けば、三地域とも比較的連動するように対応してきた状況がうかがえる。それはまた、薪炭と緑肥の利用という里山の主要な資源利用が全国的に同時期に衰退していったことの裏返しでもある。現在はいずれの地域も初期の造林地が伐期を迎え、戦後以降の造林地も伐期に近づきつつあるが、収穫の動きはほとんどみられない状況にある。

「里」が求めた「林」の姿

「薪生産方法」の項でふれたように、販売向けの薪の伐期について見れば、鹿背山周辺では七〜一〇年、守山周辺の集落近傍で一五〜二〇年、上世屋周辺の高標高域で五〇〜六〇年とかなりの幅があった。気候的な要因による植物の成長量の差ももちろんあるだろうが、大消費地との関係性が収穫間隔を決める大きな要因になっているように思われる。鹿背山周辺のように京都や大阪などの消費地に近いほど、定期的に均質な商品を大きなロットで出す必要があったことは容易に想像できる。それは、ヤマバタケ、シラバタケでも同様で、新たな開墾によりカキやタケ、チャ、クワ、甘藷を栽培することで、林野からの収穫間隔をさらに短期間にし、かぎられた土地から毎年確実な現金収入が得られる組み合わせにシフトしていったことがうかがえる。非常に短伐期の割木や柴の生産活動ですら、毎年短期間に商品化でき収益が上がる養蚕や甘藷栽培に比べて好まれなかったという証言すらある。(12) 一方、上世屋周辺では、集落から奥地にかけての広大な共有林を背景に、十分な蓄積のある林分をその時々の生活の状況や緊急性に応じて利用するような方法をとることができた。林齢が一〇〇年を超えるような林分すら、そうした仕組みの一部に組み込まれていた可能性もある。上世屋周辺でも林野で焼畑は行われたが、三年継続した後に長い休閑があることから、実質的な収穫間隔は短くはなかった。

このように、どこまで意図的であったかは別として、上世屋周辺と鹿背山周辺とでは、山林資源管理がかなり対照的であったように見受けられる。あえて言えば、フロー管理型の鹿背山、ストック管理型の上世屋とでもいえるだろうか。それは気まぐれな市場にあわせて常に変化があることを前提とした資源利用と、市場には大きく頼らず、あまり変化しない代わりに、頻度の低い大きな変化には対処できるようにすることを前提とした資源利用の違いとも言える。鹿背山周辺では個々の家や講のようなグループにより、持続して定期的な収入が得られるように、かつ市場が求めるものに素早く対応できるように、ストックとして山林に資本や労働を投資するのではなく、確実なフローが生産されるような商品生産体系を選ぶことで対応してきた。短伐期のクヌギ林もこうした体系に見合う資源のひとつだっただろう。

フロー管理型であった傍証は、近代以降の土地被覆を各時期で比較した際に、それが通時的に変わらなかった箇所の少なさにも現れている。[11] 消費地の需要の変化に対応して土地利用の最適化をはかり、また変更しやすい状態で林野を活用してきたと言えよう。守山周辺も基本的にフロー管理型であったが、森林と耕作地間の資源利用には明確な区分があり、その区分が時代によって大きく変化することはなかった。一方、上世屋周辺では、集落組織が集落から遠隔地に位置する広大な共有林をストックとして保有し、共有の蓄財としつつ必要に迫られた際に利用できるようコントロールすることに重点が置かれてきた。むろん比較的短いフロー型の森林利用も存在したが、消費に対して資源が潤沢だったので、ストック型で利用する面積割合が広く、フロー型利用が卓越することはなかったととらえられる。

また、人工造林は、山林からの収穫物としては比較的長い伐期を要するため、昭和初期まではストック管理型として大部分の地域に浸透してきたが、戦後の社会経済状況の変化以降になると新たなフロー管理型として、急速にその面積を拡大した。そして、今日、山林からのフローによる収益が成り立たなくなると、再度ストック型に移行した。なお、水田は、他の土地利用と比べると、その位置や面積が大きく変化することなく今日にいたる、里山の代表的な景観構成要素となっていた。しかし、林野とのかかわりはほとんど失われ、今後さらに面積が減少し、「里」のあり方そのものが変化すると考えられる。

四　里山の地域性復権に向けて

本章で見てきた三地域にかぎれば、フロー管理型、ストック管理型のどちらもが大きな破綻を引き起こすことなく、現代に里山の生態系と地域社会を継承してきたようにみえる。鹿背山のような常に変化を是としてきた地域でさえ、総体的にみれば、「里山」としての姿は継続性が保たれてきたといえる。それは、神社の共有林など、地域で暮らしていくうえで生活面や精神的にも基盤となる場所が大きく改変されずに維持されてきたこともあるだろうし、変化した部分についても、果樹園や竹林、茶園のような形で、樹林地状の空間構成と植生は維持されることが多かったためでもある。

しかし、その一方で、カタストロフィックではない、非常にゆっくりとした破綻は進行しつつある。ここでいう破綻とは、集落―耕作地―林野の組み合わせによって構成されてきた里山景観の崩壊であり、里山景観を形成してきた地域社会と地域資源との関係の喪失である。全国の里山に共通することではあるが、薪炭林や農地の管理放棄は、若い二次林や疎林、柴山や草地といった土地利用およびその結果としての生態系の変化につながり、そうした環境に適応してきた生物種にとってはハビタットの質の著しい低下をもたらしている。集落組織を通した伝統的な里山の利用や管理方法の継承は困難になり、地域に根ざした里山と人との関係は喪失の危機にある。そこで最後の段では、三地域における現代の里山保全の動きを簡単に紹介しながら、そうした目に見えにくい破綻への対処のあり方を考えてみたい。そして、里山景観の地域性がこれからの地域資源の利用、管理にどのように生かされうるのかについて考察する。

現代の里山保全の動き

上世屋周辺では、里山景観や地域に伝わる生活文化を保全、活用するため、二〇〇三年から「NPO法人里山ネットワーク世屋」が活動を開始した。二〇〇四年からは京滋の学生が参加する「笹葺きパートナーズ」により、上世屋集落にある笹葺き民家の再生と活用を目指す活動も開始された。地域住民、都市住民、研究者、屋根葺き職人、行政などの多様な主体が協働することにより、里山景観や生活文化が見直され、またその再生・継承が進んだ結果、地域の魅力が高まる状況が徐々に進展してきた。そして、二〇〇九年には京都府景観条例にもとづく景観資産「棚田と笹葺き民家が織りなす上世屋の里山景観」としての登録、「にほんの里一〇〇選」への選定がなされ、上世屋周辺の里山景観が広く評価されるようになった。

上世屋周辺での市民活動のプログラムは、棚田保全やブナ林などへのエコツアーの開催、笹刈りから笹葺きまでの一連の作業を通した笹葺き民家の再生など、地域内の空間や地域資源の利用を主体としている。また、環境省の「モニタリングサイト一〇〇里地調査」にも参加している。このような活動は、従来の市場には大きく頼らず、あまり変化しない資源利用をともなっているという点では、ストック管理型の部分的な継承がなされていく可能性をもっている。一方、従来のような多様な資源利用と長期的な資源管理をともなうストック管理には限界があり、地域住民の生業も、無農薬米の販売や京都の祇園祭用のチマキザサの出荷など、フロー管理型に重点を置くものとなっている。今後さらに地域住民と市民活動が連携し、以上のようなストック＋フロー管理型の資源利用を行うことが、里山の破綻に対処する道筋となっていくものと考えられる。

守山周辺では、一九九七年に移入住民らを中心メンバーとする「やぶこぎ探検隊」が設立され、里山林や耕作地を利用した環境教育のプログラム、無農薬野菜の栽培、「あぶらぼん（クリフウセンタケ）」とよばれるキノコの復活を目指したアカマツ林の手入れなどの活動が行われてきた。二〇〇二年からは「びわ湖自然環境ネットワーク（ＮＧＯ）」が守山周辺の里山からの柴や間伐材を利用して琵琶湖岸に粗朶《そだ》消波工を設置し、ヨシ群落を再生する活動を開始した。この活動には氏子会などの地元の組織も協力しており、里山の新たな資源利用を自然再生につなげる試みとして、行政施策にも波及している。また、二〇〇五年には農家や造園業者、民宿経営者などの地域住民を主体として「ＮＰＯ法人比良の里人」が設立され、地域の自然や文化を生業に生かしながら、里山景観を維持するための活動を開始した。これらの市民組織は、それぞれ独自の活動を行うとともに、石組みの川復活プロジェクト、放棄された農地の有効活動、薪ストーブの利用の促進など連携した活動も行っている。地域住民と移入住民双方が、生活の場、生業の場としての里山を見つめ直し、林野と耕作地、林野と水辺を結ぶ地域資源利用を再生、創造するとともに、薪など身近な里山の資源を生活必需品としていく試みととらえることができる。新たなライフスタイルの中で現代版フロー管理型の里山景観を生み出すものであり、共通の価値観を持つ住民たちの交流の場、資源管理のための組織形成につながる可能性を秘めている。

鹿背山周辺では、一九九〇年代に宅地開発予定地でオオタカの営巣が確認されて以降、里山が景観や生物多様性の保全上重要であることが認識され、里山の保全や利用を目的とする市民活動や、柿生産などとしての里山の維持を図る活動が行われるようになった。二〇〇四年に設立された「鹿背山倶楽部」は、学研都市の開発主体（都市再生機構）のよびかけにより発足し、人と里山の関係の再生や地域環境の向上、新たな郊外居住のスタイルの実現を目的としている。周辺の都市住民や都市再生機構の職員などが参加し、耕作放棄地を利用した米づくり、里山オーナーによる里山管理の推進、森林セラピー基地づくりなどの活動を行っている。二〇〇六年に設立した「鹿背山元気プロジェクト」は、地域住民と森林ボランティアが、里山再生とそれを支える社会的な仕組みの確立を目指した活動を行っている。活動プログラムには、竹林の整備、枯れ松の伐採・搬出作業、耕作放棄地での柑橘類の栽培、子どもを対象にした水生生物調査などがある。

また、二〇〇七年に結成された「鹿背山の柿を育てるネットワーク」では、特産である柿の生産者の高齢化が進むため、地域住民と都市住民が協力して柿やミカンを栽培したり、柿の手入れの手伝いを行ったりしている。これは、鹿背山周辺で続いてきた果樹など商品作物の生産に、移入住民や周辺の都市住民など新たな主体が加わり、地域住民との協力関係を深めることにより、フロー管理型としての里山景観を継承し、創造していく試みと言えよう。

このような生業にかかわる活動とともに、地域文化およびオオタカなどの生物の生息地としての里山の重要性を共有し、都市住民も含めた人と里山との物質的、精神的なかかわりを生み出していくことが、里山の破綻に対処する原動力となりうると思われる。

地域主体の持続的な資源利用、地域文化の伝承、環境教育、あるいは生物多様性の保全など里山に期待される今日的な意義は大きい。本章で取り上げてきた三地域の里山でも、現代的な価値を生み出すべく上記のような活動が地道に続けられている。いずれも元々の住民組織だけではなく、伝統的な集落組織や財産区などが里山管理で担ってきた役割を、移入住民や外部の人々が少しずつ認識し、あるいは担うようになっている。そうした新しい紐帯を築くためにも、その地域の特徴、そこでしか得られない魅力はどこにあるのかを、地元の視線と外部の視点の双方から共通認識とすることが重要である。里山の地域性を大事にすることは、地域住民の知恵や技術を尊重、活用することにつながるとともに、地域外の人が新たなかかわりを持つための大きな駆動力を生み出すことにつながっていく。地域性を鍵に、里山の持っていた意味や価値を復権させることが、ゆっくり進行する破綻を回避するための唯一の道かもしれない。

コラム4　京都府北部の植物繊維の利用
――宮津市上世屋地区を例に――

井之本　泰

図1　棚田の田植え風景

はじめに

京都府北部の丹後半島山間部・宮津市上世屋《かみせや》は、宮津市内から北に約一二キロの東斜面、標高約三五〇メートルに位置する山間の集落である。伝統的な造りの民家を中心に棚田（図1）が広がり、周辺の里山林とともに美しい里山景観を醸し出している。二〇〇七（平成一九）年には丹後天橋立大江山国定公園の第二種特別地域に指定された。

また、上世屋は、藤蔓から繊維を取り出して布に織りあげる伝統的な生活技術を今に伝える藤織りの里として知られている。このように上世屋地区は里山景観と生活文化が一体となったところに特徴がある。

ここでは、上世屋の藤織りを中心に、人々が山野に自生する植物を、暮らしの中でどのように生かしてきたかを、シナ・スゲ・ガマなどの植物も含めて紹介するとともに、今日の地域資源と生活技術の課題についてもふれてみたい。

藤織りの全国分布とその背景

日本の古くからの植物原料には、藤《フジ》・楮《コウゾ》・科《シナ》などの樹皮繊維と麻《アサ》・イラクサなどの草皮繊維が知られている。

この藤の繊維がどのような広がりをもって分布しているか。図2は文化庁編集の『日本民俗地図Ⅷ』から藤繊維の利用をまとめたものである。この資料は、文化庁が昭和三七～三九年にかけて全国一五〇〇地点で実施した民俗資料緊急調査を基に作成したものである。広域にわたることや期間の制約などから十分とはいえないまでも、北海道・九州を除く、一〇一地点で藤繊維の利用が認められる。

麻や科とともに、藤は庶民衣料として広く織られていたが、木綿が一般に普及し始める江戸時代の中頃から次第に姿を消し、今では宮津市上世屋地区だけに残されている。

丹後地方の藤織りの分布には、いくつかの共通点がみられる。

①標高　丹後の藤織りの伝承地は、宮津市上世屋・下世

図２　全国の藤繊維の利用（文化庁『日本民俗地区』Ⅷより作成）

屋・駒倉（現・廃村）、京丹後市弥栄町味土野、舞鶴市岸谷・白滝である。これらの地区は標高二〇〇メートル前後から五五〇メートルと山間部に位置している。木綿の普及にともない、衣料材料の変化の波を受けながらも、明治の末まで麻とともに藤布がヤマギ（山着）として用いられており、庶民衣料の中心をなしていた。

②**綿の栽培**　高冷な山間部のため、日照時間が短く、綿の栽培ができなかったとお年寄りたちは経験談を語る。明治三〇年代生まれのお年寄りたちは、藤布や麻布のことを「ノノ」（ヌノ・布）とよび、木綿布のことは「モメン」という。私たちは藤布も麻布、そして木綿布など含めて、一般に「ヌノ」という。お年寄りたちは「ノノ」と「モメン」をはっきり区別し、言い表す。この言い方には、お年寄りたちが体験した木綿以前のノノ時代の名残りをとどめられている。

③**積雪地帯**　丹後地方の山間部では、一九六三（昭和三八）年の豪雪（通称三八豪雪《サンパチ》）にみられるように、一月中旬からの寒波によって、二月上旬には上世屋・木子・駒倉などの積雪は四メートルから五メートルに達した。深い雪に閉ざされた山間部の冬場の女たちの手仕事として藤織りは伝承され、大正時代には畳のへり（縁）など、貴重な現金収入の途であった。

④**焼畑**　藤織り分布地では、いずれの地区も「カイリュウ」（刈畝）または「カリュウ」などとよばれる焼畑が行われていた。山間部の村々では、狭少な水田や畑が点在した地区が多く、田畑の耕作による収穫だけで十分に食糧を確保することができなかった。このため、山仕事である炭焼きや薪木作りのほか、山の斜面を利用して行う焼畑が盛んであった。初年目ソバ、二年目アワ、三年目アズキと輪作し、収穫した雑穀類は、さまざまな工夫がされ、食糧として補われた。

⑤**縮緬**　丹後地方は縮緬の産地として知られており、藤織りの伝承者のお年寄りの中には、娘時分に岩滝や加悦方面へチリメンボウコウ（縮緬奉公）に出かけていた人もいる。その経験は、藤織りにも生かされ、長く続いた要因にもなっている。また、一九八一（昭和五六）年まで京都の織物問屋へ、宮津市農協世屋支所を通じて藤布の反物は出荷され、茶室用の座布団として仕立てられ、取引先（市場）が確保されていた。かつて丹後地方では、農山漁村を問わず、縮緬を織る機音を聞くことができた。ここ上世屋も昭和三七年から西陣の帯などを織る賃機が始まった。当時、お年寄りは藤織り、お母さんたちは縮緬織りに従事してい

た。しかし、その縮緬織りの機音が消えて久しい。

木から布へ

木である藤の蔓を布にすることなど、誰がどのように考えたのか、想像するだけであるが、実際に藤織りの工程をひととおり行ってみることで、その糸口を見出せるだろう。木から布ができるまでをたどってみることにしよう（図3）。一般的に藤と言えば、公園などに藤棚が設置されているので、ご存知の方もあるかもしれない。公園の藤は人間の手で剪定を繰り返して、すだれ状の紫色の花を観賞することを目的にしたものである。

藤織りの材料となる藤蔓は、山野に自生している。上世屋では、ワタフジ（和名ノダフジ・野田藤）とシナフジ（和名ヤマフジ・山藤）の二種類で、四年から五年ものの親指大の太さの真っ直ぐに伸びた藤蔓を、一尋《ヒロ》（両手をいっぱいに広げた長さ）に刈りとる。一反織るのに一尋の長さの藤蔓が約七〇本必要である。

フジキリ（藤伐り）は田仕事が始まる四月から五月頃と盆過ぎの八月以降のワチガリ（田の縁刈り）頃に大きく分かれる。春の藤蔓は水分を吸い上げているため、山で皮を剥いで持ち帰ることもできるが、秋口の藤蔓は渇水期にあたるので、その場で剥ぐことができない。そのため、いったん水に浸けてから行う。

刈りとった藤蔓は、オニガワ（鬼皮・表皮）とアラソ（中皮）、そして木質部のナカジン（芯）の三層から成り、藤織りの材料として使うのはアラソ（中皮）の部分である。そのアラソを取り出すためには、まず、乾かないうちにツチ（木槌）で藤蔓を叩き、芯と皮（表皮＋中皮）を手で剥ぎ、次に表面のオニガワを、鎌で切れ目を入れてめくりながら剥いでいく。藤蔓一本分のアラソ五本分を集めた束を「フジ一ツ」とよび、フジ二〇で「一反グサ」（一反分の材料）という。このフジヘギ（藤剥ぎ）を終えたアラソは、乾かした後に屋根裏の「タカ」とよぶ物置に保管する。

上世屋に一番霰が飛ぶ一一月下旬からアクダキ（灰汁炊き）を行う。アクダキとはアラソを木灰の灰汁で炊いて、アラソに含まれる不純物を溶かし、繊維質だけにすることである。使う木灰は炭焼きの材料でもあるナラ・クヌギ・カシ・シデなどの広葉樹から採れたものがアルカリ度が高いので適している。アラソ（フジ一ツ）に一升の灰と水一リットルぐらいを加えて、まんべんなく浸けて、ひと鍋分（フジ四ツから五ツ分）を輪にして鋳物製の平鍋に入れて、約三〜四時間炊く。途中、あらかじめ鍋の底に敷いておいたU字の藤の芯を持って、鍋の中のアラソの上下をひっくり返す。アラソを摘んでみて、撚《よ》りがかかり、アラソの表面のヌメリがとれれば炊き上がりとなる。

上世屋の集落内を流れる中川（桂川）へ、炊き上がったアラソを運び、シノベ竹（ヤダケ）二本を竹の皮で連結したV字のコウバシ（藤扱箸）を親指と人差指ではさみ、そのコウバシでアラソをしごきながら洗うフジコキ（藤扱き）（図4）を行う。冷たい水の中でしごくと木灰も汚れも落ちやすく、白く仕上がることからユキシルミズ（雪解け水）が一番だと伝えられている。フジコキを終えたアラソは、「コキソ」ともよばれ、先ほどの平鍋に米糠《こめぬか》を溶かした湯に浸し、手で絞り、米糠を叩き落とし、繊維をさばいて竹竿にかけて干す。これを「ノシイレ」（熨斗入れ）とよび、米糠の油っ気によってゴツゴツした繊維はふっくらとした繊維に変わる。アサマ（早朝）のアクダキからバンゲ（晩

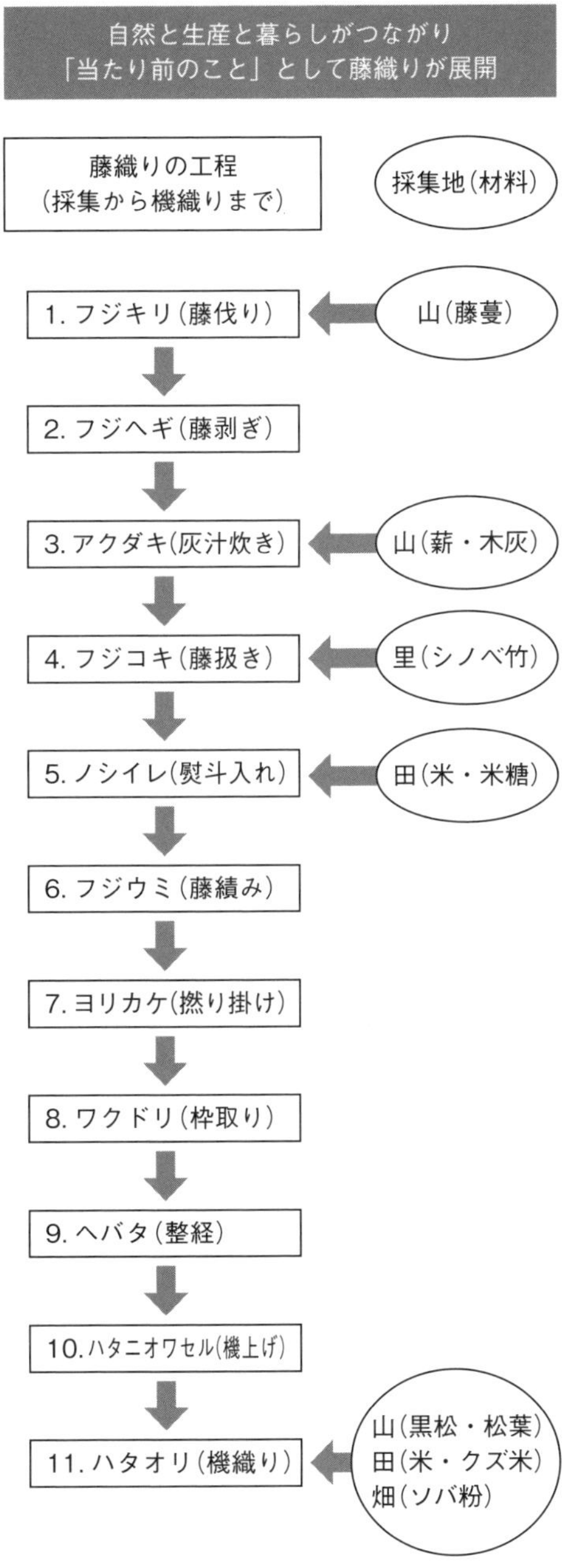

図3　藤織りの工程

図４　フジコキ（藤扱き）作業

図５　フジウミ（藤績み）。蚕が糸を吐くように、長く繊維をつないでいく

方）のノシイレまでが一日仕事である。

　上世屋がすっぽりと雪に埋まる一月から三月にかけて、フジウミ（藤績み）（図5）が行われる。ユルイ（囲炉裏）のそばで、両足を投げ出し、足の親指に繊維を引っかけさばき、両手に持った繊維の先端を互いに、親指と人差指の間で撚り合わせながら長くつなぐ作業を繰り返す。績《う》み終えた糸はオンケ（張子籠）に順序よく繰り入れる。一反織るのに四〇〇匁（一五〇〇グラム）の績んだ糸が必要で、一日二〇匁として毎日績んだとしても二〇日以上かかる。この藤績みが藤織り工程の中で最も手間と根気のいる作業である。

　フジウミされた糸は全体に撚りをかけて強くするために、イトヨリグルマ（糸車）でヨリカケ（撚りかけ）を行う。イトヨリグルマの先端のツム（紡錘車）に巻きとられた糸は、イトワク（糸枠）に巻き返される。

　ようやく上世屋に遅い春が訪れ始める三月下旬頃から機織りの準備にとりかかる。ヘダイ（整経台）を使い、経糸《たていと》を決められた本数（織り幅）にそろえる。糸枠一二個から出た一二本の糸をヘダイの両端の杭に往復しながらかけていく。途中、織機の上糸と下糸の交差する仕掛けをつくる。織り幅（経糸の本数）は一二本×二五回（往復）＝三〇〇

図6　ハタオリ（機織り）。織手が機に腰かけ、機先が経糸に糊を掃き、織り進める

図7　ヤマギ（仕事着）。上世屋は昭和19年の大火によってほとんど全焼した。藤布の仕事着を縫った経験をもつお年寄りに記憶をもとに製作してもらったもの。身丈63cm　ゆき63cm

本、幅九寸三分（鯨尺・約三五センチ）、長さ二丈六尺（鯨尺・約九・八メートル）の着尺である。整経した経糸は鎖状にたぐり、ハヤハタ（高機）にかけて織り始める（図6）。ソバ粉とクズ米の粉で作った糊を、黒松の松葉を束にしたシャミボウキで経糸に掃きつけながら、緯糸《よこいと》のサトク（杼）を投げ入れ、織り上げる。

織り上げた藤布は、「ノノ」（布）とよばれ、現金収入の途として宮津の雑貨屋や京都の織物問屋へ出荷された。また自給用として「ヤマギ」（仕事着）（図7）、「スマブクロ」（ネジリ袋）とよばれる米袋や醤油や豆腐の絞り袋、蒸し器のシキヌノ（敷布）など、こすれや塩分、熱に強いという樹皮繊維の特徴を生かした使われ方をした。

このような伝統的な藤織り技術を伝えるお年寄りたちも亡くなられた。しかし、お年寄りから教わった有志で「丹後藤織り保存会」が発足し、藤伐りから機織りまでの工程（一泊二回・年七回）を現地で学ぶ講習会を毎年実施し、現在二六年目を迎えている。

シナ・スゲ・ガマの植物繊維の利用

フジ以外の植物繊維の利用について次にふれてみたい。

シナ（和名シナノキ）　シナヘギ（科剥ぎ）は木の発育が盛んで、樹皮と木質部との間に樹液がまわって剥ぎやすい、田植えを終えたサナボリ（六月二二日）頃に行う。剥ぎとったシナは、水の流れの少ない溜池などに浸けておき、一一月下旬の雪が降る前に引き上げる。表面の鬼皮は腐り、中皮だけが残る。「シナ千枚」と言われるほど、薄い皮が幾層にも重なり、それを叩いて柔らかくし、細縄に綯《な》う。水に強く、牛や背板のオイソ（背負い綱）に使用した。

スゲ（カンスゲの仲間）　ミノ（蓑）を作るために採集される草の総称で、ヒルデ（ヒルリ）・タツノケ・タニワタリが知られている。九月の稲刈り前に刈りとり、ヒルデを干す。タツノケとタニワタリは水田に浸けることによって、葉の繊維が強まり、鮮やかさを増す。ミノ（雨具・蓑）や腰ミノ（田仕事用前掛け）など、水に強いスゲの特性を生かした使われ方で、それらを編む場合には、シナの細縄を用いた。

ガマ　秋の彼岸頃（九月二三日）、穂のついた株（雄）は葉が硬いために、柔らかい穂のついていない株（雌）を湿田などの脇で刈る。茎から葉を剥がし、虫がつきやすい根元部分を水洗いし、天日干した後（図8）、ヒゴモ（背中の日除け）・ハバキ（脛当て）・メシガマス（弁当入れ）などに加工する。葉は肉厚で断面をみると、管状の柔組織が走り、軽く、クッション性と断熱性を兼ね備えている。

自然に寄り添いながら、そこで生産し暮らし続けている人たちは、植物の特性を学び、常に生活の中で役立てるために創意工夫を凝らした。

生活環境の変化と材料調達

これらの工程に必要な材料は、すべて周辺に自生する材料を採取処理し、創意工夫して利用してきた。藤織りの材料である藤蔓は山に自生し、つる性植物のため木々に巻きつき、成長を妨げることから邪魔者扱いされた。それを除去することは、地域資源の有効利用を図ることにもつながった。しかし、昭和三〇〜三五年にかけて木炭からプロパンガスへ燃料の移行が進み、炭焼きが行われなくなった。昭和三八年の「三八豪雪」時には四・三メートルもの積雪があり、離村に拍車がかかり、人口流失につながった。

維持されてきた山々は、過疎化により放置され、荒廃が始まった。その結果、木々は生い茂り、昼なお暗きジャングルと化した。真っ直ぐに伸びた良質な藤蔓は陰をひそめ、曲がりくねった藤蔓が多くみかけられるようになる。

またアクダキに使用する木灰についても、ユルイ（囲炉裏）をはじめ、クド（竈）、風呂などで使われる薪は、すべて周辺の山々から供給されていた。そのため日常の暮らしの中で良質な木灰を得ることが可能であった。しかし、今日では燃料の移行によって木灰そのものも入手が困難になりつつある。

図８　ガマ干し風景

おわりに

植物の樹皮・茎・葉の繊維をさまざまな採取・処理方法によって取り出し、それぞれの特性に合った利用が図られてきた。そこには、今日では忘れ去られつつある自然に寄り添いながら、植物を利用してきた人々の「当たり前」の暮らしの術をみることができる。一方、今日の生活生業や自然環境の変化によって、蓄積されてきた知恵や技の継承が困難になりつつある。かつての豊かな生活技術の知恵や創造力から私たちは何を学び、いかに伝えていくべきか、今問われている。

終章　森林資源の持続と枯渇

大住克博
湯本貴和

はじめに

本巻では、里という言葉に代表される人々の社会が、それをとりまく林、すなわち、さまざまな起源と歴史を持つ森林植生とどのようにかかわってきたかを、近畿地方の事例によって紹介してきた。古くから人口が多く、また大都市を擁してきた近畿地域では、森林に対する人の影響、特に都市の影響は重大であった。農山村といえども、都市からの距離に応じて濃淡はあれ、森林資源を流通商品として都市に供給することで、経済的な豊かさを実現してきた。農山村は、森林が生み出す供給サービスに直接的に依存するだけではなく、経済を通して間接的にも依存してきたといえよう。そして、そのような状況の中で、人は森林資源を時に破壊し、また時に育成しつつかかわってきたのである。

近畿地方での里と林の歴史には、そのような森林資源の持続とその崩壊の過程を物語る材料が多く見つかる。それらを回顧しながら、伝統的な社会における森林資源利用のありさまを、その持続性に注目して考えてみたい。

一　人間社会の持続と森林の持続

持続の必要性

農村の生産が持続し、集落が安定的に維持されることは、農民にとっても、また農村からの税収に依存する為政者にとっても、重大な課題であった。田畑を営む集落では、生産の基盤として水利の改善とその安定的な利用を進めた。また為政者側も、水害など災害からの復興や、予防としての治山工事などを負担し、[16]農業基盤の安定を図ってきた。村内での戸数調整や村々の間での入会などのように、ステークホールダー間の利害対立が著しいさまざまな権利調整についても、農村は積極的にルールの制定と維持を行い、為政者もその調停役として尽力してきた。[28][18]など これらはひとえに、農村集落の安定と生産の持続を重視したからであろう。

山間や丘陵地に近い農村集落では、それらを支えてきた大きな基盤の一つが、森林のもたらす生態系サービスであった。住まいをはじめ、燃料や肥料、農具などの材料提供など、近代以前の集落では、生活を維持するために森林資源の果たした役割は大きく、その持続的な利用は、集落の存続にも重要であった。

現在では、森林の持続的な利用とそのための管理は、伝統的な地域社会を離れて地球全体を考えてみても、人類存続の必要条件と考えられるようになっている。森林資源は育成に長期を要するため、持続性がことさら重要である。地球環境という概念が一般化した二〇世紀末以降、森林の持続は世界的な関心事となった。やがてそれは、環境と開発に関する国連会議（UNCED）（一九九二年）において決議されたリオデジャネイロ宣言における「森林に関する原則声明」（森林原則声明）とアジェンダ二一の第一一章「森林減少対策」、また、欧州の温帯林保護のためのヘルシンキ会議（一九九三年）*1という形で実を結んでいった。さらに、生物多様性条約のなかで取り組むべき個別プログラムのひとつとして「森林の生物多様性」がとりあげられ、生物多様性に配慮した森林の持続的利用が求められるようになっている。

これらの流れの中で、もはや森林の持続とは木材資源の持続を意味するだけではなく、森林生態系とその機能全体の持続、さらには森林の擁する生物多様性の保持を意味するようになっていった。この生態系としての森林の持続という考え方は、近代における生態学などの科学知識の深化や情報の充実を踏まえて出現したものである。それ以前には、森林の持続ということは、どのように考えられていたのだろうか。

森林を衰退させないこと自体は、決して近代以降の新しい考えではない。欧州では、森林の保続を目指した計画的な管理法が古くから発達し、ドイツでは一四世紀に森林の伐採を調整する手法が記述されている。[24] 一八世紀以降、欧州で体系化された計画的な森林資源管理法を、日本は一九世紀末に導入した。[21] しかし、それ以前の江戸時代においても、幕藩政府は種々の伐採規制や植林の奨励によって、森林の保全に大きな努力を払ってきたのである。[25]

ただし、これらの管理は森林の生態系としての持続という視点を持ったものではなかった。まず木材資源の保続であり、その他に、欧州では狩猟鳥獣の保護を、森林が山岳地帯とほぼ重なる日本においては、山地保全を目的としていた。木材資源の利用において、早くから資源の持続が重視されてきた理由は何であろうか。これは農業と比較することで、その理由が明確になる。

第一に木材資源は、生産にかかる時間が何十年あるいはそれ以上という長期に及ぶ。また、その生産期間も、農作物のように一年あるいは数年というように、固定しているわけではない。細い柴にも、太い丸太にも、それぞれに用途があるので、何年目にどの大きさで収穫するかということには、高い融通性がある。次に、木材資源を利用し管理する場合、農地以上に対象となる空間の面積が広いということが挙げられる。あるいは、しばしばその利用・管理する空間の境界も不明確である。このような、森林資源が持つ時間的空間的な曖昧さから、資源量の把握が難しく、また、資源の持続性の崩壊が見えにくくなっていると考えられる。

加えて、木材は建築材にしても薪炭にしても、きわめて換金性が高いために移出され、商業的に消費されることが多かった。それゆえに木材資源は収奪されやすく、その保続は古くから切実であった。そして、個別の事業者を越えたコントロールを、早くから必要としてきたのであろう。もちろんそれは、なかなか持続的な資源管理が行いがたいことの、裏返しと見るべきかもしれないが。

持続の基準とは

ここでまず「自然資源の持続を考える」ということが持つ、本質的な困難さについて言及しておきたい。それは、森林あるいは森林に起源を持つ植生の資源利用においては、何をもって持続とするのか、何をもって持続性が崩壊したとするのかということについて、さまざまな基準が

＊1　フランスとフィンランドによる欧州森林保護閣僚会合（一九九〇年）から始まったヨーロッパ内の温帯林を対象とした基準・指標づくりの取り組み。一連の動きは、ヘルシンキ・プロセスとも呼ばれ、一九九九年現在、三七か国が参加している。

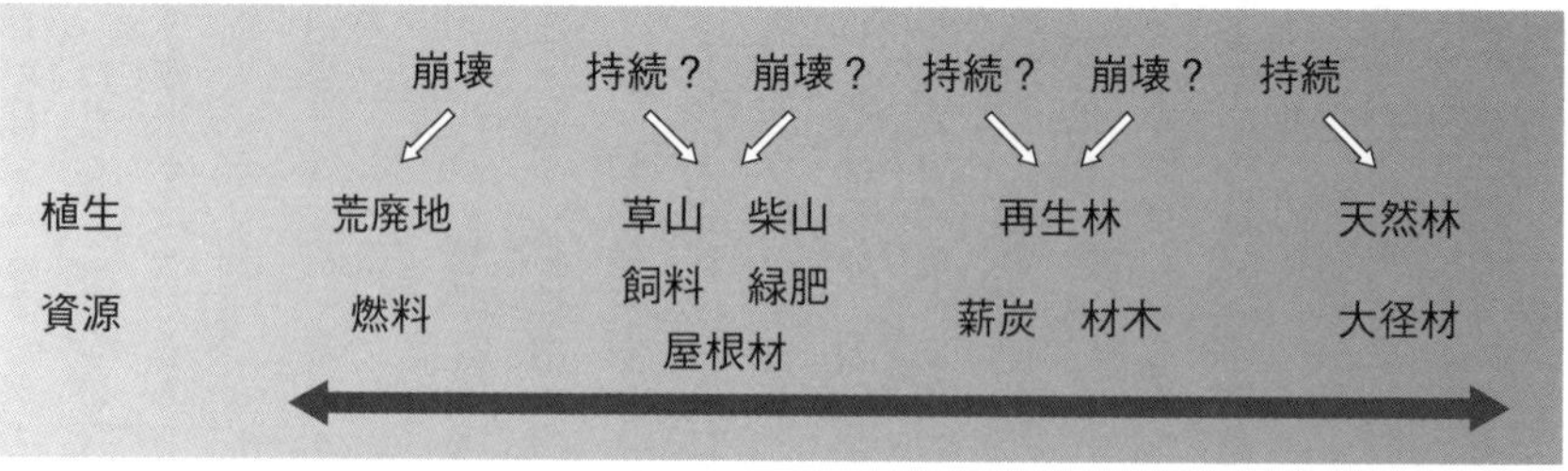

図１　資源利用の持続と崩壊の基準
持続か崩壊かの基準は、対象とする資源により浮動する。

可能であり、判別は容易ではないということである。

日本列島のような温暖多雨地域にあっては、何らかの人為攪乱を受けた森林は、利用の圧力とその持続時間にしたがって、原生林に近い状態から、藪、さらには荒廃したまばらな草地へといった、退行遷移的な連続の中に位置づけられるだろう。この連続の中で、例えば原生林に近い森林が、人の利用圧を受けて、種構成がかなり入れ替わった二次林に移行したとしよう。このこと自体は、大径木や原生林に依存的に生育する樹種などといった、原生的な森林に依存する資源の枯渇を招いたであろう。しかし、移行した後の二次林が利用圧を受けながらもそれなりに安定し、二次林に多い樹種の小径木の生産が続いた場合は、新たに二次的な森林資源の持続的利用が成立したと評価することもできるのである。

それでは、先に述べた退行遷移的な植生の連続の中で、どこかで退行が止んで平衡した場合は、それを持続的利用が成立したとみなしてよいのだろうか。しかし、よく考えてみれば、資源回復の可塑性を越えてしまうほど人の利用圧が強くないかぎり、資源は劣化したとしても、荒廃地にまでは至らないどこかの段階に留まることになる。そのような、単なる下げ止まりの状態を、持続的利用と呼ぶべきだろうか。持続という言葉に、資源管理上の積極的な評価をこめるのであれば、それは、利用する側が価値を認めて対象とした資源の状態について、使用されるべきである。

そう考えたとしてもなお、持続の判断は難しい。まず、人が利用価値を認め、管理の対象とする資源が、大径材なのか、薪炭材なのか、あるいは緑肥用や秣《まぐさ》用などの草なのかにより、持続／崩壊の判断基準も判断結果も異なったものになってしまう（図１）。前述のように、大径材を伐りつくすという破綻が、次の時代の二次林の成立と、そこにおける薪炭材の持続的利用につながった場合、この歴史をどう評価すべきだろうか？
さらには、対象資源は時代と共に変化し得るし（第2章）、同一の時代や場所でも、領主は樹木を求め、農民は草を求めるといったように、社会階層により対象とする資源が異なることも一般的にみられる。[(28)など] 時には、必ずしも樹木が一番大事な資源とは限らないことさえある。戦国期以降、拡大する農地に投入する緑肥を得るために、村々は、草山を巡って熾烈な争奪戦を繰り広げるのだが、そこでは木が繁ったために草の育ちが悪くなり、迷惑なので伐るということまで起きているのである。[(16)]

二　伝統的な森林資源管理と持続性

近畿地方に見られる多様な森林資源管理

このように、資源利用が持続したかあるいは崩壊したかを厳密に判別することは困難であることを確認したうえで、近畿での歴史に戻ろう。持続的な管理が難しかったと思われる森林資源と、近畿の人々はどのように付き合ってきたのだろう。それなりにうまくやってきたのだろうか、あるいは、失敗し続けてきたのだろうか。

本書の各章で紹介された、近畿地方における森林資源と人の社会とのかかわりについての報告（表1）を利用して、検討してみよう。ここでは、それぞれの報告の結論あるいは描写にもとづき、資源利用が持続したか崩壊したか、すなわち、何らかの資源利用システムが、資源の枯渇によって衰退したかどうかを、筆者が読み取って判断することとする。

表1からまず読み取れることは、近畿地方では、奥山の天然林から里山の薪炭林、柴・草地まで、さまざまなステージにおいて、資源の枯渇や持続性の破綻が発生していたということである。これを大きく分ければ、平安期以前の、スギやヒノキといった温帯系針葉樹大径材とそれを産出した天然林の使い尽くしであり、もう一つは中世から近世にかけて多発した、里山の薪炭、草地資源の荒廃である（環境年表）。このように、伝統的な社会においても、常に調和的な資源利用が行われていたわけではない。しかしその一方で、薪炭林や人工用材林として、持続的な利用が成立してきた地域もまた多いのである。

持続性を左右する条件

このように、近畿地方のいくつかの事例報告を見渡すか

表1　解析に引用した資源利用の事例

事例	時代	対象とした資源	枯渇／持続	出典
古代杣（甲賀・伊賀・田上）	奈良～平安	天然林大径木用材	枯渇	2章
中世の朽木・中世の山国	平安～戦国	天然林大径木用材	持続	2章
中世の近江伊香立	平安～鎌倉	薪炭材	枯渇	2章
中世の近江葛川	平安～戦国	広葉樹薪炭材	持続	2章
中世の近江饗庭野	平安～戦国	薪炭材・秣・緑肥	枯渇	2章
中世の山城大住・薪	鎌倉	薪炭材	枯渇	2章
中世の近江蒲生野	室町	薪炭材・緑肥	持続	2章
中世の近江大浦	室町	用材・薪炭材	持続	2章
近世の京都盆地	江戸	薪炭材	枯渇→回復	1章，3章
近世の山国	江戸	天然林択伐用材	持続	終章
近世の吉野	江戸	人工林用材	持続	5章
近世～近代の北摂・河内長野	江戸・近代	薪炭材	持続	4章
近世～近代の京阪奈丘陵	19・20世紀	薪炭材・緑肥	持続	4章，8章
近代の比良山麓	20世紀初め	用材・薪炭材・緑肥	持続	6章，8章
近代の丹後半島	20世紀初め	用材・薪炭材・屋根材	持続	7章，8章

ぎり、持続的な森林資源利用が成立していたと思われる事例も、崩壊していたと思われる事例も、ともに存在していたことがわかる。これらの事例は、それぞれ歴史も地域も、また対象とする資源も一様ではないが、それらの違いをこえて、持続的な資源利用が成立する条件はあるのだろうか。

単純化すれば、資源の枯渇は、消費が資源の回復の速度を上回ることによって起きる、と考えることができるだろう（第一巻終章参照）。ここでは、持続的な資源利用にかかわる条件として、消費と資源の回復にかかわる三つの条件を仮定して、その当否を検証してみよう。

まず消費の速度が制御されるかどうかにかかわる条件として、以下の二つを採り上げる。

①　資源の管理者と消費者が、地域の内部か外部かのどちらに属するのか。

資源の生産と消費が、地域内部の人々に依存するのか、外部の人々に依存するのかという違いが、資源の過剰な収奪に関係するのではないか、という問いである。古くから都市を抱えてきた近畿地方においては、木材生産（第2章、第5章、第6章）のみならず、里山利用（第4章、第6章、第8章）やその原動力となる農業も（第8章、コラム3）、往々にして生産物の都市への移出を目的としてきた。森林といえども、都市などの外部社会の影響が無視できないと考える所以である。

② 資源利用の規制が行われたか。

共同体の内部の規制や作業規範であるか、幕藩政府による公的な規制であるかは問わない。ここで利用規制とは、利用規則の設定や、伐期の設定、伐採面積の規整など、資源利用の計画性をさす。規制の有無は、記録が残されているかどうかで判断した。

さらに、資源の回復にかかわるものとして、次の条件を採り上げた。

③ 資源の持続や回復に寄与するような植生管理技術が適用されたか。

ただし、以上の三つの条件の当否を、史料から正確に判断することは、実際にはかなり難しい。①の地域内部、外部どちらに属するかの判断は、管理者が共同体に属するのかどうかを推定することで行ったが、例えば在地の領主の帰属意識が、実際にどの程度地元にあったのか、あるいはその外側にあったのかは、おそらくさまざまであろう。②の社会的規制や③の植生管理技術の適用の有無は、史料に記録があるかどうかで判断した。しかし当然のことながら、書かれていないからと言って必ずしも存在しなかったわけではない。以下は、そのような限界を抱えた分析として、読んでいただきたい。

資源の管理者と消費者が地域内部／外部どちらに属するのか

表1で列挙した事例を、資源の管理者と消費者が地域の内部か外部のどちらに属するのかという基準により、分割した平面に配置してみたものが図2である。横軸と縦軸で分割された四つの象限それぞれの資源管理と消費の状況は、次のように説明できるだろう。図の右上にあたる第一象限では、資源の管理も消費も外部の影響下に置かれている。これは、例えば都市の権門や商人などの外部の権力や資本が資源を管理し、生産物を都市へ移出して消費あるいは販売するような状態である。図の左上にあたる第二象限は、その地域住民が資源を管理し、生産物を都市などの外部に向けて販売する場合である。左下の第三象限では、資源は地域住民により管理され、生産物も地域住民により消費される。自給的な資源利用を表しているといえよう。最後の右下の第四象限は、例えば、外部の都市資本が管理したものを、地域に売るという状況を意味するが、今回扱った事例には、あてはまるものはなかった。

図中に地名であらわしたそれぞれの事例のうち、太字に

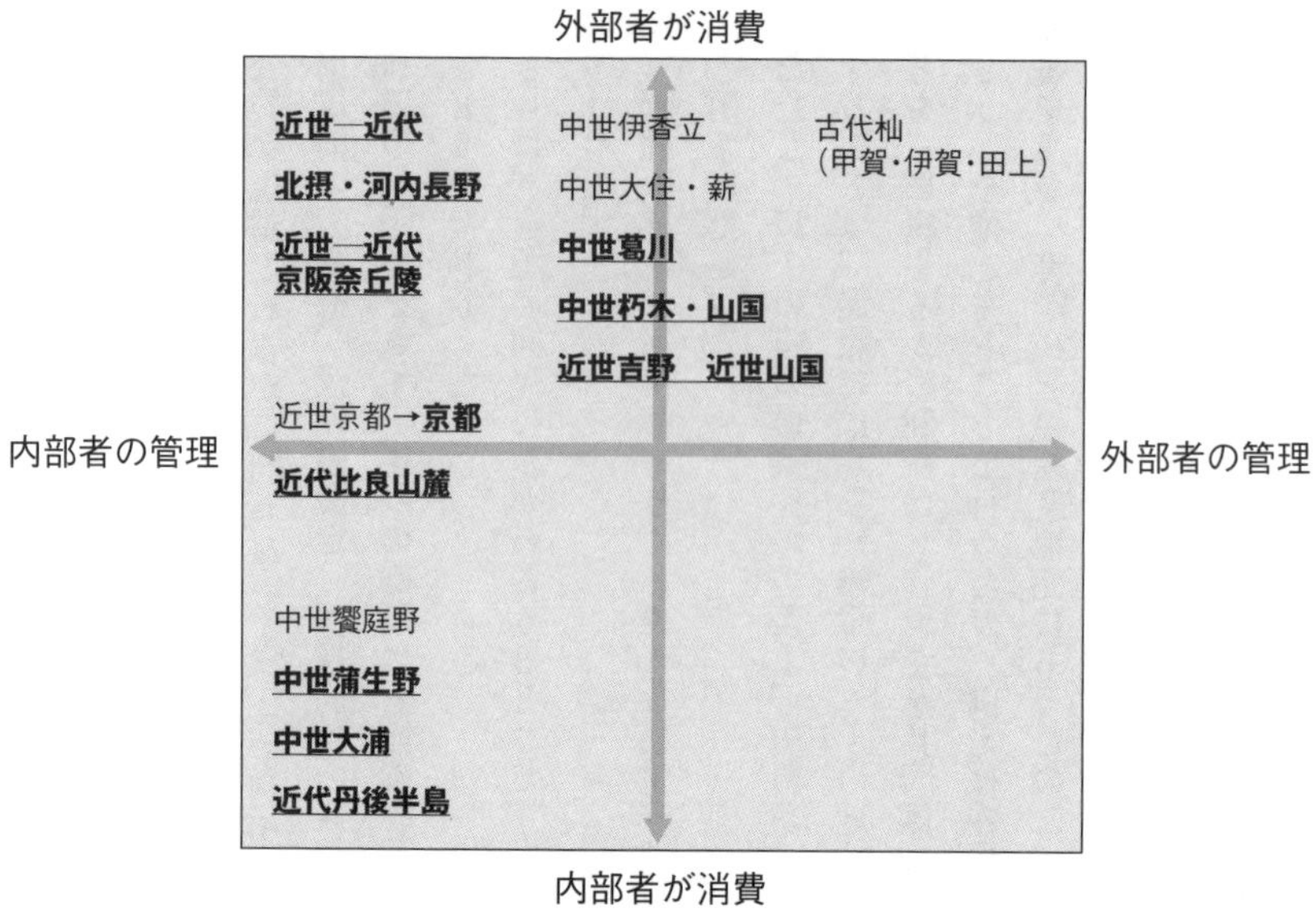

図２　資源の管理と消費における地域外部の影響と資源生産の持続性
太字（下線）は資源が持続した事例を、細字は資源が枯渇した事例をあらわす。

下線は資源が持続的に利用されたと判断されるものである。一方、細字では資源が枯渇したと判断される。これを見ると、外部者の管理が強い極では、すべての事例は大径材を都に伐り出した古代杣であり、資源の枯渇のみが認められるが、それ以外の領域では、資源が持続していたと判断された事例も、枯渇したと判断された事例も、混在している。

左下の、生産と消費が地域内部で自給的に行われていた場合でも、資源の枯渇は発生した。たとえば中世の近江饗庭野《あえばの》では、すでに一三世紀に、周辺の荘園間で燃料や緑肥などの採取をめぐる争いが起きていたが、一六世紀になると、植生が後退し草山と化していた（第2章）。また、本書では紹介していないが、滋賀県や兵庫県などでは、近世には地域住民の燃料や緑肥の収奪的な利用に地質的な条件も加わって、広大な荒廃地が形成され、それらは近代まで残存した。[3]

逆に外部が管理にかかわり、資源を外部へ移出することを主目的とした利用でも、資源量が豊富であったことや、積極的な資源造成より、持続的な資源利用を成立させたところがある。山が浅く流域の資源が収奪されやすかった古代の甲賀や伊賀、田上の諸杣《そま》では、平安期には資源が枯渇して材木の生産が衰退するが、山が深い丹波の山国杣は中世以降も木材産地として存続し（第2章）、京都への木材供給基地であり続けた。吉野地方では近世中期にスギやヒノキの造林技術が確立し、一九世紀になって所有権の村外への移譲が進んだ後も、大阪などの都市に向けた商業的な木材生産が持続的に行われた（第5章、⒄）。近世の北摂や京阪奈丘陵によく見られるクヌギ造林による薪炭生産も、都市への移出を目的とした商業的生産が持続的に成立した、広葉樹についての一例である（第4章）。

このように、資源の管理者と消費者が、地域内部あるいは外部のどちらに属するのかという条件だけでは、各事例における資源の持続的利用の成否を、明瞭に分けることはできなかった。地域外部の影響力下にあって地域外部で消費するために資源を採取するという第一象限のような状況では、過剰な資源利用、ひいては資源の枯渇が起きやすく、片や第三象限のような地域内の自給的な資源利用は、持続的に行われてきたのではないかという予見を、我々は一般的に持っているだろう。世界史で繰り返された植民地からの資源収奪は、そう考えることの合理性を雄弁に物語っている。ここで扱った事例でも、都の建設に大量の木材を移出した古代の諸杣や、京都などへの薪炭材の移出で森林が失われた中世の山城の大住荘や薪《たきぎ》荘が、それにあたるだろう（第2章）。しかし前述のように、地域外部の人々の影響下にありながら持続的な資源利用が成立した例も、また稀ではなかったのである。森林資源の管理や持続的な利用が、地域外部の影響下に入ることで崩壊するという構図は、無条件で一般化できるものではないようだ。

資源利用の規制が行われたか

では次に、人々が森林資源利用の崩壊を避けるべきものとして利用行動の抑制、あるいは計画的な利用を行ったかどうかという視点から、事例を整理してみよう。表1のうち、何らかの規制が認められるのは九事例（中世近江の葛川・蒲生野・大浦、近世の京都盆地、近世〜近代の北摂・河内長野・京阪奈丘陵・比良山麓・丹後半島）であるが、これらでは資源の枯渇はみられなかった。一方、規制が確認できなかった一一事例（表1）のうち、中世の朽木・山国、近世の山国・吉野の四事例で資源が持続していたが、古代の杣である甲賀・伊賀・田上、中世近江の伊香立・饗庭野、中世山城の大住・薪の七事例で、資源の枯渇が起きていた。

規制が存在し、資源が持続的に利用されていた事例のいくつかを示そう。一五世紀の近江蒲生野《がもうの》では、樹木の伐採はもとより、落ち葉の採取まで厳しい村掟により規制されていた。そしてその科料は、使用した道具が鎌か鉈《なた》か斧か、つまり道具の伐採効率により異なった額に設定されていた（第2章）。同様の規則は、後世にわたって他の地域でも広くみられる。[2] また、資源計画的な観点からの規制としては、同時代の琵琶湖湖北の大浦では、井溝を修造などにおける村の入用を捻出するために収穫する、備林が設定されていた例が挙げられる（第2章）。このような備林制度は、第7章や第8章で述べられている通り、現代の里山にも組み込まれていることが確認される。さらに、植林により資源造成が行われていた近世の吉野のスギ・ヒノキ林（第5章、(17)）や、北摂や京阪奈丘陵におけるクヌギ林（第4章）では、植栽後何年経過したら伐採するか、どのぐらいの太さになったら伐採するかという基準があり、計画的な利用が行われていた。

先に述べたように、文献史料で確認されないことは、決して規制がなかったことを保証するものではない。しかし、本書で扱った事例を見る限りでは、何らかの資源の利用規制が行われたことが、持続的利用の成立に寄与してきたという傾向があるように読み取れる。京都盆地において、江戸初期には過剰な資源利用により周囲の山々の荒廃が進んだが、幕府から繰り返し出された禁令や植林の奨励により、江戸後半には回復する傾向が見られたという第3章で紹介した事例も、社会的規制の有効性を示しているのかもしれない。

資源の持続や回復に寄与するような植生管理技術が適用されたか

規制よりさらに積極的な資源へのかかわり方として、資源の再生と成長を促すような植生管理技術の適用がある。それは、実際に資源の持続的利用を成立させる力となっているのだろうか。文書などの資料から、往時、植生管理技術が適用されていたかどうか、行われていたとすれば、それはどのようなものであったのかは知りがたい。文書記録の多くは、所有権や利用権関する係争や納税についてのものであり、植生の管理の実態について触れられていることはほとんどないからである。そこで対象としていた資源の植生としての状態より、それが人の積極的な管理を必要とするものであったのかどうかを推定してみた。

平安時代以前の甲賀、伊賀、田上や、中世の杣木や山国の事例は、ヒノキやスギ、あるいはコウヤマキといった天然生の針葉樹の収奪的な収穫であり、そこでは積極的な植生管理技術は適用されていなかったであろう。中世の近江の伊香立や葛川の事例では広葉樹林の伐採が行われていたが（第2章）、植生管理が行われたかどうかは不明である。さらに、中世の近江の饗庭野、山城の大住荘や薪荘などは、収奪的な利用により荒廃地に達した事例であり（第2章）、植生管理は行われていなかった、あるいは主力とはなっていなかったものと判断される。一方、近代の丹後半島や比良山麓の事例では、対象資源は同様に広葉樹林であったが、概ねの伐採間隔を設定し萌芽更新を図る薪炭林としての管理[*2]が行われていた（第6章、第8章）。さらに、近世から近代の北摂や京阪奈丘陵では広葉樹であるクヌギの造林が（第4章）、近世の吉野などではスギやヒノキなどの針葉樹の造林が行われ（第5章、(17)）、積極的な管理がなされていた。また、平安期には杣が置かれて天然木の伐採が行われていた山国でも、近世においては、植林や頭木更新[*3]による択伐施業が完成していたものと考えられている。(20)

このような解釈をもとに、植生管理技術の適用の有無を横軸とし、資源対象とした植生の自然度[*4]を縦軸として、各事例を配置したものが図2である。この図より、太字に下線で示された持続的に資源利用が行われた事例の大半は、植生管理技術が適用されていたと考えられる図の右側に配置され、細字で示された資源が枯渇した事例は、適用されていなかったと考えられる図の左側に配置されることが見て取れる。一方、資源の持続的利用の成否は、植生の自然度とは無関係に決まるようであった。これらのことは、資源利用の崩壊は単に自然度の低下によって起きるのではなく、植生管理技術が適用されていない場合に起きる可能性を示しているのではないだろうか。自然度が低くとも、管理技術が適用されている場合には、持続的利用が成り立つ

*2 切り株からのひこばえ（萌芽）により次の世代の森林を再生させることを萌芽更新という（コラム2参照）。また萌芽更新により、短い間隔で伐採し収穫を繰り返す管理法を低林管理といい、薪炭林管理法として世界的に行われている。

*3 地際より高い位置で伐採し萌芽させて、木を再生する方法。通常地上数一〇センチメートルから数メートルの高さで行われる。京都の北山をはじめ、日本海側を中心に散見される台スギや、大阪北部のクヌギの台場作りなどが有名である。

*4 ここで自然度とは、地域の成熟した天然林、つまり原生的な森林からの連続性、種構成や林分構造の発達程度の相対的な近さを、概念的にあらわすものとする。スギやヒノキ、クヌギなどの人工林は、原生的な森林からの連続性が断絶しているので、自然度は低く位置づけてある。

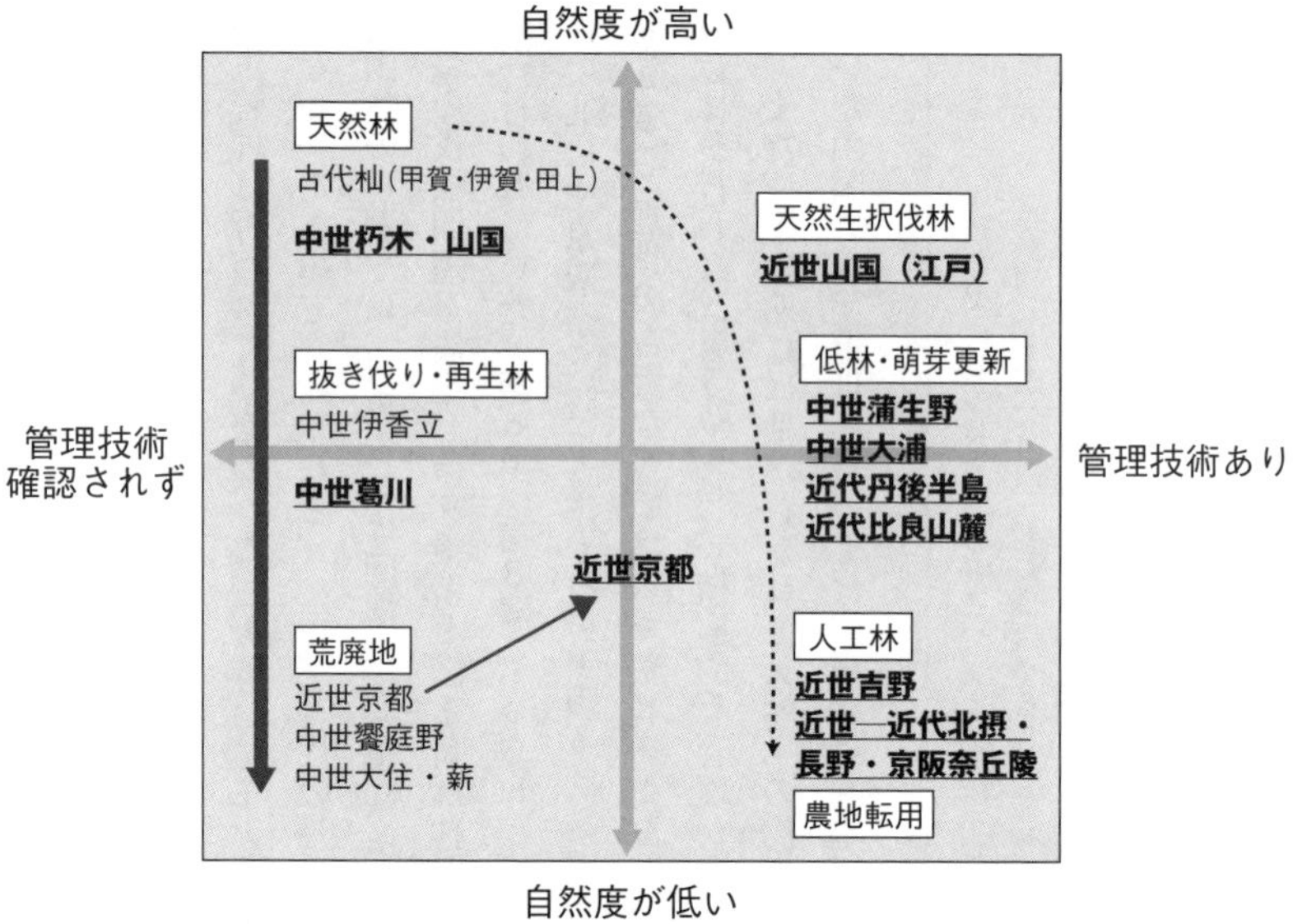

図３　植生管理技術の有無と資源生産の持続性
太字（下線）は資源が持続した事例を、細字は資源が枯渇した事例をあらわす。

こともあるのだ。

図３の左半分に位置づけられた、管理技術が適用されず資源が枯渇した事例を見てみよう。それらは上から下に向かって、天然林から再生林そして荒廃地へと自然度を下げていくが、その流れは、人為攪乱にともなう退行遷移としての連続した変化と読み取ることが可能だろう。その一方で図の右半分に配置された、管理技術が適用され持続的資源利用が成立していた事例では、天然林から択伐林、低林そして人工林へと自然度を下げるが、それらを一つの退行遷移系列上の連続した変化として見ることはできない。次節で紹介するように、コナラの優占する低林の多くは、人が管理技術を適用することで誘導されてきた可能性があり、単に天然林や天然生の択伐林が攪乱されて移行してきたとは考えにくい。まして人工林は人が造成したものであり、ナラ類の低林を攪乱しても人工林に移行しないことはいうまでもない。

つまり、本書で扱った森林資源の持続的利用が成立した事例の多くは、単に退行遷移が一時的にあるレベルに留まることによって、言い換えれば、資源利用速度と植生の再生速度が拮抗することだけで実現されたのではない。そこに資源管理の志向が働き、それを支える植生管理技術が投入されて創出された森林資源の状態であると考えられる。

里山のコナラ林
―管理によって持続的資源が実現された事例―

近世の近畿地方では、多様な森林管理技術の発達が見られた。先に述べた吉野や北摂での人工林の拡大以外にも、紀州では備長炭生産のためにウバメガシの択伐による萌芽更新施業が発達したことが知られている。[(4)] また、木材生産のためだけではなく、治山治水にも森林管理技術は適用され、田上山や京都南部では、アカマツなどの植林が進められた。[(16)]

管理技術の適用によって持続的な資源利用が図られたもっと身近な例として、里山のコナラ林を取り上げてみたい。マツ材線虫病によりアカマツ林が激減した現在では、コナラが優占する林は、最も一般的な里山林であろう。[(11)] このような里山林は、薪炭林として利用される場合は一般に一五～三〇年周期で伐採され、また、柴山として利用される場合には数年に一度刈り取られてきた。そして、伐り株からの萌芽により再生が図られてきたのである。[*5]

このような、人による強度の利用下でコナラが優占する理由としては、コナラが萌芽、種子という二つの更新モードにおいて、ともに高い能力を備えていることが挙げられる。コナラは、萌芽力が強いうえに、[(10)] 再生した萌芽の成長が早い。[(14)(22)] このことは、この種が伐採直後に発生する他の雑草木との厳しい競争に強く、確実にコナラ林を再生していくことを示している（コラム２）。また、コナラは種子をつけ始めるまでの期間が萌芽後数年程度と大変短く、[(7)(9)(12)] 柴山のような短い間隔での伐採の繰り返しの下でも、種子による更新が可能である。萌芽の母体となる株もいつかは枯れるため、種子からの更新も重要なのである。

人による里山林の取り扱いも、コナラの優占を促進するような様式で行われてきた。例えば、薪炭林の伐採間隔は、コナラが大径化し萌芽能力を失っていく前になるように、[(8)(13)] 短く設定されてきた。一般的に秋から冬にかけて伐採を行うことも、萌芽能力が落ちる展葉期を避け、[(1)] より順調な再生を保証することに役立っている。もちろん、これらの取り扱いには、大径になると伐採、運搬、割材などが大変に

＊5　日本には、薪炭林由来のコナラ林のほかに、アカマツ林がマツ枯れによってコナラ林に移行したものも広く分布する。しかし、ここでは低林管理を受けてきた薪炭林由来のコナラ林に限定して話を進める。

なることを避ける、また、冬の農閑期の労働力を利用して伐採を行うのが合理的であるなどの理由もあるだろう。しかし、太くなると萌芽能力が落ちることや、夏に伐ると木が傷むといったことは、里山管理の知識としても認識され、今でも現場でしばしば語られているのを耳にする。地域によっては、もっと積極的な里山管理も行われてきた。苗の植栽や下刈り、萌芽の間引きなどである（第4章）。コナラの優占する里山薪炭林は、植生管理技術の適用により、歴史的に誘導され維持され、そして持続的な資源利用が実現されてきたものと考えられる。それは半栽培[*6]的な存在であったということができるだろう。

三　森林資源の持続的利用成立についての試論

近畿地方の森林資源は時代と共に変化し、奥山の天然林から里山の薪炭林、柴・草地などのさまざまなステージにおいて、資源の枯渇、持続性の崩壊も発生していた。現代人の視線は、伝統的な森林資源利用の中に、自給的で持続的な地域の姿を見出せるのではという期待を抱きやすい。そして都市などの地域外の権力や経済の影響は、資源の枯渇を招くだろうと推測する。しかし本書で扱った事例には、古代杣における資源枯渇のように、それらの推測を裏付けるものが含まれる一方で、近世の植林を導入した林業のように、外部に支配され、あるいは外部と強くかかわりながらも持続的な生産を実現してきたものも、少なからず見られる。このように、外部者による資源管理と利用への影響の濃淡だけで、資源の持続の成否をすっきりと整理することはできない。むしろ持続的利用は、資源利用の規制や植生管理技術の適用といった、持続への意思や行動があった場合と、強く結びついているように思われる。

本書で扱った事例の中で資源の持続的利用が認められたのは、主に中世以降のものである。中世後期から近世、近代において、規則や規制を成り立たせてきた枠組みとしては、惣村や郷村制に代表される共同体の内部の、あるいは共同体間の相互管理が、まず挙げられるであろう。入会地などの共有資源の利用において、村掟[(5)(23)など]は共同体の成員は他の成員に対して迷惑をかけるなという、また、惣論・山論[(28)など]は一つの共同体は周囲の共同体に迷惑をかけるなという、強いメッセージを発している。第二には、幕府や藩などの公的な権威が挙げられる。薪炭や緑肥、秣といった農民が必要とする資源に、幕府や藩が直接深い利害関係を持っていたわけではない。しかし、ややもすると激化する村落間の紛争の調停や、資源の荒廃が進んだ場合の対策には、幕府や藩がかかわり、その権威が「恐れ多いもの」として機能した。[10][27]など

植生管理技術には、前節で述べた萌芽更新を利用した半栽培的な低林管理技術の他に、さらに積極的なものとして植林が行われてきた。[6] 近代以前の近畿地方では、スギやヒノキといった針葉樹からクヌギなどの広葉樹まで多様な森林が、自給的な資源生産ばかりでなく、用材（[20]、第5章）や良質な薪炭材（第4章、コラム2）を商業的に生産するために造成されていた。近畿地方では、大都市など地域外の市場と強く結びついた商業的な森林資源生産が、持続的な形で成立していたのである。

以上のように、近代以前の近畿地方における持続的な森林資源利用の成立には、村落共同体や幕府や藩による統制や調整、地域内外の人々による管理技術の創出、そして商品生産の追及が、それを支援する形で関連していたのではないだろうか。[19] このことは、アニミズムや仏教思想に立脚した日本文化の美質に持続的資源利用の基盤を求める考え方（[26][29]など。一巻第4章参照）とは、少々異なった視点を与えてくれるのである。

持続的な森林資源利用と植生管理技術の関係について、いま少し補足しておきたい。持続的資源利用は放恣のままでは立ち上がりにくく、何らかの植生管理技術の適用がその成立に寄与したのではないかという我々の集約は、持続的利用には技術が寄り添っていたのではないかという指摘であって、ただちに、技術こそ持続を成立させる条件であったと主張するものではない。森林資源の管理技術の発生は、まだ技術史的な検討がほとんどなされていない未知の世界であるが、明確な意思によって技術開発が行われ、それを画期として持続が成立するというような近代工業的な過程は、果たして一般的に起きていたのであろうか。半栽培、セミ・ドメスティケーションについての議論[15]が示すような、人の技術がそもそもの森林のあり様によって誘発され、そして森林のあり様も人の技術の適用により変化していくという、相互的、相補的な過程も想定していくべきであろう。本書で扱った持続的資源利用の事例も、近畿地方がアカマ

＊6　ここでは、野生から栽培に至る途中の段階という意味ではなく、野生と栽培の間に平行して存在する安定した仕組み[15]を指す。

ツヤナラ類のような天然更新が容易な樹種に、さらにはスギやヒノキのように植林が容易な樹種に恵まれていたために、幸運にも可能となった構図なのかもしれない。本書の積み残した課題である。

終わりに、本論はあくまで断片的な歴史資料に基づくという、制約の中での試論であることを断っておきたい。資料は数が限られる上に、時代も対象とする資源も統一されていず、必ずしも近畿地方を代表するサンプリングになっているわけではない。資料が増えれば、例えば外部の管理参加と生産の商業化、制度や植生管理技術の整備などは、時間軸に伴う変化として整理されるのかも知れない。(25) 本章で試論として述べたこと、つまり伝統的な社会の森林資源利用における社会的規制や植生管理技術の有効性が、果たしてどこまで一般化できるかは、今後の文献史学、生態学、民俗学、林学などからのより詳細な研究と議論の発展に委ねよう。

さらにその先には、このような森林資源の持続と枯渇を分けるものについて、議論の地理的なスケールを、国内の各地方へ、そして東アジアなどの海外へと広げていく試みも必要であろう。今日の世界規模での森林資源の減少を食い止めるヒントが、そこから見えてくるかもしれないので

DOI:10.1016/j.jas.2010.12.013.（査読付），xin press.
滋賀県　1928．滋賀県史 第4巻．最近世．滋賀県．
滋賀県市町村沿革史編さん委員会（編）　1962．滋賀県市町村沿革史 第5巻 資料編1，p. 72-73.
滋賀県史編さん室（編）　1971．滋賀県百年年表．滋賀県．
滋賀県森林課　1919．滋賀県之林業大正8年版．滋賀県森林課．
志賀町　1980．滋賀郡木戸村誌　資料Ⅱ．滋賀県志賀町．
志賀町史編纂委員会　2002．志賀町史 第3巻．滋賀県志賀町．
詳説日本史図録編集委員会（編）　2010．山川詳説日本史図録（第4版）．山川出版社．
鈴木三男　2002．日本人と木の文化．八坂書房．
高橋照彦　2006．施釉陶器―その変遷と特質．専門技能と技術（列島の古代史 ひと・もの・こと5）．岩波書店．
渡邉晶（2004）日本建築技術史の研究―大工道具の発達史―．中央公論美術出版．
渡邉晶(2006)建築技術の多様性―先史·古代における木の建築をつくる技術の歴史．シリーズ都市・建築・歴史1　記念的建造物の成立．東京大学出版会．
与謝地方林業研究会編（2001）宮津・与謝地方林業年表，55p.

(27) 渡辺尚志　2009. 百姓の主張―訴訟と和解の江戸時代. 柏書房.
(28) 山口隆治　2003. 加賀藩林野制度の研究 . 法政大学出版局.
(29) 安田喜憲　2004. 文明の環境史観. 中央公論新社.

環境史年表

深町加津江・奥敬一　2011. 比較里山論の試み――丹後半島山間部・琵琶湖西岸・京阪奈丘陵のフィールドワークから. 湯本貴和（編）・大住克博・湯本貴和（責任編集）里と林の環境史（シリーズ日本列島の三万五千年――人と自然の環境史 第三巻）, p. 209-238. 文一総合出版.

原田俊丸・渡辺守順　1972. 滋賀県の歴史（県史シリーズ 25）, p. 151-152. 山川出版社.

堀内美緒　2011. 作業日記からみた里山. 湯本貴和（編）・大住克博・湯本貴和（責任編集）里と林の環境史（シリーズ日本列島の三万五千年――人と自然の環境史 第三巻）, p. 167-188. 文一総合出版.

窯跡研究会（編）　2010. 古代窯業の基礎研究―須恵器窯の技術と系譜―. 真陽社.

河角龍典　2004. 歴史時代における京都の洪水と氾濫原の地形変化―遺跡に記録された災害情報を用いた水害史の再構築―. 京都歴史災害研究 1 .

川添清知　1880. 滋賀縣管内 滋賀郡地理小誌 .

鬼頭宏　2000. 人口から読む日本の歴史. 講談社.

香田徹也（編）　2000. 日本近代林政年表 1867-1999. 日本林業調査会.

森本仙介　2011. 奈良県吉野地方における林業と木地屋. 湯本貴和（編）・大住克博・湯本貴和（責任編集）里と林の環境史（シリーズ日本列島の三万五千年――人と自然の環境史 第三巻）, p. 129-150. 文一総合出版.

日本林業調査会（編）　1997. 日本の森と木と人の歴史. 日本林業調査会.

小川菜穂子・深町加津枝・奥敬一・柴田昌三・森本幸裕　2005. 丹後半島におけるササ葺き集落の変遷とその継承に関する研究. ランドスケープ研究 **68**(5): 627-632

小椋純一　2011. 絵画からみる江戸時代の京都盆地の里山景観. 湯本貴和（編）・大住克博・湯本貴和（責任編集）里と林の環境史（シリーズ日本列島の三万五千年――人と自然の環境史 第三巻）, p. 63-68. 文一総合出版.

奥敬一・村上由美子　2011. 民家の材料からみた里山利用. 湯本貴和（編）・大住克博・湯本貴和（責任編集）里と林の環境史（シリーズ日本列島の三万五千年――人と自然の環境史 第三巻）, p. 187-208. 文一総合出版.

京都府立山城郷土資料館　1990. 関西文化学術研究都市開発地区緊急民俗調査報告書.

水野章二　2011. 古代・中世における山野利用の展開. 湯本貴和（編）・大住克博・湯本貴和（責任編集）里と林の環境史（シリーズ日本列島の三万五千年――人と自然の環境史 第三巻）, p. 37-62. 文一総合出版.

佐々木尚子・高原光　2011. 花粉化石と微粒炭からみた近畿地方のさまざまな里山の歴史. 湯本貴和（編）・大住克博・湯本貴和（責任編集）里と林の環境史（シリーズ日本列島の三万五千年――人と自然の環境史 第三巻）, p. 19-36. 文一総合出版.

Sasaki, N. and Takahara, H. Late-Holocene human impact on the vegetation around Mizorogaike Pond in northern Kyoto Basin, Japan: a comparison of pollen and charcoal records with archaeological and historical data. Journal of Archaeological Science .

終章　森林利用の持続と枯渇

(1) 淺川林三　1939. 矮林の萌芽に関する研究（第一報）. 伐採季節と萌芽の関係. 日本林学会誌, **21**: 350-360.

(2) 有岡利幸　2004. 里山〈1〉（ものと人間の文化史）. 法政大学出版局.

(3) 千葉徳爾　1991. 増補改訂 はげ山の研究. そしえて.

(4) 第57回日本森林学会関西支部等合同大会事務局　1992. 紀州備長炭. 日本森林学会関西支部, 日本森林技術協会関西・四国支部連合会合同大会.

(5) 藤木久志　2010. 中世民衆の世界－村の生活と掟. 岩波書店.

(6) 藤田佳久　199. 日本・育成林業地域形成論. 古今書院.

(7) 橋詰隼人　1983. クヌギ, コナラの幼齢木の着花習性. 広葉樹研究 **2**: 49-54.

(8) 橋詰隼人　1985. シイタケ原木林の造成法－萌芽更新法（その2）－. 菌蕈, **31**(7): 30-39.

(9) 本多静六　1908. こなら. 本多静六(編)本多造林学各論 第2編 濶葉林木編の1, p.23-30. 三浦書店.

(10) 北條浩　1979. 近世における林野入会の諸形態. 御茶の水書房.

(11) 伊藤秀三・川里弘孝　1978. わが国における二次林の分布. 吉岡邦二博士追悼論文集出版会（編）吉岡邦二博士追悼植物生態論集, p.281-284. 東北植物生態談話会.

(12) 甲斐重貴　1984. 暖帯性落葉広葉樹林の特性と施業に関する研究. 宮崎大学農学部演習林報告 **10**: 1-124.

(13) 韓海栄・橋詰隼人　1991. コナラの萌芽更新に関する研究(Ⅰ) 壮齢木の伐根における萌芽の発生について. 広葉樹研究 **6**: 99-110.

(14) 片倉正行・奥村俊介　1989. コナラ二次林の萌芽更新と成木林肥培. 長野県林業総合センター研究報告 **5**: 1-13.

(15) 宮内泰介　2009.「半栽培」から考えるこれからの環境保全　自然と社会の相互作用. 宮内泰介（編）半栽培の環境社会学　これからの人と自然, p.1-20. 昭和堂.

(16) 水本邦彦　2003. 草山の語る近世. 山川出版社.

(17) 森庄一郎　1983. 吉野林業全書. 日本林業調査会.

(18) 西田彦一　2009. 入会林野と周辺社会　その史的展開. ナカニシヤ出版.

(19) 西川善介　2007. 日本林業経済史論1. 専修大学社会科学年報 **41**: 175-190.

(20) 西川善介　2009. 日本林業経済史論3－日本歴史と林業の見直し－. 専修大学社会科学年報 **43**: 3-71.

(21) 太田勇治郎　1976. 保続林業の研究. 日本林業調査会.

(22) 崎尾均・熊谷浩次・永沢晴雄・玉木泰彦　1990. コナラ萌芽枝の初期成長と萌芽枝整理の効果. 森林立地 **32**: 1-5.

(23) 白川部達夫　1999. 近世の百姓世界. 吉川弘文館.

(24) 田中和博　2007. 生産物の採取と利用. 佐々木恵彦・木平勇吉・鈴木和夫（編）森林科学, p.119-141.

(25) タットマン, C.（著）, 熊崎実（訳）　1998. 日本人はどのように森をつくってきたのか. 築地書館.

(26) 梅原猛　1995. 森の思想が人類を救う. 小学館.

第8章　比較里山論の試み-丹後半島・琵琶湖西岸・京阪奈丘陵のフィールドワーク

(1)　深町加津枝　2002. 地域性をふまえた里山ブナ林の保全に関する研究. 東京大学農学部付属演習林報告 **108**: 77-167.

(2)　深町加津枝　2002. 丹後半島における明治後期以降の里山景観の変化. 京都府企画環境部環境企画課（編集）京都府レッドデータブック下巻　地形・地質・自然生態系編, p. 372-382. 京都府.

(3)　深町加津枝　2005. 農林業による植生管理の知恵・技術と植物群落との関係. 財団法人日本自然保護協会（編）生態学からみた里やまの自然と保護, p. 140-146. 講談社.

(4)　深町加津枝　2007. 自然再生－文化の視点－. 森本幸裕・白幡洋三郎（編）環境デザイン学, p. 177-189. 朝倉書店.

(5)　深町加津枝　2008. 里山の風景. 環境研究 **148**: 113-119.

(6)　Fukamachi, K., Oku, H., Nakashizuka, T. 2001. The change of satoyama landscape and its causality in Kamiseya, Kyoto Prefecture, Japan between 1970 and 1995. Landscape Ecology **16**: 703-717.

(7)　深町加津枝・大岸万里子・奥敬一・三好岩生・堀内美緒・柴田昌三　2010. 丹後半島山間部の棚田景観の変遷と棚田の残存要因に関する研究. 農村計画学会誌（論文特集号）**28**: 315-320.

(8)　堀内美緒・深町加津枝・奥敬一・森本幸裕　2004. 滋賀県志賀町の2集落を事例とした1930年ごろの里山ランドスケープの空間構造と管理. ランドスケープ研究 **67**(5): 673-678.

(9)　堀内美緒・深町加津枝・奥敬一・森本幸裕　2006. 明治後期の日記にみる滋賀県湖西部の里山ランドスケープにおける山林資源利用のパターン. ランドスケープ研究 **69**(5): 705-710.

(10)　堀内美緒・深町加津枝・奥敬一・森本幸裕　2007. 明治後期から大正期の滋賀県西部の里山ランドスケープにおける山林資源利用の変化. ランドスケープ研究 **70**(5): 563-568.

(11)　岩佐匡展・深町加津枝・奥敬一・福井亘・堀内美緒・三好岩生, 大都市近郊に位置する京都府木津川市鹿背山地区における1880年代以降の里山景観の変遷. 2010. 農村計画学会誌 **28**（論文特集号）: 321-326, 2010

(12)　京都府立山城郷土資料館　1990. 関西文化学術研究都市開発地区緊急民俗調査報告書.

(13)　京都府立山城郷土資料館（編）　2001. 京阪奈丘陵の今と昔. 京都府立山城郷土資料館.

(14)　三好岩生・深町加津枝・大岸万里子・奥敬一　2007. 丹後半島山間地の2集落における地形的要因からみた水利用形態と景観形成. ランドスケープ研究 **70**(5): 683-688.

(15)　小川菜穂子・深町加津枝・奥敬一・柴田昌三・森本幸裕　2005. 丹後半島におけるササ葺き集落の変遷とその継承に関する研究. ランドスケープ研究 **68**(5): 627-632.

(16)　大岸万里子・深町加津枝・奥敬一・三好岩生　2007. 宮津市上世屋地区における棚田保全に向けた関係者の連携に関する研究. 農村計画学会誌 **26**（論文特集号）: 263-268.

コラム4　京都府北部の植物繊維の利用―宮津市上世屋地区を例に―

京都府ふるさと文化再興事業推進実行委員会（編）　2007. 丹後の藤織り. 京都府立丹後郷土資料館.

136: 1-12.
堀内美緒・深町加津枝・奥敬一・森本幸裕　2004　滋賀県志賀町の２集落を事例とした1930年ごろの里山ランドスケープの空間構造と管理　ランドスケープ研究 67 (5): 673-678.
堀内美緒・深町加津枝・奥敬一・森本幸裕　2006　明治期の日記にみる滋賀県西部の里山ランドスケープにおける山林資源利用のパターン　ランドスケープ研究 69 (5): 705-710.
堀内美緒・深町加津枝・奥敬一・森本幸裕　2007　明治後期から大正期の滋賀県西部の里山ランドスケープにおける山林資源利用の変化　ランドスケープ研究 70 (5): 563-568.

第７章　民家の材料からみた里山利用

【引用文献】

⑴　文集編集委員会　1972．高原の碧霄．宮津市上世屋大四手顕彰会．
⑵　深町加津枝・奥敬一・横張真　1997．京都府上世屋・五十河地区を事例とした里山の経年的変容過程の解明．ランドスケープ研究．60(5): 521-526.
⑶　井田秀行・庄司貴弘・後藤彩・池田千加・土本俊和　2010．豪雪地帯における伝統的民家と里山林の構成樹種にみられる対応関係．日本森林学会誌 92: 139-144.
⑷　稲葉家住宅普請研究会　2007．稲葉家住宅における普請過程の実録とその特質－近代民家普請における大工・工程・用材・行事－．財団法人住宅総合研究財団．東京．
⑸　大場修（編集）　2005．京丹後市田上家住宅調査報告書．私家版．
⑹　Rackham, O. 1986. The History of the Countryside. p.86-87 Phoenix Giant, London.
⑺　Oku, H., Ogawa, N., Horiuchi, M. & Fukamachi, K. 2009. Traditional Farmhouses as Sources for Land Use History – a Case Study from the Satoyama Landscape in Japan, Saratsi, E., Burgi, M., Johann, E., Kirby, K., Moreno, D. & Watkins, C.(eds.) Woodland Cultures in Time and Space: tales from the past, mesages for the future. Embryo Publications, Athens. 284-290.
⑻　ササ地の取り扱いに関する研究会　1978．ササの生態およびササ地の取扱いに関する既往の研究．北方林業 30(3): 4-12.
⑼　塩澤実　2009．ヨーロッパの茅葺き民家の現状．「民家が語る里山の価値丹後半島民家シンポジウム講演記録集（総合地球環境学研究所「日本列島における人間－自然相互関係の歴史的・文化的検討プロジェクト近畿班編集」）: 52-57.
⑽　豊岡洪･佐藤明･石塚森吉　1985．ササ刈り払い後の再生力の種間差異．北方林業 37(9): 1-4.
⑾　与謝地方林業研究会　2001．宮津・与謝地方林業年表．55pp

【参考文献】

小川菜穂子・深町加津枝・奥敬一・柴田昌三・森本幸裕　2005　丹後半島におけるササ葺き集落の変遷とその継承に関する研究．ランドスケープ研究．68(5): 627-632.
大場修編集　2008　宮津市上世屋地区における集落構成と民家形式．私家版．
奥敬一・小川菜穂子　2007　ササやねの里第一回ササぶき民家の今．竹．100: 10-11.
奥敬一・小川菜穂子　2007　ササやねの里第二回屋根を実際にふいてみる．竹．101: 11-13.

コラム4　景観変化からみる都市周辺農民の心性

⑴　藤田佳久　1985　農業・農村の変化　奈良県史一地理　名著出版.
⑵　井原西鶴　日本永代蔵　新編日本古典文学全集 66（1996）小学館.
⑶　今西錦司　1952　村と人間　新評論社.
⑷　金関丈夫　1967　岩室　帝塚山大学郷土研究会報告第一冊　帝塚山大学郷土研究会.
⑸　村松繁樹他　1952　歴史の古い農村の諸相―大和二階堂村―　人文研究　第 3 巻第 4 号　大阪市立大学文学部.
⑹　天理市　1977　岩室村差出明細帳　改訂天理市史史料編第 1 巻.
⑺　中井久夫　1990　治療文化論　岩波書店.
⑻　中井精一　1995　村落社会の変容と墓制の変遷　西谷眞治先生古稀記念論文集　勉誠社.
⑼　中井精一　1997　イエとむらと先祖のゆくえ　宗教と考古学　金関恕先生古稀記念論文集勉誠社.
⑽　奈良県教育会　1915　二階堂村風俗誌　奈良風俗誌.
⑾　農文協　2000　日本の食生活全集 CD-ROM.
⑿　大蔵永常　綿圃要務　日本農書全集 15　農山漁村文化協会 1977.10.
⒀　武部善人　1957　河内木綿の研究　八尾市郷土史料刊行会.
⒁　上野和男　1992　荒蒔の神社祭祀と社会構造　国立歴史民俗博物館研究報告第 43 集国立歴史民俗博物館.
⒂　米山俊直　1967　日本のむら百年　NHK ブックス.
⒃　西村博行　1981　野菜作の作付け類型変動に関する経営経済的検討　奈良盆地、昭和 30 ～ 50 年　農業計算学研究 14　京都大学農学部農業簿記研究施設.

第 6 章　作業日記からみた里山利用

【引用文献】

⑴　有岡利幸　2004　里山Ⅱ　p. 74.　法政大学出版局.
⑵　古川彰　2004　村の生活環境史　p. 138-160.　世界思想社.
⑶　松村敏　1991　農作業と村落 2　養蚕の村　日本村落史講座編集委員会（編）日本村落史講座 第 8 巻　p. 50-68.　雄山閣出版株式会社.
⑷　大門正克　1992　明治・大正の農村　岩波書店.
⑸　小野良平　2005　明治末期以降の山林の変容と「ふるさと」風景観の成立　ランドスケープ研究 68 (5), 411-416.
⑹　志賀町史編纂委員会　2002　志賀町史 第 3 巻　滋賀県志賀町.
⑺　滋賀郡木戸村役場　1901　滋賀郡木戸村八屋戸地誌　守山区有文書
⑻　滋賀県　1928　滋賀県史 第 4 巻 最近世　滋賀県.
⑼　滋賀県森林課　1919　滋賀県之林業大正 8 年版　滋賀県森林課.
⑽　滋賀県史編さん室（編）　1971　滋賀県百年年表　滋賀県.

【参考文献】

堀内美緒・奥敬一　2007　比良山地東麓におけるクルマによる運搬方法と山林利用　民具研究

151. 弘文堂.
(43) 関順也　1953. 近世における木津川舟運の一研究. 経済論叢 **72**(2): 35-53
(44) 瀬戸康弘・津田吉晃・斉藤陽子・井手雄二　2005. 核および葉緑体 SSR マーカーを用いたクヌギの遺伝的多様性の評価. 日本森林学会大会要旨集 **116**: 330.
(45) 田端英雄　1997. エコロジーガイド 里山の自然　保育社.
(46) 高原光　1998. 近畿地方の植生史. 安田喜憲・三好教夫（編）図説日本列島植生史, p. 114-137. 朝倉書店.
(47) 宝塚市園芸振興センター　2006. パネルで見る日本園芸発祥の地「山本」の歴史. 宝塚市.
(48) 高瀬五郎　1962. クヌギ萌芽林の生産構造ならびに収穫予測に関する研究. 愛媛大学紀要 第 6 部 **8**(2): 1-132.
(49) 多摩市史編集委員会　1997. 多摩市史 民俗編. 多摩市.
(50) 田中長嶺　1892. 香蕈培養図解. 石川芝太郎.
(51) 田中長嶺　1898. 炭焼手引草. 利民社.
(52) 田中長嶺　1901. 散木利用編第二巻. 近藤圭造.
(53) 田中淳一郎　1997. 笠置町植村家文書と木柴屋仲間. 山城郷土資料館報 **14**: 37-46
(54) 鳥羽正雄　1932a. 近世の森林経済と上方（上）. 上方 **18**: 51-61
(55) 鳥羽正雄　1932b. 近世の森林経済と上方（下）. 上方 **21**: 68-71
(56) 鳥居厚志・井鷺裕司　1997. 京都府南部地域における竹林の拡大. 日本生態学会誌 **47**: 31-41.
(57) 豊能町史編纂委員会　1987. 豊能町史 本文編. 豊能町.
(58) 津布久隆　2008. 補助事業を活用した里山の広葉樹林管理マニュアル. 全国林業改良普及協会.
(59) 辻本裕也・辻康男　2008. 生駒山北部の古墳時代以降の花粉化石群集の特徴と植生変遷 日本花粉学会大会講演要旨集 **49**: 83.
(60) 八木哲浩　1976. 近世. 宝塚市編纂委員会（編）宝塚市史 第 2 巻. 宝塚市.
(61) 安岡重明　1957. 徳川中期大阪薪市場の構造　大阪大学経済学 **7**(3): 104-145.
(62) 米田健　1986. 里山林・薪炭林の現状—環境科学の視点から—. 大阪教育大学理科中央研究室年報 **11**: 2-10.
(63) 脇田靖子　1968. 商業と町坐. 奈良本辰也・林屋辰三郎（編）近世の胎動（京都の歴史 3）. 京都市.

第 5 章　奈良吉野地域における林業と木地屋

(1)藤田佳久　1981. 日本の山村. 地人書房.
(2)林宏　1980. 吉野の民俗誌. 文化出版局.
(3)宮本常一著作集三四『吉野西奥民俗採訪録』（未来社、1989 年）
(4)大塔村史編集委員会(編)　1979. 船川郷杓子口銀取立一件. 奈良県大塔村史. 大塔村役場.
(5)野上彰子　1999. 飯杓子のシンボル化. 母たちの民俗誌. 岩田書院.
(6)浦西勉「木地屋の事について—美里町・桃山町—」（1971 年の調査ノート）
(7)和歌山県立紀伊風土記の丘（編）　2001. 特別展図録 町人町・漆器の黒江. 和歌山県立紀伊風土記の丘.

誌 **22**: 41-51.
⑿ 樋口清之　1993. 日本木炭史（講談社学術文庫）. 講談社.
⒀ 広木詔三(編)　2002. 里山の生態学—その成り立ちと保全のあり方. 名古屋大学出版会.
⒁ 井出雄二・瀬戸康弘・津田義晃・齊藤陽子　2006. 地域及び植栽年代の異なるクヌギ林の遺伝的多様性. 日本森林学会大会学術講演集, p. 117.
⒂ 猪名川町史編集専門委員会　1990. 猪名川町史 第2巻. 猪名川町.
⒃ 伊東宏樹・佐久間大輔・柳沢直・白井宏尚　2006. 京阪奈丘陵の二次林の林分構造と土壌硬度との関係. 日本森林学会誌 **88**: 42-45.
⒄ 伊東宏樹・日野輝明・佐久間大輔　2010. 兵庫県猪名川町の二次林の林分構造及び林床植生. 森林総合研究所研究報告 **9**: 47–62.
⒅ 交野町役場　1963. 交野町史. 交野町役場.
⒆ 加藤衛拡　1995. 総合解題 近世の林業と山林書の成立. 山田龍雄（編）日本農書全集 第56巻 林業1, p. [3]-31. 農山漁村文化協会.
⒇ 川西市史編集専門委員会　1976. 川西市史 第2巻. 川西市.
(21) 岸本定吉　1976. 炭. 丸の内出版.
(22) 近畿大学文芸学部　1992. 河内長野・天見の民俗. 近畿大学.
(23) 黒羽兵治郎　1943. 近世交通史研究. 日本評論社.
(24) 京都府立山城郷土資料館　1990. 関西文化学術研究都市開発地区緊急民俗調査報告書. 京都府立山城郷土資料館.
(25) 水本邦彦　2003. 草山の語る近世. 山川出版社.
(26) 森山広一　1955. 部落共有林野の分解. 古島敏雄（編）日本林野制度の研究, p. 205-248. 東京大学出版会.
(27) 西田彦一　2009. 入会林野と周辺社会　その史的展開. ナカニシヤ出版.
(28) 日本学士院　1959. 明治前日本林業技術発展史. 異本学術振興会.
(29) 日本林業調査会　1997. 総合年表日本の森と木と人の歴史. 日本林業調査会.
(30) 西川善介　2007. 日本林業経済史論1. 専修大学社会科学年報 **41**: 175-190.
(31) 西川善介　2008. 日本林業経済史論2. 専修大学社会科学年報 **42**: 3-28.
(32) 西川善介　2009. 日本林業経済史論3. 専修大学社会科学年報 **43**: 3-71.
(33) 野堀正雄　1988. 池田炭の生産技術と用具. 日本民具学会（編）山と民具, p. 85-98. 雄山閣出版.
(34) 能勢町史編纂委員会　1985. 能勢町史 第5巻 資料編. 能勢町.
(35) 大石慎三郎　1966.「正徳四年大阪移出入商品表」について. 學習院大學經濟論集 **3**(1): 107-124.
(36) 大越勝秋　1976. 河内地方における入会山の分布と山郷. 阪南論集 **11**(4): 1-22.
(37) 大阪歴史博物館　2010. 水都大阪と淀川. 大阪歴史博物館.
(38) 大阪商工会議所　1964. 大阪商業史資料26 薪炭及石炭 製油及油商. 大阪商工会議所.
(39) 大宅奈都子　2008. 池田炭づくり復興支援による猪名川上流域（大阪府）の里山再生の試み. 現代林業 **506**: 56-59.
(40) 林野庁　1956. 昭和30年山村経済実態調査書 木炭流通機構篇第4合
(41) 佐久間大輔　2008. 里山環境の歴史性を追う. 農業および園芸 **83**: 183-189.
(42) 佐久間大輔　2010. 里山の危機. 総合地球環境学研究所（編）地球環境学事典, p. 150-

データブック近畿2001．平岡環境科学研究所．
⒂ 田端英雄　1997．畦に生育する「草徊」の植物．田端英雄（編著）エコロジーガイド里山の自然，p. 38-41．保育社．
⒃ 高原光　1998．近畿地方の植生史．安田喜憲・三好教夫（編）図説日本列島植生史，p. 114-137．朝倉書店．
⒄ 辻本裕也・辻康男　2008．生駒山北部の古墳時代以降の花粉化石群集の特徴と植生変遷 日本花粉学会大会講演要旨集 **49**: 83.
⒅ 塚田松雄　1984．日本列島における約2万年前の植生図．日本生態学会誌 **34**: 203-208.
⒆ 梅原徹　2009．里地里山のなりたちと現在，そして今後．山本聡・沈悦（編）成熟型ランドスケープの創出 — 緑環境景観マネジメント —，p.107-117．ソフトサイエンス社．
⒇ 安田喜憲　1984．環日本海文化の変遷 —花粉分析学の視点から—．国立民族学博物館研究報告 **9**: 761-798.

コラム2　森林資源利用における萌芽の役割

⑴ 服部保・南山典子・松村俊和　2005　猪名川上流域の池田炭と里山林の歴史　植生学会誌 **22**: 41-51.
⑵ 伊藤哲・荒上和利　1993　遷移段階の異なるモミ・ツガ・広葉樹混交林2林分の構造比較　九州大学農学部学芸雑誌 **47**: 195-202.
⑶ 酒井暁子　1997　高木性樹木における萌芽の生態学的意味—生活史戦略としての萌芽特性—種生物学研究 **21**: 1-12.
⑷ 津布久隆　2008　補助事業を活用した里山の広葉樹林管理マニュアル　全国林業改良普及協会
⑸ 和歌山県農林水産部緑の雇用推進局定住促進課編　2008　紀州備長炭　和歌山県

第4章　里山の商品生産と自然

⑴ 赤松弘治　2001．池田炭と台場クヌギ．全国雑木林会議（編）現代雑木林事典，p. 20-21．百水社．
⑵ 安藤貴・蜂屋欣二・土井恭次・片岡寛純・加藤善忠・坂口勝美　1968．スギ林の保育形式に関する研究．林業試験場研究報告 **209**: 1-76.
⑶ 有岡利幸　2004a．里山〈1〉（ものと人間の文化史）．法政大学出版局．
⑷ 有岡利幸　2004b．里山〈2〉（ものと人間の文化史）．法政大学出版局．
⑸ 不尽廼家帯雨　1894．櫟の栽培．岡崎活版所．
⑹ 藤田叔民　1972．街道と舟運．林屋辰三郎（責任編集）桃山の展開（京都の歴史5），p. 334-353．京都市．
⑺ 福田知秀・内山憲太郎・齋藤陽子・井出雄二　2008．クヌギの遺伝的多様性に関する研究．日本森林学会大会学術講演集，p. 119.
⑻ 浜口隆　1957a．池田炭の沿革について—池田炭に関する調査研究—．山林 **881**: 50-56.
⑼ 浜口隆　1957b．池田炭に関する調査研究（第2報）池田炭の生産状況について．神戸大学教育学部研究集録 **15**: 61–71.
⑽ 浜口隆　1961．茶の湯と木炭．山林 **931**: 1-6.
⑾ 服部保・南山典子・松村俊和　2005．猪名川上流域の池田炭と里山林の歴史．植生学会

(31) 山口浩司・高原光・竹岡政治　1989. 約1000年前以降の琵琶湖北西部低山地における森林変遷. 京都府立大学農学部演習林報告 **33**: 1-6.

第2章　古代・中世における山野利用の展開

本文傍注参照

第3章　絵図からみる江戸時代の京都盆地の里山景観

(1) 千葉徳爾　1973. はげ山の文化. 学生社.
(2) 京都市（編）1972. 京都の歴史 第5巻. 京都市史編さん所.
(3) 農林省（編）1971. 日本林制史資料 江戸幕府法令. 臨川書店.
(4) 岡田信子ほか（校訂）1973. 京都御役所向大概覚書（清文堂史料叢書 第5・6巻）. 清文堂出版.
(5) 小椋純一　1992. 絵図から読み解く人と景観の歴史. 雄山閣出版.
(6) 小椋純一　1996. 植生からよむ日本人のくらし. 雄山閣出版.
(7) 小椋純一　2003. 明治期における京都府内の植生景観変化の背景. 国立歴史民俗博物館研究報告 **105**: 297-317.
(8) 白石克（編）1987. 元禄京都 洛中洛外大絵図. 勉誠社.

コラム1　西日本の里山生物のルーツ

(1) 同志社大学校地学術調査委員会　1984. 同志社田辺校地の植生と植物相－特に植生と土壌および地質との関連性について－. 同志社大学校地学術調査委員会.
(2) 波田善夫・本田稔　1981. 名古屋市東部の湿原植生. ヒコビア別巻 **1**: 487-496.
(3) 日浦勇　1973. 海を渡る蝶. 蒼樹書房.
(4) 堀田満　1974. 植物の分布と文化. 三省堂.
(5) 伊東宏樹・佐久間大輔・柳沢直・白井宏尚　2006. 京阪奈丘陵の二次林の林分構造と土壌硬度との関係. 日本森林学会誌 **88**: 42-45.
(6) 伊東宏樹・日野輝明・佐久間大輔　2010. 兵庫県猪名川町の二次林の林分構造及び林床植生. 森林総合研究所研究報告 **9**: 47–62.
(7) 亀井節夫・ウルム氷期以降の生物地理総研グループ　1981. 最終氷期における日本列島の動・植物相. 第四紀研究 **20**(3)（最終氷期における日本列島の動植物相と自然環境特集号）: 191-205
(8) 小泉源一　1931. 緒言. 前原寛次郎（編）南肥植物誌. 三秀舎.
(9) 宮脇昭　1984. 日本植生誌近畿. 至文堂.
(10) 守山弘　1988. 自然を守るとはどういうことか. 農山漁村文化協会.
(11) 村田源　1977. 植物地理的に見た日本のフロラと植生帯. 植物分類・地理 **28**: 65-83
(12) 那須孝悌　1980. ウルム氷期最盛期の古植生について. 文部省科学研究費補助金総合研究（A）「ウルム氷期以降の生物地理に関する総合研究」昭和54年度報告書.
(13) 野嵜玲児　2007. ナラ林の自然史と二次的自然の保護. 関西自然保護機構会報 **29**(2): 127-142.
(14) レッドデータブック近畿研究会　2001. 改訂・近畿地方の保護上重要な植物－レッド

大学大野演習林50年史，p. 11-53．京都府立大学演習林．
⑽ 那須孝悌　1980．花粉分析からみた二次林の出現．関西自然保護機構会報 4: 3-9.
⑾ 西田正規　1976．和泉陶邑と木炭分析．大阪府文化財調査報告書　第28輯　陶邑Ⅰ，p. 178-187．大阪府教育委員会．
⑿ 小椋純一　1992．絵図から読み解く人と景観の歴史．雄山閣．
⒀ 小椋純一　1996．植生からよむ日本人のくらし．雄山閣．
⒁ 奥田賢・美濃羽靖・高原光・小椋純一　2007．京都東山における過去70年間のシイ林の拡大過程．森林立地 **49**: 19-26.
⒂ 奥野高広・岩沢愿彦（校訂）1988．賀茂別雷神社文書　第一．続群書類従完成会．
⒃ パリノ・サーヴェイ株式会社　2008．自然科学分析．（財）京都市埋蔵文化財研究所（編）京都市埋蔵文化財研究所発掘調査報告 2008-7　平安京右京六条一坊三町跡，p. 39-62.（財）京都市埋蔵文化財研究所．
⒄ 斎藤員郎　1977．半自然林．石塚和雄（編）群落の分布と環境，p. 327-357．朝倉書店．
⒅ 佐々木高明　1972．日本の焼畑．古今書院．
⒆ Sasaki, N. and Takahara, H. in press. Fire and human impact on the vegetation of the western Tamba Highlands, Kyoto, Japan during the late Holocene. *Quaternary International*. DOI:10.1016/j.quaint.2010.12.003.
⒇ Sasaki, N. and Takahara, H. in press. Late-Holocene human impact on the vegetation around Mizorogaike Pond in northern Kyoto Basin, Japan: a comparison of pollen and charcoal records with archaeological and historical data. *Journal of Archaeological Science*. DOI:10.1016/j.jas.2010.12.013.
(21) 園部町教育委員会園部町史編纂室（編）1981．園部町史　史料編 第2巻．園部町役場．
(22) 杉田真哉　1999．人間・環境系としての植生の復元と空間スケール－化石花粉はどこから飛んできたのか－．石弘之・樺山紘一・安田喜憲・義江彰夫（編）環境と歴史，p. 89-110．新世社．
(23) 須磨千頴　2001．賀茂別雷神社境内諸郷の復元的研究．法政大学出版局
(24) 高原光　1998．近畿地方の植生史．安田喜憲・三好教夫（編）図説 日本列島植生史，p. 114-137．朝倉書店．
(25) Takahara, H., Yamaguchi, H. and Takeoka, M. 1989. Forest changes since the Late Glacial Period in the Hira Mountains of the Kinki region, Japan. Japanese Journal of *Forest Research* **71**: 223-231.
(26) 高原光・植村善博・檀原徹・竹村恵二・西田史朗　1999．丹後半島大フケ湿原周辺における最終氷期以降の植生変遷．日本花粉学会会誌 45: 115-129.
(27) Tsukada, M. 1988. Japan. *In*: Huntley, B. and Webb, T. III (eds.) Vegetation History, p. 459-518. Kluwer Academic Publishers.
(28) Tsukada, M., Sugita, S. and Tsukada, Y. 1986. Oldest primitive agriculture and vegetational environments in Japan. *Nature* **322**: 632-634.
(29) 植村善博・松原久　1997．長岡京域低地部における完新世の古環境復原．桑原公徳（編）歴史地理学と地積図，p. 211-221．ナカニシヤ出版．
(30) 山口慶一・千野裕道　1990．マツ林の形成および窯業へのマツ材の導入について．東京都埋蔵文化財センター研究論集 **8**: 85-114.

引用文献・参考文献

序章　森から林、そして里

(1)　千葉徳爾　1991. 増補改訂　はげ山の研究，そしえて.
(2)　大日本山林会　2000. 戦後林政史. 大日本山林会.
(3)　藤田佳久　1995. 日本・育成林業地域形成論 . 古今書院.
(4)　宮崎安貞・貝原楽軒・土屋喬雄　1936. 農業全書（岩波文庫）. 岩波書店.
(5)　水本邦彦　2003. 草山の語る近世. 山川出版社.
(6)　水野章二　2009. 中世の人と自然の関係史. 吉川弘文館.
(7)　西尾隆　1988. 日本森林行政史の研究 環境保全の源流. 東京大学出版会.
(8)　西岡常一・小原二郎　1978. 法隆寺を支えた木. 日本放送出版協会.
(9)　桶谷繁雄　2006. 金属と日本人の歴史. 講談社.
(10)　谷本丈夫　2007. 森林施業の史的考察と今日的課題. 森林施業研究会（編）主張する森林施業論― 22 世紀を展望する森林管理―，p.378-387. 日本林業調査会.
(11)　タットマン，C.（著），熊崎実（訳）　1998. 日本人はどのように森をつくってきたのか. 築地書館.
(12)　所三男　1980. 近世林業史の研究. 吉川弘文館.
(13)　筒井迪夫　1955. 平安時代における奈良時代山作所の変質と鎌倉初期における周防杣の成立と活動. 東京大学農学部演習林報告 **50**: 1-12.

第 1 章　花粉化石と微粒炭からみた近畿地方のさまざまな里山の歴史

(1)　藤原宏志・佐々木章　1978. プラント・オパール分析法の基礎的研究 (2) －イネ（*Oryza*）属植物における機動細胞珪酸体の形状－. 考古学と自然科学 **11**: 9-20.
(2)　井上淳　2007. 過去の植物燃焼を示す堆積物中の微粒炭. 人類紀自然学編集委員会（編）人類紀自然学，p. 126-136. 共立出版.
(3)　石井実　2005. 里やま自然の成り立ち.（財）日本自然保護協会（編）生態学からみた里やまの自然と保護，p. 1-6. 講談社サイエンティフィク.
(4)　梶川敏夫　2008. 深泥池周辺の遺跡から見た文化. 深泥池七人委員会（編）深泥池の自然と暮らし－生態系管理をめざして－，p. 148-151. サンライズ出版.
(5)　京都市（編）　1985. 史料京都の歴史第 8 巻左京区. 平凡社.
(6)　京都市（編）　2007. 京都市遺跡地図台帳　第 8 版. 京都市.
(7)　松下まり子・前田保夫　1996. 近江盆地南東部の布施溜における最終氷期・後氷期の花粉化石群. 植生史研究 4: 35-40.
(8)　三好小百合・高原光　2010. 丹後半島離湖・ハス池・久美浜各コアの花粉分析と微粒炭分析. 植村善博（編）京丹後市久美浜湾の古環境と形成過程，p. 47-78. 京丹後市教育委員会.
(9)　本吉瑠璃夫　1997. 京都府北桑田郡旧肱谷村，向山村村持山の変遷と京都府模範林の設定－現在京都府立大学大野演習林－. 京都府立大学農学部附属演習林（編）京都府立

マ行

ヤ行

ラ行

ワ行

タ行

ナ行

ハ行

事項

ア行

カ行

サ行

索　　引

生物名

人名

地名

深町 加津枝（ふかまち　かつえ）

京都大学准教授。

主な研究テーマは，里山における人と自然の関係とその変化，景観生態学に基づく地域固有の環境保全，活用の計画のあり方など。生態的な価値と文化的な価値を統合した環境デザインのあり方を探求している。

［主著］自然再生－文化の視点－．環境デザイン学（共著。朝倉書店，2007年），丹後半島における明治期以降の里山景観の変化．京都府レッドデータブック下巻　地形･地質･自然生態系編．（共著。京都府企画環境部環境企画課，2002年），Fukamachi,K.,Oku,H.,Nakashizuka,T,. The change of satoyama landscape and its causality in Kamiseya,Kyoto Prefecture,Japan between 1970 and 1995,*Landscape Ecology* **16**:703-717,2001. Fukamachi,K.,Oku,H.,Kumagai,Y.and Shimomura,A. Changes in landscape planning and land management in Arashiyama National Forest in Kyoto.*Landscape and Urban Planning* **52**:73-87,2000.

井之元 泰（いのもと　とおる）

1951年，京都府生まれる。

元京都府立丹後郷土資料館 資料課長。

専門は民俗（民具）学。

［主著］よそおいの民俗誌 化粧・着物・死装束（共著。慶友社，2000年），海の民俗文化 漁撈習俗の伝播に関する実証的研究（共著。明石書店，2005年），丹後袖志冬物語 海の紙漉き・岩ノリ漉き（季刊 東北学 第5号，2006年）。

究からみえるもの（分担執筆。文一総合出版，2006 年），主張する森林施業論（共編著。日本林業調査会，2007 年），日本樹木誌 1 （共編著。日本林業調査会，2009 年）など。

中井 精一（なかい　せいいち）

1962 年，奈良県に生まれる。

富山大学人文学部 准教授

専門は社会言語学。日本および東アジアをフィールドに人々の暮らしと言語形式の関係に注目して研究を行っている。

［主著］社会言語学のしくみ（研究社，2005 年），南大東の人と自然（南方新社，2009 年），大阪のことば地図（和泉書院，2009 年）など。

堀内 美緒（ほりうち　みお）

1980 年，北海道に生まれる。

金沢大学地域連携推進センター 博士研究員。

専門は造園学。聞き取り調査や文献調査によって里山景観を作り出してきた人間と自然のかかわりの研究を行っている。

［主著］明治期以降の都市近郊農村における里山ランドスケープ形成に関する研究（京都大学学位論文，2008 年）など。

奥　敬一（おく　ひろかず）

1970 年，石川県に生まれる。

独立行政法人森林総合研究所関西支所 主任研究員。

レクリエーションのための森林景観計画，里山の成り立ちと変遷などを研究してきた。今後の保全と活用里山にかかわることで生まれるさまざまな「価値」が，どのように社会と里山を形作っていくのかを , 薪ストーブの利用や笹葺き民家の再生などの実践の場を題材にしている。

［主著］Oku, H., Ogawa, N., Horiuchi, M. and Fukamachi, K. Traditional Farmhouses as Sources for Land Use History - a Case Study from the Satoyama Landscape in Japan. Woodland Cultures in Time and Space: tales from the past, messages for the future（Embryo Publications, 2009）. 魅力ある森林景観づくりガイド　ツーリズム , 森林セラピー，環境教育のために .（香川隆英らとの共編著。全国林業改良普及協会，2007 年）

村上 由美子（むらかみ　ゆみこ）

1972 年，兵庫県に生まれる。

総合地球環境学研究所 プロジェクト研究員。

専門は日本考古学，植生史学。遺跡出土木製品の検討から，遺跡に暮らした人々の生活や木に対峙するときの技術，人と森林とのかかわりについて研究してきた。列島プロジェクトでは，丹後の民家解体調査を通し現代の部材にも接する機会を得て，縄文時代から現代に到る木材利用の通史を視野に入れた研究を展開。

［主著］杵·臼（季刊考古学 第 104 号，雄山閣，2008 年），製材技術と木材利用（木の考古学―出土木製品用材データベース―，海青社，近刊）

小椋 純一（おぐら　じゅんいち）

1954 年，岡山県に生まれる。

京都精華大学人文学部 教授

専門は植生景観史。室町後期から江戸時代の絵図類を主要な史料とした研究から始めて，近年は土や泥炭に含まれる微粒炭を調べることからも，植生景観の歴史や人と植生とのかかわりの歴史を考えている。

［主著］人と景観の歴史（雄山閣出版，1992 年），植生からよむ日本人のくらし（雄山閣出版，1996 年），編著：日本列島の原風景を探る（京都精華大学創造研究所，2001 年），深泥池の自然と暮らし（サンライズ出版，2008 年）など。

佐久間 大輔（さくま　だいすけ）

1967 年，神奈川県に生まれる。

大阪市立自然史博物館 学芸員。

主な研究テーマは，菌類のインベントリー。博物館を拠点に，まだ未解明な部分の多い国内の菌類相調査をすすめる。また里山の管理や資源利用の変遷にも興味をもち，その結果としてでき上がった環境のモザイク性を生物がどのように利用しているのか，生物と歴史・民俗の両方から迫ってみたい。本書には十分盛り込めなかったが，江戸時代の植林を支えていた「大阪苗」の実態についても興味を持っている。

［主著］考えるキノコ摩訶不思議ワールド（監修・分担執筆。INAX 出版，2008 年），きのこのヒミツ（編著。大阪市立自然史博物館，2009 年），菌類のふしぎ――形とはたらきの驚異の多様性（分担執筆。東海大学出版会，2008 年），標本の作り方――自然を記録に残そう（分担執筆。東海大学出版会，2007 年）など。

伊東 宏樹（いとう　ひろき）

1967 年，石川県に生まれる。

シカ－ササ－樹木実生の生物間相互作用，ナラ枯れ後の森林の更新などを研究。

［主著］大台ヶ原の自然史（分担執筆。東海大学出版会，2009 年）など。

森本 仙介（もりもと　せんすけ）

1970 年，奈良県に生まれる。

奈良県教育委員会事務局文化財保存課 技師（民俗文化財担当）。

紀伊半島をフィールドとし，山の生業や民俗技術を中心に研究。

［主著］『元要記』の成立とその背景をめぐって－一七世紀，春日禰宜による神書制作の一端－（神道宗教 175 号，1999 年），校註解説現代語訳 麗気記 I（共著。法蔵館，2001 年），岩波講座 天皇と王権を考える 第 8 巻 コスモロジーと身体（分担執筆。岩波書店，2008 年）など。

大住 克博（おおすみ　かつひこ）

1955 年，愛知県に生まれる。

森林総合研究所関西支所 主任研究員。

広葉樹（カバノキ属・コナラ亜属）の生活史，人と森林の相互関係を研究。

［主著］森の生態史（共編著。古今書院，2005 年），森林の生態学：長期大規模研

執筆者略歴 (執筆順)

湯本 貴和 (ゆもと　たかかず)

1959年，徳島県に生まれる。

総合地球環境学研究所 教授。

専門は生態学。植物と動物の共生関係の研究から始めて，現在は人間と自然との相互関係の研究を行っている。

［主著］屋久島――巨木と水の島の生態学（講談社, 1995年), 熱帯雨林（岩波書店, 1999年），世界遺産をシカが喰う（編著。文一総合出版，2006年），食卓から地球環境がみえる――食と農の持続可能性（編著。昭和堂，2008年）など。

佐々木 尚子 (ささき　なおこ)

1974年，東京都に生まれる。

総合地球環境学研究所プロジェクト研究員。

過去1万年間の植生変化に人為がどのような影響を及ぼしたかが主な研究テーマ。四国山地，京都周辺地域，阿蘇・くじゅう地域などをフィールドとし，主に堆積物の花粉・微粒炭分析によって植生史の解明に取り組んでいる。

［主著］Late-Holocene human impact on the vegetation around Mizorogaike Pond in northern Kyoto Basin, Japan: a comparison of pollen and charcoal records with archaeological and historical data. *Journal of Archaeological Science*. DOI:10.1016/j.jas.2010.12.013. in press, 丸木舟の時代(分担執筆。サンライズ出版, 2007年), 瓶ヶ森氷見二千石原における過去700年間の植生景観と人間活動（日本生態学会誌 **53**: 219-232，2003年など。

高原 光 (たかはら　ひかる)

1954年，兵庫県に生まれる。

京都府立大学生命環境学部森林科学科教授，日本花粉学会前会長。

シベリア，東アジアの植生史を研究。

［主著］図説日本列島植生史（共著。朝倉書店，1998年），生態学事典（共著。共立出版, 2003年), 古都の森を守り活かす（共著。京都大学学術出版会, 2008年）などの図書のほか，*Quaternary International* などの学術誌に論文を多数発表。

水野 章二 (みずの　しょうじ)

1954年，愛知県に生まれる。

滋賀県立大学人間文化学部 教授

専門は日本中世史。中世村落・荘園の研究から始めて，現在は環境史・災害史および地域史の研究を行っている。

［主著］日本中世の村落と荘園制（校倉書房，2000年），中世の人と自然の関係史』（吉川弘文館，2009年），中世村落の景観と環境（編著。思文閣出版，2004年），琵琶湖と人の環境史（岩田書院，近刊）など。

シリーズ日本列島の三万五千年——人と自然の環境史
第3巻 里と林の環境史

2011年3月20日 初版第1刷発行

編●湯本貴和
責任編集●大住克博・湯本貴和

発行者●斉藤 博
発行所●株式会社 文一総合出版
〒162-0812 東京都新宿区西五軒町2-5
電話●03-3235-7341
ファクシミリ●03-3269-1402
郵便振替●00120-5-42149
印刷・製本●奥村印刷株式会社

定価はカバーに表示してあります。
乱丁，落丁はお取り替えいたします。

ISBN 978-4-8299-1197-6 Printed in Japan

森林動態研究に必携の一冊

ISBN 978-4-8299-1066-5

森林の生態学

長期大規模研究からみえるもの

種生物学会　編

正木隆・田中浩・柴田銃江　責任編集

A5 判並製　384 頁　定価 3,990 円

森林を形作る主要な生きものである樹木は，人の寿命をはるかに超えて生き続ける。そんなかれらの生活が絡み合う森林の生態系は，短期間の観察だけでは把握しきれない。そこで，広い調査区を長く見続けようという試みが連綿と続けられてきた。そして今，その成果が森林の姿を生き生きと描き始めている。長期大規模研究が明らかにした森林生態系と，「広く・長く見続ける」森林研究のノウハウを紹介。

contents

表示の定価は本体価格に 5%の消費税を加算したものです（2008 年 1 月現在）。